航海造船学
【二訂版】

東京商船大学名誉教授
野原威男　原著

東京海洋大学名誉教授
庄司邦昭　著

海文堂

序

　近年，船舶の大型化，高速化が急速に進むにつれて，航海技術も単に従来の経験に基づく法則を延長しただけでは間に合わなくなり，それぞれの専門分野に分かれて，理論的にも実験的にも研究が進み，しだいにその成果が確立されてきた。

　その中にあって，造船学もまた，操船，船貨運送，船舶整備などの専門分野と密接な関連を持ちつつ，航海者に欠くことのできない専門分野を作ってきた。

　題して航海造船学という。航海者のための造船学の意である。船を造るための造船学が船のハードウェアを目的としているのなら，航海者のための造船学は船のソフトウェアを目的としているといえる。

　はじめて船舶の運航について学ぶ学生諸君や，すでに海上勤務に従事している船舶乗組員諸士のために，これだけはぜひ覚えておいてほしいと思われる事項に限定して，できるだけ簡潔にまとめたつもりである。

　船体構造については，主として日本海事協会鋼船規則に準拠して記述した。そのため，原則的には専門用語は文部省学術用語集船舶工学編によりながら，構造各部の名称については鋼船規則による名称をカッコ内に併記して読者の便をはかった。

　書きはじめてから何度か挫折せざるを得なかった。取り上げることは容易であるが，切り捨てることが如何に重大な責任を意味する仕事であるかを思い知らされたからである。

　幸い，著者の東京商船大学における過去30年の経験に勇気づけられ，また海文堂の社を挙げての熱意に励まされて，ようやく出版にこぎつけることができた。この機会に改めて感謝の意を表するしだいである。

　今回は船体構造を中心にまとめたが，引き続いて理論造船学を加えて，著者のいう航海造船学を完成させたいと思っている。

このささやかな本が，海上における船舶の安全な運航のために少しでもお役にたつことがあれば，著者の喜びはこれに過ぎるものはない。

　　　昭和49年3月

原　著　者

増補にあたって

　初版を出してから3年，漸くここに当初計画した，理論編を加えた航海造船学を完成する運びとなった。

　今回も，構造編と同様に，内容は必要最小限に，記述はできるだけ簡略かつ平易を旨とし，図解を多く取り入れて独学者にも分りやすく，より高い知識を望む読者にも今後の研究の手がかりとなるよう，基礎的解説に力を入れたつもりである。

　紙面の制約もあって，内容的には多くの読者にとって最も必要と思われる，船舶算法と復原性を重点的に取り上げ，船体動揺，抵抗および推進については，その骨格を示す程度に止めた。

　したがって，内容の取捨選択にあたって，あるいは著者の独断があるやも知れず，これらは大方のご叱正を俟って改善していきたいと願っている。

　　　昭和52年2月

原　著　者

改訂にあたって

　原著者である野原威男先生の授業は東京商船大学（現東京海洋大学海洋工学部）における名講義として有名だった。私はその講義を聴く機会はなかったが，先生の授業を受講した先輩教授は野原先生の講義ノートだけは今も大切に残しているという。その名講義をもとに作成された原著書は先生の情熱が伝わってくる名著であった。しかし年月の経過とともに規則の改正などにより現状と合わなくなってきた。例えば，国際総トン数の制定やタンカーの二重船殻構造の採用などである。

　今回の改訂にあたり，原著の雰囲気を残しながら，新しい内容を盛り込むように努力したつもりである。もはや原著者の叱正を聞くことができないのは如何ともし難いが，読者の皆様からの御教示を俟ってさらに改善していきたいと思っている。

　　　平成17年4月

改訂著者

目　　　次

第1編　船体の構造と強度

第1章　船の形と大きさ
1-1　船　　の　　形 …………………………………… *1*
1-2　ト　ン　数 …………………………………… *7*
1-3　主　要　寸　法 …………………………………… *10*
1-4　船　の　種　類 …………………………………… *16*

第2章　船体構造および安全に関する規則
2-1　船　級　協　会 …………………………………… *17*
2-2　船　舶　安　全　法 …………………………………… *19*
2-3　国　際　条　約 …………………………………… *19*
2-4　運輸安全委員会 …………………………………… *21*

第3章　船体の材質
3-1　材　質　の　種　類 …………………………………… *22*
3-2　船体用鋼材の種類 …………………………………… *23*
3-3　船体用圧延軟鋼 …………………………………… *24*
3-4　船体用鋳鋼と鍛鋼 …………………………………… *26*
3-5　船体用鋼材の規格 …………………………………… *27*
3-6　鋼材の表面処理 …………………………………… *31*

第4章　鋼材の接合
4-1　溶　　　　　接 …………………………………… *32*
4-2　溶　接　継　手 …………………………………… *34*
4-3　溶接の欠陥と検査 …………………………………… *39*
4-4　リ　ベ　ッ　ト …………………………………… *43*
4-5　リベット継手 …………………………………… *45*
4-6　溶接とリベットの比較 …………………………………… *48*

第5章 船体強度
5-1 船に加わる力 …………………………………… *51*
5-2 縦強度 …………………………………………… *54*
5-3 横強度 …………………………………………… *66*
5-4 局部強度 ………………………………………… *70*
5-5 強度の確保 ……………………………………… *74*

第6章 鋼材配置
6-1 縦強度材 ………………………………………… *78*
6-2 横強度材 ………………………………………… *79*
6-3 船体構造様式 …………………………………… *79*

第7章 鋼船構造
〈船首尾部〉
7-1 船首材 …………………………………………… *85*
7-2 船尾骨材 ………………………………………… *86*
7-3 船尾管 …………………………………………… *88*
7-4 軸ブラケット …………………………………… *89*
7-5 舵 ………………………………………………… *90*
7-6 パンチング構造 ………………………………… *97*
〈船底船側部〉
7-7 単底構造 ………………………………………… *101*
7-8 二重底構造 ……………………………………… *104*
7-9 外板 ……………………………………………… *114*
7-10 フレーム ………………………………………… *121*
〈上甲板部〉
7-11 甲板 ……………………………………………… *123*
7-12 ビーム …………………………………………… *130*
7-13 甲板およびビームの補強 ……………………… *132*
7-14 ハッチその他の甲板口 ………………………… *134*
〈船内部〉
7-15 水密隔壁 ………………………………………… *138*

7-16 ディープタンク ……………………………………………… 141
7-17 機関室および軸路 ……………………………………………… 144

第2編　船体の安定性と動揺

第8章 排水量
8-1 浮力 ……………………………………………… 147
8-2 数値積分法 ……………………………………………… 148
8-3 面積および体積 ……………………………………………… 151
8-4 面積の重心，モーメントおよび二次モーメント ………… 154
8-5 ファインネス係数 ……………………………………………… 161
8-6 排水量 ……………………………………………… 163

第9章 復原力
9-1 船が水に浮かぶための条件 ………………………………… 171
9-2 浮心 ……………………………………………… 172
9-3 重心 ……………………………………………… 176
9-4 メタセンタ ……………………………………………… 182
9-5 復原力 ……………………………………………… 185

第10章 復原性の確保
10-1 GMの確保 ……………………………………………… 195
10-2 乾舷の確保 ……………………………………………… 198
10-3 重心の見掛けの上昇 ………………………………… 200
10-4 復原力の減少 ……………………………………………… 203

第11章 縦傾斜
11-1 トリム ……………………………………………… 213
11-2 トリムの変化 ……………………………………………… 215
11-3 特別の場合のトリムの変化 ………………………… 218

第12章　船体動揺

12-1　動揺の種類 ……………………………………………… *223*
12-2　見掛質量効果 …………………………………………… *224*
12-3　静水中の自由横揺れ …………………………………… *226*
12-4　静水中の抵抗横揺れ …………………………………… *229*
12-5　波浪中の横揺れ ………………………………………… *231*
12-6　縦　揺　れ ……………………………………………… *236*
12-7　上　下　揺　れ ………………………………………… *237*
12-8　減　揺　装　置 ………………………………………… *238*
12-9　不規則波中の動揺 ……………………………………… *240*

第3編　船体の抵抗と推進

第13章　船体の抵抗

13-1　船体抵抗の種類 ………………………………………… *243*
13-2　実船抵抗の算定 ………………………………………… *254*
13-3　船型の抵抗に及ぼす影響 ……………………………… *263*
13-4　特別の場合の抵抗増加 ………………………………… *265*

第14章　船体の推進

14-1　抵　抗　と　馬　力 …………………………………… *268*
14-2　推進器の種類 …………………………………………… *272*
14-3　螺旋推進器の構造 ……………………………………… *276*
14-4　改良型螺旋推進器 ……………………………………… *281*
14-5　螺旋推進器の性能 ……………………………………… *283*
14-6　螺旋推進器と船体との相互作用 ……………………… *284*
14-7　空　洞　現　象 ………………………………………… *288*

索　引 …………………………………………………………… *293*

第1編　船体の構造と強度

第1章　船の形と大きさ

1-1　船の形

　船の形は，その用途に最も適した性能を持つように決められる。その特徴的な形状を次に示す。

(1) 船体側面の形

　(a)　船　　首　stem

　　　船首の形には，次のような種類がある。

　　　直船首 $\begin{cases} 直立船首 \\ 傾斜船首 \end{cases}$

　　　クリッパ形船首（曲船首）

　　　球状船首

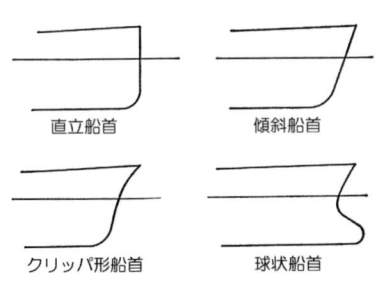

図 1-1　船首の形

　　　直船首 straight stem は，工作が容易なので多くの船舶に用いられる。そのうち，特に前方に10〜20°の傾斜を持つ傾斜船首 raked stem は，凌波性（甲板に波をかぶらない性能）が良好で，外観も良いため，多くの船がこれを採用している。直立船首 upright stem は，凌波性も外観も，ともに傾斜船首に劣るが，主として曳船など低速の小型船に用いられる。

　　　クリッパ形船首 clipper stem は，もともと帆船に用いられたもので，外板が朝顔の花のように上向きに広がっているので凌波性は最もすぐれ，工作はむずかしいが外観が美しいので客船や遊覧船などに適する。また，小さい船体で外洋に出る漁船も，特に優れた凌波性を必要とするため，クリッパ形船首を採用するものが多い。

球状船首 bulbous bow は，水面下の船首前端部に大きな球状のふくらみを付けた形状で，高速の大型船に用いると波の干渉により造波抵抗を減らすことができる。また，高速ではないが巨大タンカーのような肥大船に用いると，船首付近の水流を整流して形状抵抗を減らす効果がある。本来は傾斜船首の下部にバルブを取り付けたものとして考えられたが，現在では船首形状の一つとみなせるほど広く用いられている。

(b) 船　　尾　stern

船尾の形には，ナックル船尾と巡洋艦形船尾とがある。

ナックル船尾 knuckle stern は船側から船底へ向かいナックル（角）を持つ形状である。帆船時代から用いられ，汽船になってからもその形を受け継いできたが，今日ではほと

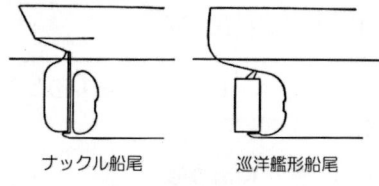

図 1-2　船尾の形

んど用いられない。この形状では満載喫水線上に舵の上部が露出する。

巡洋艦形船尾 cruiser stern は現在の船舶の代表的な船尾の形で，舵の後方にもある程度，船の長さを確保することができる。舵の上部まで水面下に入り込んでおり，プロペラ後流の上昇を押えるので，推進性能を向上させる。

また，船尾端の甲板の水平面形状によって，楕円船尾 elliptical stern，円形船尾 round stern，角形船尾 square stern などの名称がある。

(c) 舷　　弧　sheer

上甲板の舷側線は，船の長さの中央で最も低く，前後部において高くなっている。この舷側線の反りを舷弧 sheer（シア）という。

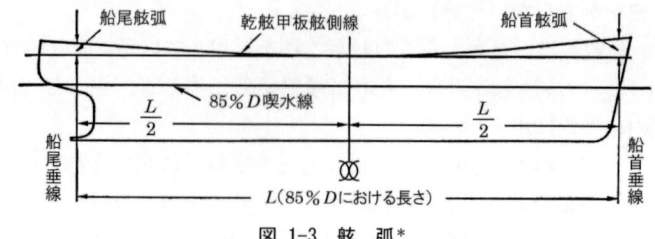

図 1-3　舷　弧*

＊　船舶満載喫水線規則第21条においては，乾舷や弦弧の算定に用いる船の長さと満載喫水線は乾舷用の値を用いる。

舷弧の大きさは，船の長さの中央の点を通って満載喫水線に平行に引いた直線からの垂直距離で表わし，船首舷弧は船尾舷弧の２倍が標準である。

標準舷弧 standard sheer は満載喫水線規則第21条に示されており，船の長さの中央を最低点とし，この点を通る水平軸を x 軸，鉛直軸を y 軸とすると船体の前半部と後半部は次式で表される放物線となる。

$$前半部の舷弧\ y = 200\left(\frac{L}{3} + 10\right) \times \left(\frac{x}{L}\right)^2$$

$$後半部の舷弧\ y = 100\left(\frac{L}{3} + 10\right) \times \left(\frac{x}{L}\right)^2$$

ただし，$L = $ 船の長さ (m)，x (m)，y (mm) とする。

このとき船首舷弧，船尾舷弧は $x = ½L$ のときの y で，次の値になる。

$$船首舷弧 = 50\left(\frac{L}{3} + 10\right)\ \text{mm}$$

$$船尾舷弧 = 25\left(\frac{L}{3} + 10\right)\ \text{mm}$$

満載喫水線規則第21条では，船の長さの６分の１ごとに y の値を表で示している。

舷弧は，船首尾部の舷を高くすることによって凌波性を良くし，前後部の予備浮力を増し，船の外観を美しくする。

(2) 船体中央横断面の形

(a) 梁　矢　camber

甲板には，舷側で最も低く，船体中心で最も高い丸味を付ける。これを梁矢（キャンバ）といい，その量は，船の長さの中央において船体中心の個所の盛り上がりの高さで表わす。暴露

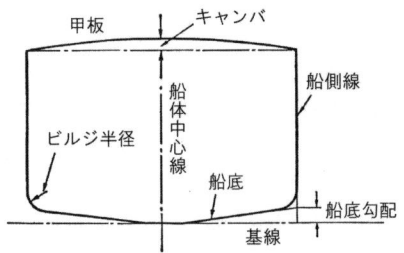

図 1-4　船体中央横断面の形

甲板においては船の幅の 1/50 を標準とする。

キャンバは，甲板の水はけを良くし，甲板の強度を増す。

(b) 船底勾配　rise of floor

船底は，船体中心から船側に向かって上がり傾斜を持っている。これを船底勾配といい，船底の傾斜線の延長と船側垂直線との交点の，基線から

の高さでその大きさを定義する。

　船底勾配は，ビルジ半径とともに船体横断面の形を決める要素であって，高速船では比較的大きく，低速船ではきわめて小さい。

(c)　**ビルジ半径**　bilge radius

　船側線の下部と船底傾斜線とは円弧で結ばれる。この円弧をビルジサークル bilge circle といい，その半径をビルジ半径という。ビルジ半径は，高速船では比較的大きく，低速船では小さい。

(d)　**船　　楼**　superstructure

　上甲板上の構造物のうち，上部に甲板を有し，船側から船側に達するものを船楼といい，船側まで達していないものを甲板室 deck house という。

　船楼には，その位置により，船首楼 forecastle (フォクスル，f'cle と略す)，船橋楼 bridge (ブリッジ)，船尾楼 poop (プープ) などがある。船首楼は波の打ち込みを防ぎ，船橋楼は機関室口を保護し，船尾楼は操舵装置を持ち上げて安全を図るとともに，低速時の追い波の打ち込みを防ぐ。

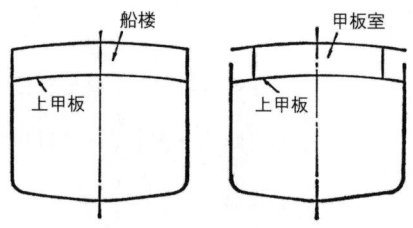

図 1-5　船楼と甲板室

(3)　**船　　型**　type of ship

　船は，上甲板上の船楼の有無およびその位置によって，いくつかの船型に分けられる。この場合，甲板室や機関室囲壁の有無によって外見上の形が変っても船型には関係ない。船型は一般配置図 (general arrangement) によってみることができる。

(a)　**平甲板船**　flush deck vessel

　上甲板上に船楼のない最も簡単な船型である。甲板上の通行や甲板上での仕事には便利だが波が打ち込みやすい。

(b)　**船首楼付平甲板船**　flush deck vessel with forecastle

　平甲板船に短い船首楼を設けた船型である。中央部あるいは船尾部には甲板室を持つものが多い。

(c)　**船首尾楼付平甲板船**　flush deck vessel with forecastle and poop

　平甲板船に短い船首楼と船尾楼を設けた船型である。船首楼付平甲板船

とともに，大型タンカーや大型鉱石船などに多い．
(d) **三 島 船** three islander
　上甲板上に船首楼，船橋楼および船尾楼を設けた船型である．かつては貨物船の代表的船型であったが，最近はほとんど用いられなくなった．

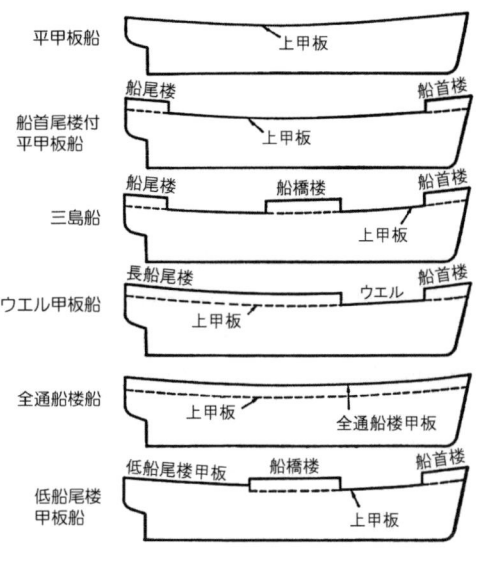

図 1-6　各種の船型

(e) **ウエル甲板船** well deck vessel
　三島船の船橋楼を後方に延長して船尾楼と連結させ，長船尾楼 long poop とした船型で，長船尾楼船ともいう．船首楼の後方のくぼんでいる部分をウエル，その部分の暴露した上甲板をウエル甲板という．また同じ考えで長船首楼 long f'cle を持つ長船首楼船もウエル甲板船の一種である．
(f) **全通船楼船** complete superstructure vessel
　上甲板上に船首から船尾まで全通する船楼を設けた船型である．外見は平甲板船に似ているが，上甲板が乾舷甲板となるため，水面上の舷は高くなっても満載喫水は制限される．重量のわりに容積の大きい軽量貨物を運ぶ船などに適する．
(g) **低船尾楼船** raised quarter deck vessel

船尾部の上甲板を1mくらい段を付けて高くした船型で，小型中央機関船において，軸路などのために失われた船尾船倉の容積を増す目的で設けられる。この甲板を低船尾楼甲板というが，役割のうえからは上甲板の代りとみなす。また，この船型は船尾楼を1mくらい低くしたともいえるので低船尾楼船のことを sunken poop vessel ともいう。

(h) 低船首楼船　sunken forecastle vessel

船首楼を1mくらい低くした船型である。小型船において，船首楼が高くて操舵室からの前方の見通しが悪い場合に用いられる。

(4) 線　　図

曲線で構成されている船体の形状は線図と呼ばれる断面形状を示す線による図で示される。船底勾配の起点（基線）から上方に水平断面を示した線 water line で構成される線図 lines，船体横断面を示した線 square station で構成される船体正面線図 body plan，船体中心線から左右の縦断面を示した線 buttock line で船体形状が示される船体側面線図 sheer plan の3つの断面図がある。

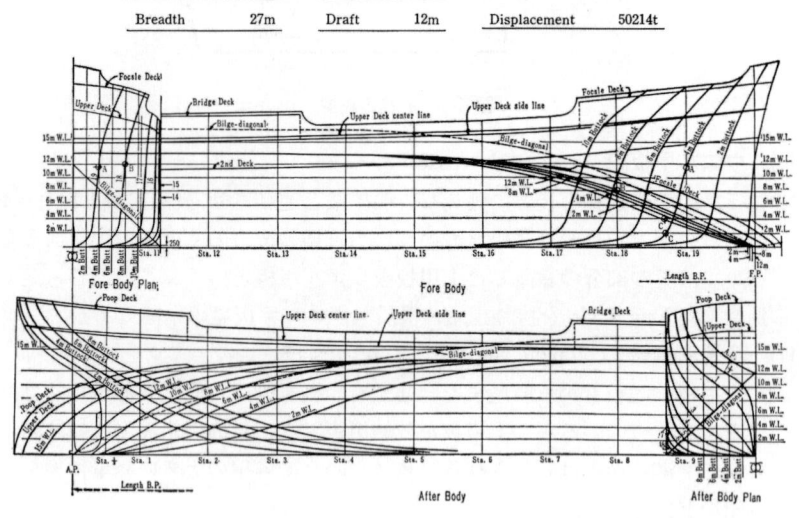

図 1-7　線　　図

1-2 トン数

船の大きさを表わすのに，次のようなトン数が用いられる。トン数には船の容積をトンで表わす容積トンと船の重量をトンで表わす重量トンがある。トン数の単位の表わし方は，メートル法のトン（t）と区別するためにカタカナでトン，またはアルファベットの大文字でTと書く。

(1) 総トン数　gross tonnage

船内の内のり容積（総積量[*1] gross measurement という）に一定の係数をかけて表わした容積トン数である。かつては総積量 $1000/353 \mathrm{~m}^3 (=100 \mathrm{~ft}^3)$ を1トンとしていたが，トン数から除外される個所が不明確だったり，各国政府により解釈が異なっていたため国際条約により統一された。

(a) **国際総トン数**[*2] international gross tonnage

主として国際航海に従事する長さ24 m以上の船舶の大きさを表わすトン数で次式による。

$$国際総トン数（GT）= K_1 \times V$$

V：船舶のすべての閉囲場所の合計容積（m^3）（鋼船の場合はフレームの外面間）

K_1：係数 $K_1 = 0.2 + 0.02 \log_{10} V_c$

V_c：貨物場所の合計容積（m^3）

国際トン数は国際条約に基づいて船舶のトン数測度方式を改め，船舶の大きさを適正に表わす目的で設けられたトン数で，純トン数とともに国際トン数証書に記載される。

(b) **総トン数　gross tonnage**

わが国において船舶の大きさを表わすトン数で，旧法による総トン数に近い値になるように，次式により求める。

$$総トン数 = k \times 国際総トン数$$

$$k = 0.6 + \frac{国際総トン数}{10000}$$

（一層甲板船の場合，ただし $k>1$ のときは $k=1$ とする）

[*1] 船舶トン数測度法

[*2] 1969年の船舶のトン数測度に関する国際条約（International Conventionon Tonnage Measurement of Ship 1969）

従って国際総トン数4000トン以上の一層甲板船においては，総トン数は国際トン数と等しくなる。

総トン数は国際総トン数と同じく，全閉囲場所の型容積に基づいて計算されるからフレームやフロアの内側で測った容積を用いた旧総トン数に比べ船型や構造様式に左右されない。わが国の海事に関する諸法令において船の大きさを表わす指標として広く用いられ，船舶国籍証書に記載される。日本では固定資産税，登録税，積量測度手数料，検査手数料，係船岸壁使用料，係船浮標使用料，水先案内料，引船料，入渠料，保険料の算定基礎として使用され，職員・設備などの関係法規適用の基準となる。

(2) **純トン数** net tonnage

貨物および旅客を積載する場所の大きさを表わすトン数で，総トン数と同じく国際条約により次のように定められた。

$$\text{純トン数 (NT)} = K_2 V_c \left(\frac{4d}{3D}\right)^2 + K_3 \left(N_1 + \frac{N_2}{10}\right)$$

V_c：貨物場所の合計容積 (m^3)
K_2：係数 $K_2 = 0.2 + 0.02 \log_{10} V_c$
K_3：係数 $K_3 = 1.25 \times \dfrac{GT + 10,000}{10,000}$
D：型深さ (m)
d：夏期満載喫水 (m)
N_1：寝台数8以下の寝室の旅客数
N_2：その他の旅客数

ただし

(イ) $N_1 + N_2 < 13$ の場合 $N_1 = N_2 = 0$ とする。

(ロ) $\left(\dfrac{4d}{3D}\right)^2$ は1より大きくしてはならない。

(ハ) $K_2 V_c \left(\dfrac{4d}{3D}\right)^2$ は $0.25\,GT$ より小さくしてはならない。

(ニ) NT は $0.30\,GT$ より小さくしてはならない。

純トン数は，船の稼動容積あるいは営業用容積を表わすもので，国際トン数証書に記載されて，主として課税の基準となるほか，パナマ運河やスエズ運河の通航料の算定に用いる。

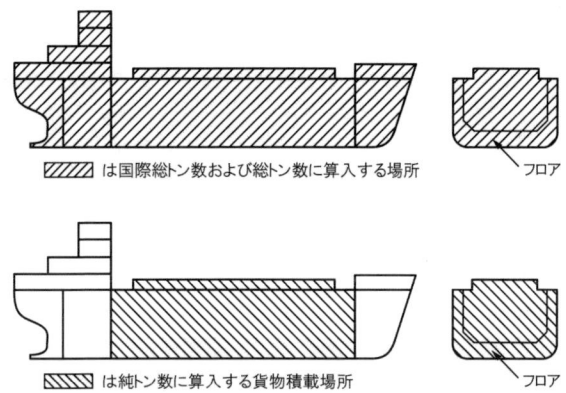

図 1-8 総トン数・純トン数の算入個所

(3) **排水量(排水トン数)** displacement

　船が排除する水の重さ,すなわち船の全重量である。一般に満載喫水で浮かぶときの値,すなわち満載排水量をいい,単位にはトン(1トン=1000 kg)が用いられる。

　排水量は,船の設計上の諸計算や,船の運動を力学的に取り扱う場合に用いられる。

(4) **載貨重量トン数** deadweight tonnage

　満載排水量から船の自重(軽荷重量　light weight という)を差し引いた重量である。すなわち,その船に積むことができる貨物・燃料・水・食料などの重量の合計で,1 t (1000 kg)を1トンとして算出する。

　載貨重量トン数のうち,貨物の重量が90%くらいを占めるので,貨物船や油タンカーの貨物積載能力を表わすトン数として広く用いられる。

(5) **載貨容積トン数** measurement tonnage

　倉内の貨物積載可能な全容積,すなわち載貨容積 measurement capacity を,1.133 m^3 (40 ft^3)を1トンとして表わした容積トン数である。

　載貨容積にはベール貨物容積 bale cargo capacity と,穀類貨物容積 grain cargo capacity の2種類がある。

1-3 主要寸法

　船の大きさを表わすのに主要寸法 principal dimensions が用いられる。主要寸法は，長さ，幅および深さから成り，$L \times B \times D$ で表わす。また，満載喫水もこれに次ぐ重要な寸法で，船体を構成する部材の寸法は，これらの値に基づいて定められる。

(1) 長　　さ　length
　(a) 全　　長　length overall (L_{oa})
　　　船首の最前端から船尾の最後端までの水平距離をいう。
　　　狭い港内での操船のほか，接岸や入渠の際にはこの全長を考慮する必要がある。
　(b) 垂線間長さ　length between perpendiculars (L_{pp} または L_{bp})
　　　船首垂線 FP (fore perpendicular) と船尾垂線 AP (aft perpendicular) との間の水平距離をいう。垂線間長さは，船の長さの代表的なもので，主要寸法にはこれを用いる。
　　　船首垂線とは，計画満載喫水線と船首材の前面との交点を通る垂直線，船尾垂線とは，舵柱のある船ではその後面，舵柱のない船では舵頭材の中心を通る垂直線をいう。船尾垂線は船を建造する際に前後方向の座標の原点となり，船首垂線と船尾垂線の中間は船体中央座標（ミドシップ midship）と呼ばれ⊗で表わす。
　(c) 法規の定める長さ
　　　1) 鋼船構造規程による長さ (L)
　　　　一般に垂線間長さを用いるが，巡洋艦形船尾を有する船においては，垂線間長さと計画満載喫水線上で測った船の全長の96%とのうち大きいほうとする。
　　　2) 船舶法による長さ*
　　　　上甲板の下面において，船首材の前面より船尾材の後面に至る水平距離をいう。船舶原簿に登録され，船舶国籍証書に記載するので登録長さ registered length という。
　　　　ここで，船尾材の後面とは次の位置を言う。

＊　船舶法施行細則17条の2

① 舵柱を有する船舶では，舵柱の後端の位置。ただし舵柱が傾斜している場合には，外板の外面と舵柱後端との交点。すなわち船尾垂線に等しい。
② 舵柱がなく舵頭材を有する船舶では，舵頭材の中心位置。ただし舵頭材が傾斜している場合には，外板の外面と舵頭材の中心線との交点。すなわち船尾垂線に等しい。
③ 上記①または②の位置より船尾外板の後面に至る距離が上甲板の下面において船首材の前面より①または②の位置までの長さ（図1-10の当該長さ）の13％を超える場合には①または②の位置より当該長さの13％を超えた距離の50％を加えた位置。

(d) **水線長さ** waterline length

喫水線上で測った船の前端から後端までの長さをいう。船の抵抗・推進など，流体力学上の計算にはこの長さを用いる。

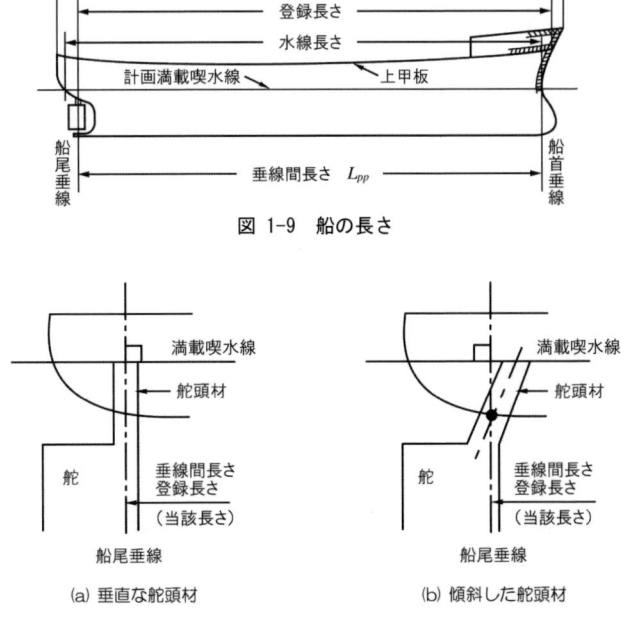

図 1-9 船の長さ

図 1-10 船尾材の後面（登録長さの後端）

(2) 幅 breadth
　(a) 全　幅 extreme breadth (B_{ex})
　　船体の幅の最も広い部分で測って，相対する外板の外面間の水平距離をいう。
　(b) 型　幅 molded breadth (B)
　　船体の幅の最も広い部分で測って，相対するフレームの外面間の水平距離をいう。船の幅の代表的なもので，主要寸法にはこれを用いる。

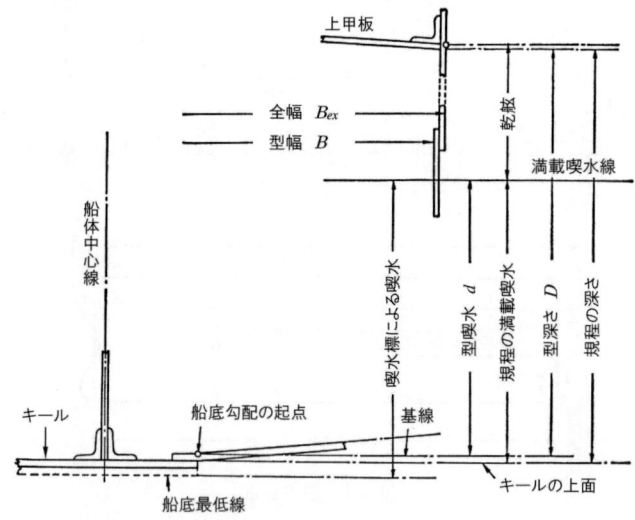

図 1-11　船の幅および深さ

(3) 深　さ depth
　(a) 型深さ molded depth (D)
　　船の長さの中央において，基線から上甲板ビームの船側における上面までの垂直距離をいう。深さの代表的なもので，主要寸法にはこれを用いる。基線 (base line) とは船底外板の内面における船底勾配の起点を通る水平線である。
　(b) 法規の定める深さ
　　船舶法施行規則，鋼船構造規程，満載喫水線規則による深さで，船の長

さの中央においてキールの上面より船側における上甲板の下面までの垂直距離をいう。キール上面と船底外板の上面が一線となるように溶接されている場合には基線とキール上面は同じになるので，型深さと法規の定める深さは同じ値になる。

(4) 満載喫水　load draft

船が充分な予備浮力を持って安全に航海できるよう，貨物や燃料などの積載量を，その船の構造上の強さ，船体の形状，航海する水域や季節などに応じて制限している。この制限いっぱいの喫水線を満載喫水線 load water line といい，その位置は船体中央部の両舷側にフリーボードマークをもって標示する*。フリーボードマークは満載喫水線標識のほか上甲板の位置を示す甲板線と航海する水域や季節により変化する満載喫水線を示す線より構成され，満載喫水線標識における水平線としては夏期満載喫水線が表示される。各線の太さは25 mm である。

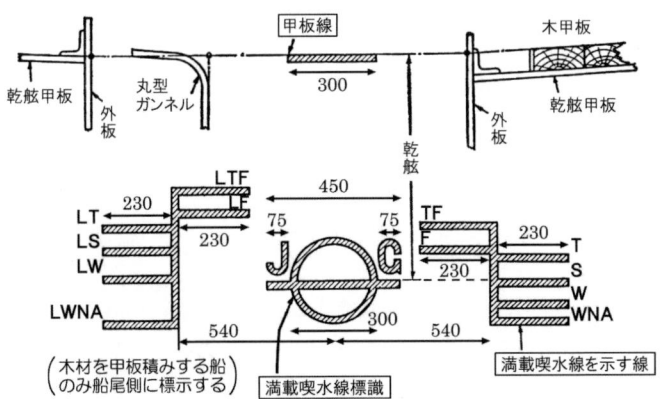

図 1-12　フリーボードマーク

(a)　型喫水　molded draft (*d*)

船の長さの中央において，基線から満載喫水線の上端までの垂直距離をいう。

＊　満載喫水線規則

(b) 法規の定める喫水

　鋼船構造規程による満載喫水で，キール上面から満載喫水線の上端までの垂直距離をいう。基線とキール上面が同じ場合には型喫水と法規の定める喫水は等しい値になる。

(c) 喫水標による喫水

　運航時の船の喫水は喫水標から読み取ることができる。船首垂線，船尾垂線および船の長さの中央において両舷に表示された喫水標 draft mark は，船底最低部から測られ，20 cm ごとに高さ10 cm のアラビア数字を用い，その数字の下端がその数字の示す喫水値となる。

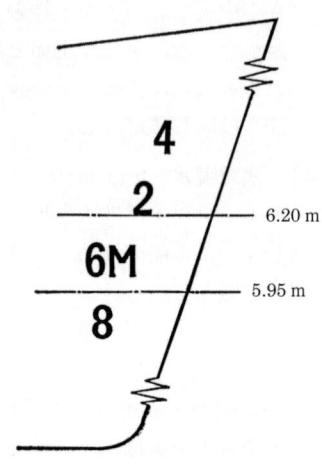

図 1-13　喫水標の読み方（船首喫水）

(5) 乾　　舷　freeboard

　船の長さの中央において，上甲板の船側での上面から満載喫水線までの垂直距離をいう。すなわち図1-12において甲板線の上端から夏期満載喫水線を示す線の上端までの垂直距離で

　　　（乾舷）＝（型深さ）＋（船側部の上甲板の厚さ）－（満載型喫水）

である。

　乾舷は船が充分な復原性と予備浮力を確保して安全に航海できるよう，あらかじめ貨物や燃料などの積載量をその構造上の強さ，船体の形状，航海する水域や季節などによって制限するもので，この最大限度が満載喫水線である。

(6) 主要寸法と船の性能

　主要寸法は船の性能に深い関係があるので，決定にあたっては充分に検討しなければならない。

　主要寸法のうちの一つについて，他に対して大きくした場合の船の性能に及ぼす影響を調べてみると，およそ次のような傾向がある。

第1章 船の形と大きさ

長さの増加に対し：
1) 造波抵抗が減り，速力が増加する。
2) 航洋性を増すが，港内での操船性能は悪くなる。
3) 縦強度材の寸法を大きくしなければならないので，船体重量が増加し，船価は高くなる。

幅の増加に対し：
1) 復原力が増す。
2) 喫水や船体重量に大きな影響を与えずに載貨重量を増す。
3) 横揺れ周期が小さくなり，横揺れが激しくなる。
4) 船体抵抗が増し，速力は減少する。

深さの増加に対し：
1) 船体重量にあまり影響を与えずに載貨重量を増す。
2) 縦強度材の寸法を減らすことができる。
3) 凌波性を増す。
4) 重心が上がり，復原性は低下する。
5) 船倉が深くなり，荷役に不便となり，また下積み貨物がつぶれるなどのおそれがある。

満載喫水の増加に対し：
1) 載貨重量が増加する。
2) 入港できる港湾が制限される。

したがって，現在就航中の船を調べてみると，船の種類，大きさ，速力などによって主要寸法間の比はほぼ似かよったものとなっている。表1-1はその一例である。

表 1-1 主要寸法間の比

船　種	トン数	L/B	D/B	d/B
貨　物　船	5,000〜10,000GT	6.0〜7.0	0.55〜0.60	0.40〜0.50
ばら積貨物船	50,000〜80,000DWT	6.0〜7.0	0.50〜0.60	0.35〜0.40
巨大タンカー	100,000〜300,000DWT	6.0〜6.5	0.50〜0.55	0.35〜0.40

1-4　船の種類

船舶安全法などから，船舶の種類は次のように分けることができる。
① 　第1種船：国際航海に従事する旅客船
② 　第2種船：国際航海に従事しない旅客船
③ 　第3種船：国際航海に従事する500 GT 以上の非旅客船（漁船を除く）
④ 　第4種船：国際航海に従事する500 GT 未満の非旅客船，または国際航海に従事しない非旅客船（漁船を除く）
⑤ 　旅客船：12人を超える旅客定員を有する船舶
⑥ 　漁船：もっぱら漁撈に従事する船舶。
　　　　　漁撈に従事する船舶で漁獲物の保存または製造の設備を持つもの。
　　　　　もっぱら漁撈の現場から漁獲物またはその加工品を運搬する船舶。
　　　　　もっぱら漁業に関する試験，調査，指導や練習に従事する船舶。
　　　　　漁業の取締りに従事する船舶であって漁撈設備を有するもの。
その他の船舶として，練習船，軍艦，作業船などがあげられる。

第2章　船体構造および安全に関する規則

2-1　船級協会

　船および積荷は高価なもので大きな資本である。これが航海中に危険に遭遇し，万一喪失すれば船主や荷主にとって莫大な損失になる。大航海時代になると，ヨーロッパにおいて船舶による交易が盛んになったが，海難などによる損害を恐れた関係者が船舶同士の情報交換をはじめた。これがやがて海上保険に発展していった。

　航海中の危険性は船員の技術にもよるが，船の構造や強度による影響も大きい。そこで船主，海運業者，造船業者，保険業者，学者などからなる民間団体による船級協会が設立され，その船の現状を検査して船級（class）という等級をつけるようになった。

　世界の主要海運国には，それぞれ船級協会 classification society が設立されていて，次のような業務を行なっている。
1) 学術の進歩と長い間の経験とに基づいて，船体構造などに関する規則を制定する。
2) それらの規則に従って船を検査し，船級を与え，登録した船の船名録を発行する。
3) 造船用資材の試験や検査を行なう。

　船級は各検査に対し何段階もの等級を与えるものではなく，各検査に合格するか否かの区別しかない。

　船級協会は，船主，造船業者，保険業者，監督官庁などの代表者によって公平に運営されるから，その船級を持つ船は高い水準にあるものとして広く認められ，保険料や売買にも有利に取り扱われるが，船級を取るか取らないか，またどの船級協会を選ぶかはまったく船主の自由である。しかし船および積荷に保険をかけるためには是非とも船級協会の船級をとる（class する）必要がある。したがって中型以上の船舶は船級協会の規則によってつくられる。

　日本海事協会は1899年に帝国海事協会として創立した日本における唯一の船級協会である。表2-1 に各国の例を示すが，統合されて現在はない協会もある。

表 2-1　各国の公認船級協会

国名	名称	略称	設立年	最高船級符号
イギリス	ロイズ協会 (Lloyd's Register of Shipping)	LR	1760年	✠ 100A1
フランス	ビューローベリタス (Bureau Veritas)	BV	1828年	✠ I3/3
イタリア	レジストロイタリアーノ (Registro Italiano Navale)	RI	1861年	✠ 100A1
アメリカ	エイビー協会 (American Bureau of Shipping)	AB	1862年	✠ A1Ⓔ ✠ AMS
ノルウェー	ノルスケベリタス (Det norske Veritas)	DnV	1864年	✠ 1A1
ドイツ	ジャーマニッシャーロイド (Germanischer Lloyd)	GL	1867年	✠ 100A
日本	日本海事協会 (Nippon Kaiji Kyokai)	NK	1899年	NS* MNS*
ロシア (ソビエト)	エスアール協会 (Register of Shipping of the USSR)	SR	1935年	★ KM
中国	中国船級協会 (China Register of Shipping)	CR	1956年	✠ 100E ✠ CMS
韓国	韓国船級 (Korea Resister of Shipping)	KR	1960年	✠ KSE ✠ MKS

2-2 船舶安全法

　船舶の堪航性を保持し人命の安全を確保するために，わが国には船舶安全法およびその関係法令が制定されていて，日本船舶はすべてそれらの適用を受ける。堪航性とは船が航海に耐える性能を意味する。この目的を達成するために，船舶の構造や設備の要件を定め，船舶所有者に対し船舶検査を義務づけている。具体的には，船舶の所要設備（第2条），満載喫水線の標示（第3条），無線電信または無線電話施設の強制（第4条），船舶検査（第5条，第6条），検査執行官庁（第7条），検査の合理化（第6条，第8条），船級協会の活用（第8条）となっている。

　関係法令としては，船体構造に関する規則に鋼船構造規程があり，このほか，満載喫水線規則・船舶復原性規則・船舶設備規程・船舶救命設備規則・船舶消防設備規則・船舶区画規程・船舶防火構造規程などがある。

　鋼船構造規程は，船舶安全法の目的を受けて，船に耐航性を保持するのに充分な強度を持たせるため，船体の構造全般の基準を示したものである。

　船舶安全法第8条は日本海事協会の船級を取得した日本籍船について原則として検査の重複を避けることを規定している。この条文により，主務大臣の認定した日本の船級協会の検査を受けて船級の登録をした日本船舶のうち旅客船でないものは，その船級を有する期間は，船体，機関，所定の設備および満載喫水線について，管海官庁の検査を受けてこれに合格したものとみなし，船舶安全法による検査は行なわない。

　船舶及び人命の安全に関する法規は明治時代になり多くの外国船が購入されるようになったときからはじまる。そのとき，老朽化した外国船購入の弊害を防止し，日本における西洋型船舶の海運造船政策として1884年（明治17年）に西洋型船舶検査規則が公布され，国による定期的検査，証書の発給などを行なった。さらに1896年（明治29年）船舶検査法，1921年（大正10年）船舶満載喫水線法が制定されてきた。しかしこれら既存の関係法令は改廃され，1933年に船舶安全法が制定された。

2-3 国際条約

　1912年（明治45年）に豪華客船「タイタニック（TITANIC）」が北大西洋のニューファンドランド南方で流氷に衝突し，沈没した。この事故は約1500名と

いう多数の犠牲者がでたこと，過剰なスピード競争がみられたこと，充分な救命艇を搭載していなかったことなど安全性が疎かにされていたことに対する多くの問題点が指摘された。この事故を契機に今までは各国の国内法により規制していた船舶の安全措置を各国共通に適用される国際条約として取り決めようとする機運が高まり，1914年（大正3年）にロンドンで国際会議が開かれ，海上における人命の安全のための国際条約（SOLAS条約）が採択された。しかしこの条約は第一次世界大戦のために発効しなかった。1929年（昭和4年）に1914年SOLAS条約の不備を補い，造船技術の発展などに対応させた新条約の制定を図るために，再度ロンドンで国際会議が開かれ，1929年SOLAS条約が採択され，1935年に発効した。日本もこの会議に参加し，1933年（昭和8年）には国際条約の発効にあわせて，船舶安全法を制定した。

船舶の安全基準は世界的に1929年SOLAS条約で一応の統一をみた。しかし海運の国際性からその後も継続的な議論が必要であるという観点より，第二次世界大戦後の1948年にジュネーブで開かれた国際連合海事会議において，政府間海事協議機関（Inter-Governmental Maritime Consultative Organization，IMCOと略す）の設立とその活動に関する条約であるIMCO条約が採択され，国際連合の下部機関として常設の海事専門機関がロンドンに設立された。この機関は1982年に名称を国際海事機関（International Maritime Organization，IMOと略す）と変更し，現在に至っている。国際条約は採択された後に各国で批准されてはじめて効力が生じるが，加盟国が多いと全加盟国が批准するまでに時間がかかるので，最近の条約は一定限度以上の国が批准を終えたとき発効するように規定することが多い。

いくつかの国際条約を次に示す。

安全関連：
○1966年の満載喫水線に関する国際条約（1968年発効）：
  1966 LL（International Convention on Load Lines）
○1972年の海上衝突予防の国際条約（1977年発効）：1972 COLREG
○1974年の海上における人命の安全のための国際条約（1980年発効）：
  1974 SOLAS（International Convention for the Safety of Life at Sea, 1974）
○1974年の海上における人命の安全のための国際条約と1978年議定書（1981年発効）：1978 Protocol

○1978年の船員の訓練，資格証明及び当直維持の基準に関する国際条約：
1978 STCW
○1979年の海上捜索救難に関する国際条約（1985年発効）：1979 SAR
海洋汚染防止関連：
○1973年の油による海洋汚染防止に関する国際条約と1978年議定書：
1973/78 MARPOL (International Convention for the Prevention of Pollution of the Sea by Oil)
その他：
○1969年の船舶のトン数測度に関する国際条約（1982年発効）：
1969 TONNAGE (International Convention on Tonnage Measurement of Ship, 1969)

2-4　運輸安全委員会

　2008年（平成20年）5月に IMO において，事故調査コードを SOLAS 条約に盛り込む決議が採択され，その後，改正規定が2011年1月に発効し，SOLAS 条約XI-1章に「海上事故及び海上インシデント調査についての要件」という強制規定として追加された。事故調査コードでは船舶事故における原因究明と懲戒手続きとが分離されるため，わが国では海難審判庁の事故調査，原因究明部門と今まであった航空・鉄道事故調査委員会を統合して，2008年10月に運輸安全委員会（Japan Transport Safety Board, JTSB と略す）が設置された。
　運輸安全委員会の海事部門では船舶の事故やインシデントの調査を行ない，その結果を報告書にまとめて公表するとともに，事故に対する被害の軽減や再発防止に向けて，関係官庁や関係団体に勧告や意見を述べている。
　海外においても1989年3月24日にアラスカのプリンスウイリアム湾で約1080万 US ガロン（24万バレル）の原油を流出した「エクソンバルディーズ（Exxon Valdez）」の座礁事故に対しアメリカ国家運輸安全委員会(National Transportation Safety Board, NTSB と略す）が報告書を作成しているが，このような調査結果は事故防止のための規則に反映されるなど船舶の安全性向上に寄与している。

第3章 船体の材料

3-1 船体材料の種類

　船体用の材料として，古くは水よりも軽い材質として木が用いられた。しかし船が大型化し強度などの面で木材では及ばなくなり，木材の枯渇も相俟って，鉄 iron や鋼 steel が船体の主要な材料として使用されるようになった。現在でも木材は小型船に用いられており，さらに最近ではアルミニウム，FRP（強化プラスティック）なども用いられている。変わった材料として，第一次および第二次大戦時に鉄の不足を補うためコンクリート船も造られた。

　歴史上，最大の木船は1857年に建造された北大西洋航路の旅客船アドリアティックで，総トン数は4145トン，長さ105.15m，幅15.24mである。

　本格的に鉄が用いられる前に，一部に鉄，一部に木を用いた木鉄交造船が造られた。木鉄交造船の建造方法はアイルランドのダブリンのワトソンによって1839年に発明された。1851年にはジョルダンによってリバプールで総トン数787トンのチューバルケインという最初の木鉄交造船が造られた。その後，とくに1850年頃からヨーロッパとアジアを結ぶクリッパーにこの方式が用いられた。1863年建造のテーピング，1869年建造のカティーサークなどは外板が木でフレームなどの骨組みが鉄の木鉄交造船である。カティーサークは総トン数963トン，全長85.34m，幅10.97mであり，1869年11月にスコットランドのダンバートンで進水し，現在はイギリスのグリニッジに保存されている。

　初めての鉄船として記録されるのはトーマスウィルソンによって1819年に建造されたバルカンである。この船はクライド運河で客船として使用され，その後は，石炭運搬船として1875年まで使用された。汽船として最初の鉄船は総トン数116トン，全長36.6m，幅5.18mのアーロンマンビーで，1822年にロンドンのテムズ川岸で組み立てられた。大型で大西洋横断にも就航可能な鉄船としては1845年に竣工したグレートブリテンがある。グレートブリテンの内部構造は二重底構造でフレーム，ビーム，ガーダというような現在の大型船とほとんど同じ構造部材が使われており，大型船の基本構造はこの当時から変わらずに次の鋼船の時代へと受け継がれていった。

わが国の重要文化財の明治丸は1874年にスコットランドのグラスゴーで建造され，日本に現存する唯一の鉄船として保存されている．
　コンクリート製の船は第一次世界大戦時に，鋼鉄が不足したため，アメリカのハドリーがフィラデルフィアで応急船団用に建造したのが最初であろう．わが国でも，第二次大戦中に鋼材の不足にともない開発された．1944年5月に兵庫県高砂市で建造された排水量2300トン，長さ64m，幅10mの武智丸は，現在は広島県安浦港の防波堤として使用されている．構造部材の厚さによる貨物の積載効率や曲線形状の製作が難しいため推進性能などについては鋼船に劣るが，強度や耐久性については充分な能力があるものと考えられている．船ではないが船を係留する浮桟橋（ポンツーン）にはコンクリートで造られたものがみられる．
　最近，比較的小型の船舶にはアルミニウムや繊維強化プラスティック FRP (Fiber Reinforced Plastics) が使用されている．アルミニウム船は鋼船にくらべて錆びにくいことや，軽量であることが特徴であり，FRP 船は，母型を作ると，型によって複数の同形船を比較的安価に造ることができるので，プレジャーボートや漕走練習用のカッターなどに広く用いられる．

3-2　船体用鋼材の種類

(1)　鋼材の製法
　(a)　製　　鉄
　　　鉄鉱にマンガン鉱・コークス・石灰石などを加えて溶鉱炉に入れ，熱風を送ると鉄鉱は還元されて銑鉄ができる．銑鉄 pig iron は，製錬しなおして鋼とするほか，溶かして鋳型に注ぎ鋳鉄とする．
　(b)　製　　鋼
　　　銑鉄とくず鉄を平炉あるいは電気炉の中で1700℃以上に熱して，鉄の中に含まれる化学成分の調整を行なうと鋼ができる．
　　　炉から取り出した溶鋼を柱状の鋳型に注入冷却したものを鋼塊 steel ingot という．鋳型に注入する前の脱酸処理の程度により，リムド鋼，キルド鋼およびセミキルド鋼の区別を生じる．
　　　鋼塊は，圧延鋼 rolled steel の素材となるほか，鋳鋼 cast steel や鍛鋼 forged steel の原料となる．

(2) 鋼材の種類

鋼材に特別の性質を持たせるために，マンガン Mn，クロム Cr，ニッケル Ni，モリブデン Mo，タングステン W などの合金元素を加えたものを合金鋼といい，特に加えていないものを炭素鋼という。また，合金鋼と一部の高級炭素鋼とをまとめて特殊鋼という。

(a) 軟　鋼　mild steel

炭素鋼のうち，炭素 C の含有量が0.3%以下のものを軟鋼（低炭素鋼）という。

引張強さは50 kg/mm^2（工学単位）以下であるが，靱性（粘り強さ）にすぐれ，冷間加工や溶接が容易であるため，船体用として最も多く用いられ，単に鋼材といえばこれを指す場合が多い。

(b) 高張力鋼　high tension steel

軟鋼の中に含まれる炭素 C の量を減らし，マンガン Mn の量を増した特殊鋼で，引張強さは軟鋼に比べて20～45%も強い。

高速大型船や軍艦の主要縦強度部材のうち特に大きな力のかかる部分に用いると，板厚を減らすことができるので，船体重量の軽減や溶接作業の簡易化を図ることができる。

(c) 低温用鋼

－40℃～－196℃の低温においてもなお優れた低温靱性を持つ特殊鋼である。冷凍貨物，プロパン・メタン・天然ガスその他の冷却液化ガスなどを運搬する船のタンクやその周辺の低温にさらされる個所に使われる。

3-3　船体用圧延軟鋼

(1) 鋼材の種別

鋼塊をローラで圧延して鋼板・形鋼・平鋼・棒鋼など，船体構造の材料に適する形状に仕上げたものを圧延鋼という。

(a) 鋼　板　plate

軽くて強い船を造るためには，造船用材としての鋼板の厚さはできるだけ小刻みに種類を多くすることが望ましく，また建造能力を高めるためには，溶接継手を減らしうるよう，できるだけ幅の広い鋼板を用意する必要がある。船体用鋼材の板厚は11 mm 以下では0.5 mm おきに，板厚11 mm

第3章　船体の材質

を超えると1mmおきに，板厚30mmを超えると2mmおきに製作されている。2.6m×12m程度の幅と長さの鋼板が通常よく用いられる。

(b)　形　　鋼　section

山形鋼・溝形鋼・球山形鋼・T形鋼・I形鋼・Z形鋼・球鋼板などがある。

(c)　平　　鋼　flat bar

幅の狭い帯状に圧延した鋼板を特に平鋼という。

(d)　棒　　鋼　bar

丸鋼・半丸鋼・角鋼などがある。

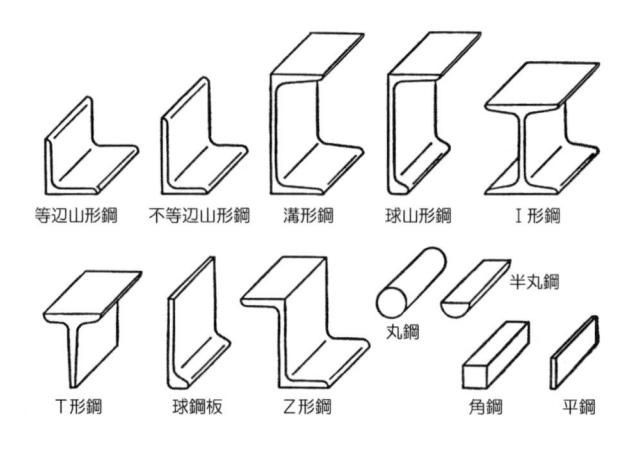

図 3-1　形鋼，棒鋼，平鋼

（2）　鋼材の級別

　　鋼材は，温度が下がると性質が急にもろくなって，材料の一部にクラック（割れ）や溶接欠陥などのいわゆる切欠き部があると，低い応力でも容易にその個所から破断することがある。このように低温において鋼材が急にもろくなり，通常の使用応力の範囲内でも切欠き部が起点となってクラックが伸展し，ついに破断に至る現象を脆性破壊という。これに対抗して低温において，たとえ材料に切欠き部があっても，そこからクラックが伸展しないような優れた性質を持つ鋼材を切欠き靭性の高い鋼材という。溶接構造の場合は低温でもこのような脆性破壊を起こしにくい，すなわち切欠き靭性に富んだ鋼材を使わなければならない。

鋼材を切欠き靭性の程度により，最も低いA級より順にB，D，E級までの4段階に区分する。これらはいずれもキルド鋼またはセミキルド鋼であって，特にD級鋼は－10℃でも，E級鋼は－40℃でも，優れた切欠き靭性を持っているので，クラックの伸展を食い止める目的で溶接構造の大型船の船体主要部に用いられる。

船体のどの部分にどの級の鋼材を使用するかについては，船級協会が指定することになっている。

(3) 鋼材の鋼種

製鋼の際，溶鋼の中には多量の酸素が含まれていて鋼材の性質を低下させるから，溶鋼を鋳型に注入する前に適当な脱酸剤を加えて還元する。脱酸の程度により，次のような種類の鋼材ができる。

(a) リムド鋼　rimmed steel

脱酸が不充分な鋼である。溶鋼を鋳型に注入する際に多量のガスを発生して，溶鋼は沸騰しながら外側から固まるから，鋼塊の表面には良質の厚い層を作るが，内部には不純物や気孔を生じて成分が不均一となる。リムド鋼の鋼塊から圧延した鋼材は，切欠き靭性に乏しく，特に低温で脆性破壊を起こしやすいので，厚さ13 mm未満のA級鋼以外には用いられない。

(b) キルド鋼　killed steel

完全に脱酸した鋼である。溶鋼は鋳型の中で静かに固まるので，不純物や気孔は頭部に集まって収縮孔を作る。この部分を切り捨てることによって均質で良質な鋼が得られる。

キルド鋼は，切欠き靭性にすぐれ，低温においても脆性破壊を起こしにくいので，溶接構造の船体用鋼材として，特に厚板用に最も適している。

(c) セミキルド鋼　semi-killed steel

リムド鋼とキルド鋼の中間程度の脱酸を行なった鋼である。内部の気孔も比較的少なく，収縮孔も大きくなく，成分がほぼ均質であるので，一般の船体用鋼材として広く用いられる。

3-4　船体用鋳鋼と鍛鋼

(1) 船体用鋳鋼

鋼板や形鋼では作りにくい複雑な形で，しかも剛性を必要とする部材，た

第3章　船体の材質

とえば船尾骨材・船尾管・軸ブラケット・錨・錨鎖管などに用いられる。

　鋳鋼を作るには，まずその木型を実物の寸法に縮みしろと削りしろを加えて作る。この木型を使って特殊な砂で鋳型を作り，これに溶鋼を流し込んで鋳造する。

　溶鋼は，鋳型の中で冷えて，まず外側から固まり内部が最後に残る。このとき内部には不純物が集まり，ガスによる気孔を生じるばかりでなく，最後に固まるとき縮むことができないため内部に応力を閉じ込めやすい。

　これらの欠陥は，その形状や工作法の改良によってかなり改善され，またX線や超音波を応用して内部の欠陥を発見する非破壊検査法も進んできた。

　一方，電気溶接の技術の進歩によって，溶接部の衝撃に対する信頼度も増してきたので，これまで鋳鋼で作っていた部材もしだいに溶接鋼板製のものに置き変えられるようになり，鋳鋼の使用個所はしだいに減りつつある。

（2）　船体用鍛鋼

　鋼塊を約1,200℃に熱して，ハンマあるいはプレスで何度も打って，目的の形状に仕上げたものが鍛鋼である。打つことによって鋼塊の内部欠陥はなくなり，機械的性質は改善され，粘り強くショックに強い材質となる。

　したがって，大きな力が急激にかかる部材，たとえば舵頭材・クランク軸・プロペラ軸などに用いられる。

3-5　船体用鋼材の規格

　鋼材を製造すると，各溶鋼ごとに機械的試験および化学成分の分析を行なって，規格に合格したものだけを使用する。圧延鋼材，鋳鋼材，鍛鋼材については，次に示す試験を行なって表3-1のような規格が決められている。

（1）　圧延鋼材

　鋼材の機械的試験には，引張試験，曲げ試験および衝撃試験があり，鋼材の一部から採取した試験片 test piece について行なう。試験片はそれぞれの試験に対し，また鋼材の種類により所定の形状と寸法のものを用いる＊。図3-2は引張試験用試験片の一例である。

　＊　鋼船構造規程，日本海事協会鋼船規則

(a) 引張試験　tensile test

試験片を引張試験機にかけて両端を引っ張ると，その力に応じて平行部が伸びる。

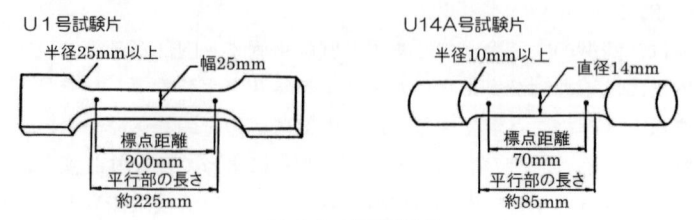

図 3-2　引張試験片

引張力を少しずつ増して，そのときの標点距離の伸びを測定してグラフに表わすと図3-3のような応力ひずみ線図 stress-strain diagram が得られる。この図の縦軸には引張力を平行部の初期の断面積で割った引張応力を，横軸には初期の標点距離に対する標点距離の伸びの割合（％）をとる。引張応力が小さいうち（図の0点からA点）では伸びは応力に比例し，引張力を取り

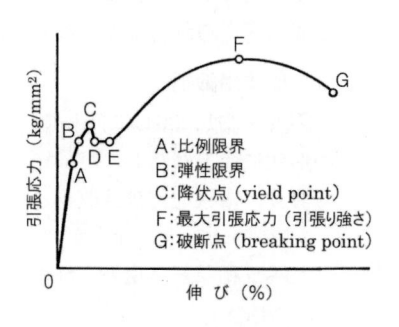

A：比例限界
B：弾性限界
C：降伏点（yield point）
F：最大引張応力（引張り強さ）
G：破断点（breaking point）

図 3-3　応力ひずみ線図

去ると試験片はもとの寸法に戻るが，応力がB点を超えると材料は弾性力を失って，応力がほとんど変わらずに伸びが大きくなる降伏現象が起こり，引張力を取り去ってももとの寸法には戻らずに永久歪みを残す。さらに引張力をかけると試験片の中ほどが細くくびれ，ついに破断する。

引張強さ　tensile strength　試験片の耐えた最大引張応力を引張り強さといい，この値が材料の強さを示す。図3-3のFの値に対応する。

伸びと絞り　破断後の試験片について，切口を突き合わせて計った標点間長さ l のもとの標点距離 l_0 に対する割合を伸びといい，次式で表わす。

$$伸び = \frac{l-l_0}{l_0} \times 100 \ (\%)$$

試験片のもとの断面積 (A_0) と破断時の最小断面積 (A) の減少した割合を絞りといい次式で表わす。

$$絞り = \frac{A_0 - A}{A_0} \times 100 \ (\%)$$

これらの値は材料の延性を示す尺度として用いられる。どちらも大きい値ほど延性に富んでいるといえる。

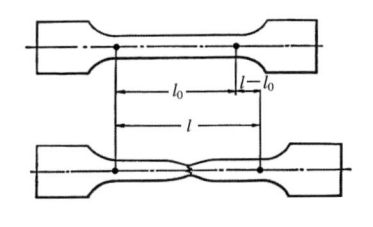

図 3-4 伸 び

(b) **曲げ試験** bending test

曲げ試験片を常温のまま指定の角度まで曲げたとき，外側に裂け傷や割れが生じないものを合格とする。

(c) **衝撃試験** impact test

V形（あるいはU形）切欠きを設けた衝撃試験片に，一定の低温状態でハンマーをぶつけることにより衝撃荷重を与えて材料の靭性を調べる。試験片が切断した時のハンマー振り上げ角度（振り上げ高さ）から求められる位置エネルギーを切断に要するエネルギーとして，その材料の切欠き靭性の大きさを示す。

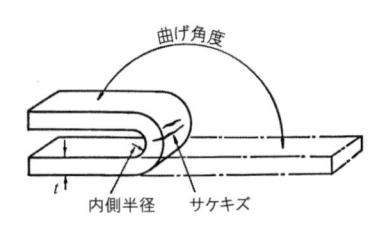

図 3-5 曲げ試験

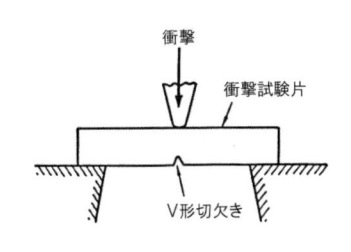

図 3-6 Vシャルピー衝撃試験

（2） 鋳 鋼 材

引張試験，曲げ試験のほかに，表面検査および非破壊試験を行なう。

(a) **表面検査** surface inspection

鋳鋼材は熱処理後および最終仕上げ加工後に表面検査を行なう。

(b) **非破壊試験** non-destructive inspection

船尾骨材，舵心材など船体の重要な部材となる鋳鋼材については，非破壊

試験を行なって，内部の傷や欠陥を検査する。非破壊試験には，超音波探傷試験，磁粉探傷試験，放射線試験，液体浸透探傷試験などがある。

(3) 鍛鋼材

引張試験，曲げ試験のほかに，表面検査および非破壊検査を行なう。

表 3-1 船体用鋼材の規格

鋼材の種類	圧延鋼材				鋳鋼材	鍛鋼材
記号	KA	KB	KD	KE	KSC42	KSF45
脱酸形式	セミキルドまたはキルド			キルド		
引張試験 降伏点 (kg/mm^2)	24以上				21以上	23以上
引張試験 引張り強さ (kg/mm^2)	41〜50				42以上	45以上
引張試験 伸び % (mm)	22以上				21以上	24以上
引張試験 絞り %	—				35以上	45以上
曲げ試験 内側半径 (mm)	1.5 t (t=板厚 mm)				25	6
曲げ試験 曲げ角度	180°				120°	180°
その他の試験	KB，KD，KE級鋼に対しては衝撃試験を行う				表面検査 非破壊試験	
化学成分 (%)	P 0.040以下　　S 0.040以下 C KB:0.21以下, KD:0.21以下, KE:0.18以下 Si KD:0.35以下, KE:0.10〜0.35 Mn KB:0.60以上, KD:0.60〜1.40 KE:0.70〜1.50				P 0.040以下 S 0.040以下 C 0.23以下 Si 0.60以下 Mn 0.80以下	P 0.035以下 S 0.040以下 C 0.60以下 Si 0.15〜0.35 Mn 0.30〜1.50

3-6 鋼材の表面処理

　圧延した鋼板や形鋼などの表面には，高温加工の際に生じたミルスケールの薄い層（青黒く光るので青錆ともいう）が付着していて，腐食の原因となるばかりでなく，その上に塗料を塗っても塗膜が膨れたり，はがれたりする。そこでミルスケールは塗装前に必ずワイヤブラシまたはブラスト法を用いて取り除かなければならない。

(1) ブラスト法

　鋼粒・砂などを鋼材の表面に吹きつけ，ミルスケール・さび・汚れなどを取り除く。使用する研磨材の種類によって，ショットブラスト（鋼粒），グリットブラスト（鋼滓粒），サンドブラスト（砂）などがある。

　ブラストを行なって表面を清浄にした後，直ちに下地用塗料のウォッシュプライマを吹きつけて乾燥させる。ウォッシュプライマを塗ると，鋼材の表面に燐酸塩皮膜を作るので防錆効果があり，またその上に塗る塗料が密着しやすくなる効果がある。

(2) 酸 洗 い

　ブラスト法ではひずみを生じるおそれのある薄鋼板（4.5 mm 以下）・形鋼・鋼管などに対しては酸洗い（ピクリング）を行なう。

　酸洗いは，鋼材を約1.5％塩酸液あるいは5％硫酸液に15〜20時間浸したのち，水洗いし，5％カセイソーダ液に2時間浸して中和させる。これを取り出して再び水洗いし，乾燥させる。

(3) 燐酸塩皮膜法

　燐酸による酸洗いは，さび・汚れを取り除くとともに鋼材の表面に燐酸塩皮膜を作って耐食性を増し，塗料を密着させるので，普通の酸洗いより優れている。

(4) 亜鉛メッキ

　酸洗いによってミルスケールや汚れを取り除いた鋼材を，430〜450℃の溶けた亜鉛の中に浸して，表面に亜鉛の皮膜を作る。

　甲板暴露部，その他腐食のはげしい個所の鋼材に対して極めて有効である。

第4章 鋼材の接合

4-1 溶　接

　溶接は，2つの金属の継目を溶かして接合する方法で，溶かす方法によって，次のような種類がある。

$$\text{アーク溶接}\begin{cases}\text{炭素アーク溶接}\quad \text{carbon arc welding}\\ \text{金属アーク溶接}\quad \text{metallic arc welding}\end{cases}$$

　　　　ガス溶接　gas welding

　　　　テルミット溶接　thermit welding

　炭素アーク溶接は，電極として2本の炭素棒を用い，両極の間で発生するアーク（電弧，スパーク）の高熱を利用して近くに置いた溶接棒と母材（溶接しようとする金属）を溶かす方法である。これに対して金属アーク溶接は，炭素棒を用いず直接，溶接棒と母材を電極として利用する方法で，船体用の鋼材の接合には，主としてこの金属アーク溶接が用いられる。

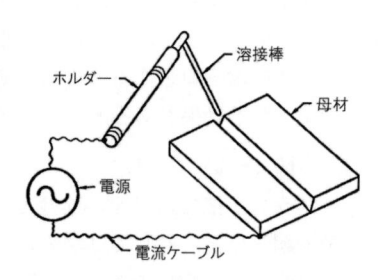

図 4-1　金属アーク溶接

　ガス溶接はアークの代りにガスの焔の熱を利用する方法で，薄い鋼板の接合に用いられる。

　テルミット溶接は酸化鉄とアルミニウム粉末の化学反応熱を利用する方法で，大型鋳物の接合に用いられる。

(1) 金属アーク溶接

　溶接棒と母材との間のわずかなすきまに電圧をかけてアークを発生させると，高熱によって母材の一部は溶けて溶融池を作

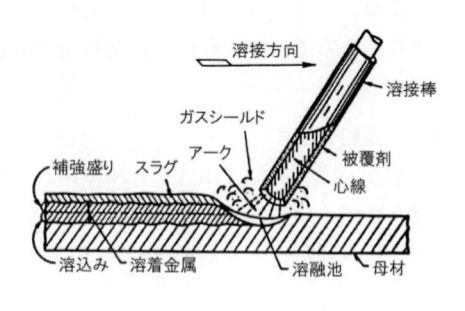

図 4-2　金属アーク溶接の状態図

り，同時に溶接棒の先端も溶けてこれに加わり，これらが冷えて金属となる。図 4-2 は，金属アーク溶接の行なわれる状態の説明図である。

（2） 溶 接 棒

心線の上に被覆剤（フラックス）を塗って乾燥させた被覆溶接棒を用いる。

溶接の際に発生するアークの温度は6000℃にも達し，このような高温では空気中の酸素や窒素が溶融金属に作用してその性質をもろくするが，被覆溶接棒を用いると，フラックスの燃焼によって生じる多量のガスとスラグ（燃えかす）とによって，溶融金属に空気を寄せつけないよう保護することができ，良質の溶着金属が得られる。

（3） サブマージドアーク溶接

被覆剤を塗らない裸の心線を連続的にリールから繰り出して，継手部の上面に盛り上げた粒状のフラックスの中に突っ込み，自動的にアーク溶接を行なう方法であって，ユニオンメルト法はその代表的なものである。その利点と欠点は以下のとおりである。

　利点　1）　大電流を用いて作業能率を飛躍的に高めることができる。
　　　　2）　溶着金属の材質が均一で，内部欠陥も少ない。
　欠点　1）　設備費が高価である。
　　　　2）　下向き溶接で，しかも継目が直線かあるいはそれに近いゆるやかな決まった形でないと使えない。

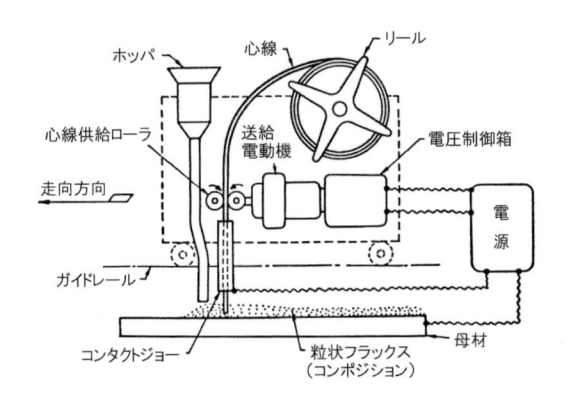

図 4-3　サブマージドアーク溶接

4-2 溶接継手

(1) 溶接継手の種類

船体用鋼材に用いられる溶接継手には，水平に並べた二つの母材の端部を溶接する突合せ溶接 butt weld と，直交する二つの母材の角の部分を三角形状の断面に溶接するすみ肉溶接 fillet weld に大別される。図4-4はこれらの溶接を用いた溶接継手の基本形である。

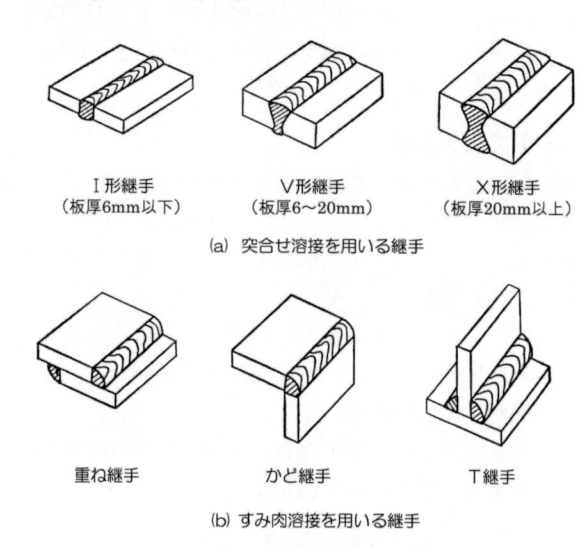

I形継手（板厚6mm以下）　V形継手（板厚6〜20mm）　X形継手（板厚20mm以上）
(a) 突合せ溶接を用いる継手

重ね継手　かど継手　T継手
(b) すみ肉溶接を用いる継手

図4-4　溶接継手の種類

(2) 溶接継手に関する用語

(a) ビード bead
　　1回の溶接行程でできた一連の鱗状の溶着部。
(b) 脚 leg
　　すみ肉溶接の溶着金属が母材と融合している部分のことであり，溶接される二つの母材の交点から母材と溶接表面の交点までの部分を脚といい，その長さを脚長という。

(c) **の ど 厚 throat**
　突合せ溶接では溶着金属の底部と母材との交点から溶接表面までの最短距離，すみ肉溶接では溶接される二つの母材の溶接面の交点から溶接表面までの最短距離をいい，補強盛りを除いた寸法を理論のど厚という。

(d) **溶込み penetration**
　溶接前の母材の表面から測った溶着金属の融合部の深さ。

(e) **断続すみ肉溶接 intermittent fillet weld**
　T継手のすみ肉溶接を，図4-5のように一定の間隔を置いてきれぎれに行なったものをいい，両面の溶接ビードを互い違いに置いた千鳥断続すみ肉溶接と，両面を対称の位置に置いた並列断続すみ肉溶接とがある。

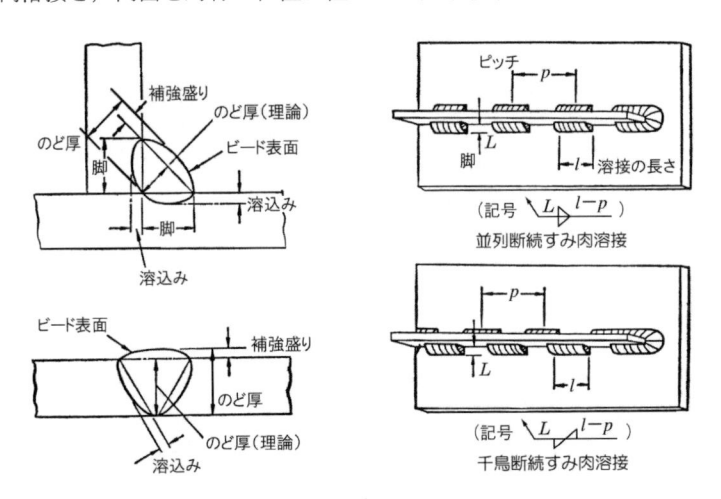

図 4-5　溶接継手に関する用語

(3) **溶接継手の記号**
　溶接の種類や，脚長，ビードの長さ，ピッチの寸法などを図面で指示するときは，定められた記号を用いることになっている。表4-1および表4-2は，わが国の造船所で用いられている溶接継手の記号の主なるものである。

表 4-1 継手の溶接が片側または片面にある場合の記号

溶接の種類		継手の溶接が説明線の矢で示す側（面）または手前側だけにある場合の記号。寸法などは基線の下側に記入する。	継手の溶接が説明線の矢で示す反対側（面）または向こう側だけにある場合の記号。寸法などは基線の上側に記入する。
T継手のすみ肉溶接	連続溶接		
	断続溶接		
重ね継手のすみ肉溶接	連続溶接		
	断続溶接		
突合せ継手	I形		
	V形		

第4章 鋼材の接合

表 4-2 継手の溶接が両側または両面にある場合の記号

溶接の種類		継手の溶接が両側(両面)同一である場合には記号は説明線の基線の上下に記入し,寸法などは基線の上側だけに記入する。	継手の溶接が両側(両面)異なる場合の記号。寸法などは説明線の基線の上下に記入する。
T継手のすみ肉溶接	連続溶接		
	断続溶接	並列断続溶接	千鳥断続溶接
重ね継手のすみ肉溶接		両側連続／並列断続／千鳥断続	連続溶接ですみ肉の脚長の異なる場合／手前側が断続溶接で向こう側が連続溶接の場合
X形突合せ溶接			

備考 1. すみ肉溶接の図において
　　　　L =脚長, l =1個の溶接の長さ
　　　　p =溶接部の中心間距離（ピッチ）
　　2. 実際の図面には, L, l, p などの寸法を mm 単位で記入する。例えば
　　　　8▲75-300

（4） 溶接継手の強度計算

溶接継手の強さは，荷重の種類，作業条件，溶接工の技量，溶接棒の選び方などによって必ずしも一様ではないが，軟鋼の場合には次のような値と考えられる。

  突合せ溶接   約45 kg/mm^2（工学単位）
  前面すみ肉（重ね継手） 約40 kg/mm^2（工学単位）
  前面すみ肉（Ｔ継手） 約35 kg/mm^2（工学単位）
  側面すみ肉   約32 kg/mm^2（工学単位）

としている。

いま，溶接継手の強度計算の一例として，図 4-6 に示すような最も簡単な場合を考えてみる。なお，ビード表面に補強盛りがある場合でも，計算にはこれを除いた理論のど厚を用いる方が安全である。

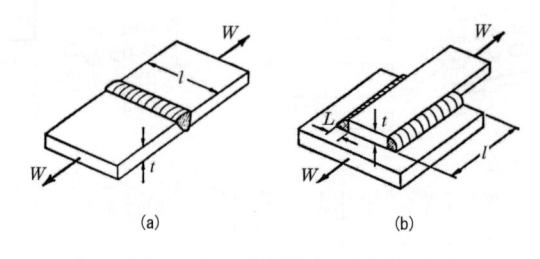

図 4-6　溶接継手の強度

図 4-6(a)は，突合せ溶接部分に引張力 W が加わる場合で，
  溶接線の長さ $l = 300$ mm
  理論のど厚 $d = 10$ mm（＝板厚 t）
  引張力 $W = 30{,}000$ kg（工学単位）

とすると，継手部の引張応力 σ_t は

$$\sigma_t = \frac{W}{l \times d} = \frac{30000}{300 \times 10} = 10 \text{ kg/mm}^2 \text{（工学単位）}$$

である。突合せ溶接の強さは45 kg/mm^{2}であるから，安全率を4とすると許容応力は11 kg/mm^{2}となり，この継手部に生じる引張応力10 kg/mm^{2}に対し安全率が4以上になるので，この引張力においては安全である。

図 4-6 (b)は，重ね継手に引張力 W が加わる場合で，すみ肉溶接部がせん断されるときは最も距離の短いのど厚の位置で切れるから

脚長　　　　　$L = 10$ mm
のど厚　　　　$d = 10/\sqrt{2} = 7.07$ mm $= (t/\sqrt{2})$
引張力　　　　$W = 30,000$ kg（工学単位）

とすると，継手部のせん断応力 σ_s は

$$\sigma_s = \frac{W}{2 \times l \times d}$$

で求められる。側面すみ肉継手の強さは32 kg/mm^{2}であるから，安全率を4とすると許容応力は8 kg/mm^{2}となり，溶接線の長さ l は上式より

$$l = \frac{W}{2 \times d \times \sigma_s} = \frac{30000}{2 \times 7.07 \times 8} = 265 \text{ mm}$$

溶接線の長さがこれだけあれば，30,000 kg の引張力に安全率4で耐えるということになる（ただし，実際には溶接に一様に σ_s が働くのではなく，端部に大きな応力が集中する）。

4-3　溶接の欠陥と検査

(1) 溶接継手の欠陥
　(a) 収縮，変形および残留応力
　　　溶接部は，きわめて高い温度に溶けた金属が空気中で急に冷えるので，この部分に収縮と変形が起こり，内部に残留応力を生じやすい。
　　　収縮を防ぐには
　　　1) 溶接部に加える熱量を必要最小限度にとどめる。
　　　2) 溶着金属の量をできるだけ少なくする。
　　　変形を防ぐには
　　　1) 収縮をなるべく少なくさせる。
　　　2) 変形を小さくするような工作法を用いる。そのような工作法として次のような方法を用いる。
　　　　① ひずみ防止用バラストや仮付けの補強材などを用い，変形しないように押さえつけて溶接する。溶接順序を継手の中央から両端へ少しずつ交互に対称的に行なう対称法を採用する。

② あらかじめどれだけ収縮と変形を生じるかを予測して，その分だけ反対方向にひずみを付けた状態で溶接する逆ひずみ法を用いたりする。

残留応力は，溶接により収縮や変形を生じる際に，周囲の構造が自由に収縮や変形を許してくれないときに，溶接部の内部に生じる応力である。船体のような複雑な構造物においては，部材を次々と継ぎ合わせていくときに，どこかに残留応力を生じやすく，その分だけ船体強度を弱めることになる。

残留応力の発生を防ぐには
1) 溶接部の収縮をできるだけ少なくする。
2) 収縮をなるべく束縛しないような設計上の配慮と工作上の注意を払う。

(b) **クラック（割れ）**

溶接構造においては，設計上の強度の不連続個所や，工作上のわずかの欠陥があると，そこからクラック（割れ）を生じやすく，しかもいったん生じたクラックは，しだいに隣接する他の部材に広がっていく傾向がある。

クラックの発生および成長を防ぐには
1) クラックの発生しやすい切欠き部には充分な丸みをつける。
2) 切欠き靭性に優れたキルド鋼あるいはセミキルド鋼を使用する。

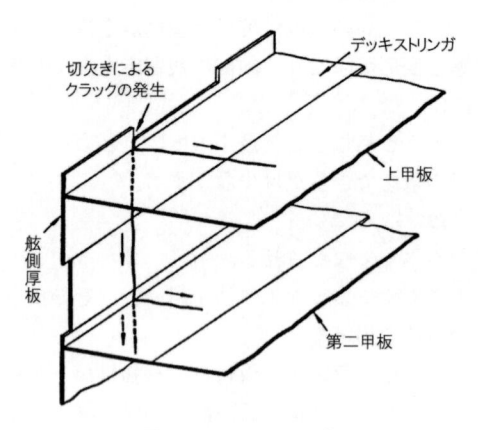

図 4-7 クラックの成長
（クラックは溶接線を横断してどこまでも広がっていく）

3) 必要な個所にリベット継手を設けてクラックの成長を食い止める。このような目的で設けられるリベット継手を割れ止め crack arrester という。(表4-3 および126頁 図7-38 参照)
4) 溶接継手が交わらないようにする。(図4-15 参照)

などの配慮が必要である。

(2) 溶着金属の欠陥

溶着金属の欠陥として注意すべき点は，(a)クラック（割れ），(b)ブローホール，(c)スラグ巻込み，(d)フィッシュアイ，(e)線状組織および(f)形状不良などである。

(a) クラック（割れ）

溶着金属が靱性に乏しく，冷却速度が速い場合には割れを生じる。割れにはその状態により，縦割れ，横割れ，星割れ，ルートクラックなどがあり，この他に母材の熱影響部の割れとして，ビード下割れ，止端割れがある。

(b) ブローホール

溶着金属中に発生する欠陥で銀白色を呈し，溶鋼が冷却するときに放出する H_2 ガスあるいは CO ガスが閉じ込められてできる気孔である。ブローホールが多いと，強度を弱め，切欠きとなって応力集中の原因を作る。

(c) スラグ巻込み

溶接の作業が悪いと溶着金属の内部にスラグを巻込むことがある。スラグ巻込みはスラグと被覆剤の中の有機物が燃えかすとなって固まったもので，溶着金属の機械的性質を悪化させる。

(d) フィッシュアイ

溶鋼が冷却するときに発生した H_2 ガスが付近の金属をもろくさせたもので，引張試験片の破断面に丸い銀白色の特徴ある組織が他の部分とはっきり区別して発見される。フィッシュアイは溶着金属の伸びを減少させる。

(e) 線状組織

溶着金属中に霜柱のような一群の柱状結晶が並んだ組織を作ることがある。これを線状組織といい，金属の機械的性質を著しく悪化させる。

(f) 形状不良

溶込み不良，アンダカット，オーバラップ，寸法不良などがあり，溶接技法が不適当であるときに起こる。これらはいずれも強度を弱め，応力集中の原因となる切欠きを作る。溶接ゲージを用いて検査する。

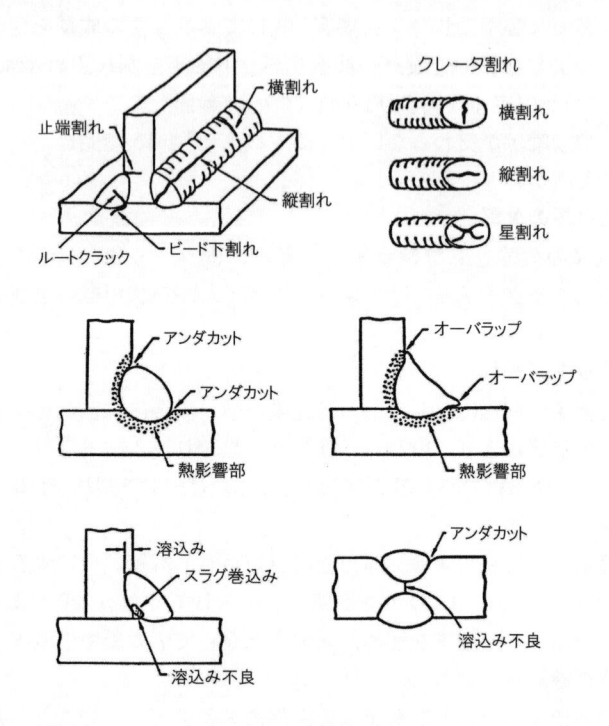

図 4-8　溶接の欠陥

(3) 検　　査

　溶接継手では内部の欠陥を発見する検査法として非破壊検査と外観検査などがある。

1) 非破壊検査は，超音波・X線・γ線などによって，内部の欠陥を発見する方法であるが，船全体についてこれを実施することは困難であるから，特に重要な個所に限って実施する。
2) 外観検査は溶接継手のビード表面を外面から検査する方法で，これによって図 4-8 に示すようなクラックをはじめ，アンダカット，オーバラップ，寸法不良などの外見的欠陥を発見することができる。
3) これらの検査のほか，溶接設備や溶接棒の選定が適当であるか，溶接工の技量が確かであるかどうかなどの点から，間接的に良否を判定する。

4-4 リベット

　船体を溶接構造とする以前はリベットにより建造されていた。溶接構造になってからは，万一クラックが発生しても，それを局部的に食い止めるために，船の横断面の数ヶ所にリベット継手を設ける場合がある。これを割れ止め crack arrester といって，船の大きさにより位置が決まっている。ただし溶接構造の一部にリベット継手を設けることが作業工程において困難な場合には，その個所の鋼材をKDからKEにするなど1級上の鋼板とすることによって溶接継手のままでよいことになっている。

　このように現在ではリベットは殆ど用いられなくなっているが，接合の考え方を理解しておくことは必要である。

表 4-3　リベット継手を設ける位置

船の長さ L (m)	リベット継手の位置
$L \leqq 60$	不　用
$60 < L \leqq 120$	①
$120 < L \leqq 170$	①　②
$170 < L \leqq 220$	①　②　③
$220 < L$	①　②　③　④

(1) リベットの種類

　船体構造に用いられるリベットは，頭 head の形によって次のような種類がある。

　　首太平リベット　　　pan head rivet with tapered neck
　　平リベット　　　　　pan head rivet
　　サラリベット　　　　countersunk head rivet

　このほかに，特殊なものとして

　　ネジ込リベット　　　tap rivet

がある。

　リベットを熱して穴にさし込み，空気リベッタでたたいて形を作る。リベットの先端部を先 point といい，打ち上がったときの形によって

　　丸先　　　　　　　　snap point
　　サラ先　　　　　　　countersunk point

がある。

首太平リベットは，リベット穴をポンチで押し抜いてあけたときに用いる。商船に最も多く用いられる。

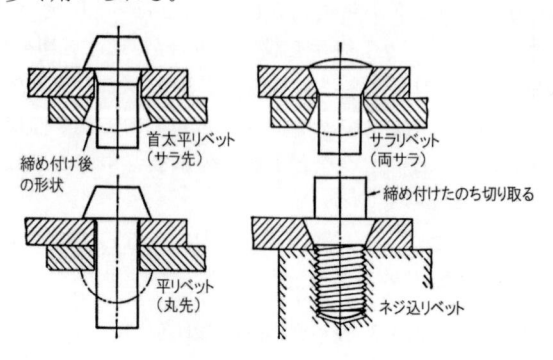

図 4-9 リベットの種類

平リベットは，リベット穴をきりもみしてあけたときに用いる。

サラリベットは，水密，油密を厳密に確保する必要のあるときに用いる。

ネジ込リベットは，舵や船尾骨材など厚い鋳鋼材や鍛鋼材に鋼板を取り付けるときに用いる。普通のリベットの径より 3 mm 太いものを使う。

(2) リベットの材質

商船では，リベットは大部分が軟鋼である。リベット材に対する日本海事協会の規格は表 4-4 のとおりである。

リベット材はキルド鋼またはセミキルド鋼とし，引張試験，曲げ試験および縦圧試験に合格したものでなければならない。またリベット材より製造されたリベットに対しては，頭部の打展試験を行なう。

表 4-4 リベット材の規格

記号	引張強さ (kg/mm^2)	降伏点 (kg/mm^2)	伸び (%)	試験片	化学成分	
					P (%)	S (%)
KSV 39	39〜48	21以上	25以上	2号	0.040以下	0.040以下
			30以上	3号		

第4章 鋼材の接合

縦圧試験とは，リベットの直径の2倍の長さの試験片を赤熱したまま，もとの長さの3分の1になるまで縦方向に圧縮して外面にサケキズを生じないかどうかを調べる試験である。

リベットは，赤熱してハンマでたたいて締めるので，でき上がったリベットは引張強さおよび硬さを増し，もろくなる。そのためリベット材は，一般の船体用軟鋼材に比べて，やや軟らかく粘り強い材質を用いることになっている。

鋼板とアルミニウム板というように，接合される材料が互いに異質である場合のリベットの材質は，一般に弱い方の材質に合わせるのが普通である（この場合はアルミニウムリベット）。

4-5 リベット継手

(1) リベット継手の構造

(a) **継手の種類**

2枚の鋼板をリベットで接合する方法には，重ね継手 lap joint と，目板継手 butt strap joint とがある。

リベット継手を両側から引張ると，リベットにはせん断力が働く。継手の強度計算には，重ね継手と片面目板継手のときは単せん断であるが，両面目板継手のときは，2面せん断として取り扱う。2面せん断のときは単せん断の1.75倍として換算する。

(b) **リベットの径**

鋼材の厚さに対するリベットの径およびリベット穴の径の標準値を表4-5に示す。リベット穴の径はリベットの径よりも1〜2 mm大きい。

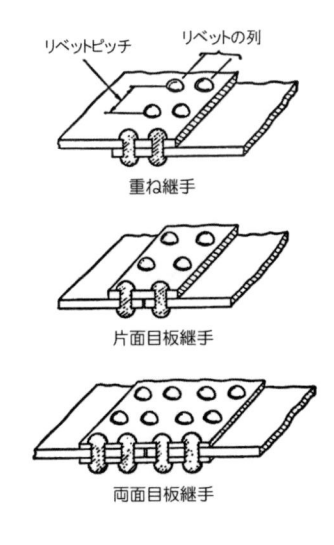

図 4-10 リベット継手

表 4-5 リベットの径およびリベット穴の径

鋼材の厚さ（mm）	リベットの径（mm）	リベット穴の径（mm）
4.5を超え～ 6.0以下	13	14
6.0 ～ 9.0	16	17
9.0 ～13.0	19	20.5
13.0 ～18.3	22	23.5
18.3 ～24.0	25	26.5
24.0 ～29.0	28	29.5
29.0 ～32.5	32	34

(c) **リベットピッチおよびリベットの列**

　リベットピッチは継手の強度とタイトネスの目的から定まる。リベットの列数は主として強度の点から定まる。タイトネスの目的に対するリベットピッチの標準値を表4-6に示す。リベットピッチは，リベットの径の倍数で表わす。

表 4-6 リベットピッチ

タイトネスの種類	記　号	リベットピッチ
ガソリン油密	GT	3.5
油　　密	OT	4
水　　密	WT	5
気　　密	AT	6
チ リ 止	DT	8

(d) **タイトネス**

　継手が水・油・空気などを漏らさない性能をタイトネス tightness という。継手のタイトネスを確保するためには，リベットピッチを細かくし，リベットはサラ先として，板の縁とリベットのサラ先の周囲をコーキン calking する。

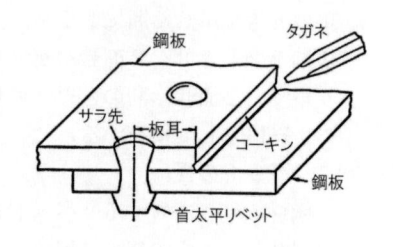

図 4-11 コーキン

　ピッチや板耳が大きすぎると，コーキンのために板の端がめくれてタイトネスが保てないが，小さすぎても継手の強度が不足する。

　水密あるいは油密継手は，鋼材と鋼材のハダを合わせて接合するメタル

第4章　鋼材の接合

タッチ metal touch が理想的であるが，それではタイトネスが確保できない場合は水止め stop water といって，麻布にペイントを塗ったものを鋼材と鋼材の間に挟むことがある。

（2）リベット継手の強度計算

重ね継手に引張力 P が加わって継手が破断されるときは，図4-12に示すような5種類の切れ方が考えられる。

いま，$P=$引張力（kg），$d_1=$リベット穴の径（mm），$n_1=$リベットの数，$t=$板の厚さ（mm），$b=$板の幅（mm），$\sigma_t=$引張強さ（kg/mm^2），$\sigma_b=$支圧力（kg/mm^2），$\tau=$せん断応力（kg/mm^2）とすると

1) 板がリベット穴の中心を通る最小断面で切断する。図(a)
$$P=(b-n_1 d_1)\times t\times\sigma_t$$
（$\sigma_t=41\sim50$ kg/mm^2）

2) リベットが全部せん断される。図(b)
$$P=(\pi/4)\times n\times d_1^2\times\tau$$
（$\tau=0.8\times\sigma_t=33\sim40$ kg/mm^2）
ただし，$n=n_1\times$（リベットの列の数）とする。

3) 板の端が押しつぶされて，リベットがそのまま抜ける。図(c)
$$P=n_1\times d_1\times t\times\sigma_b$$
（$\sigma_b=2\times\tau=66\sim80$ kg/mm^2）

4) 板がリベット穴の中心から $d_1/4$ のところでせん断される。図(d)
$$P=2\times(l-d_1/4)\times t\times\tau$$
（$\tau=33\sim40$ kg/mm^2）
ただし，$l=$板耳の長さ（mm）とする。

5) 板が曲げ作用を受けて破断される。図(e)
$$P=(2l-d_1)^2\times t\times\sigma_t/3d_1$$

このうち，3)以下の場合は，板耳の長さ

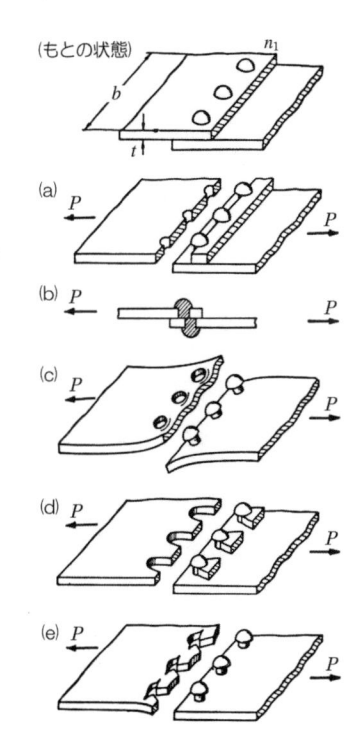

図4-12　継手の破断様式

l をリベットの径の 1.5～1.75 倍にとれば防ぐことができるから，リベット継手の強さを最大にするには，1)および 2)の P が等しくなるようにすればよい。

(3) リベットの検査

リベットを締めたのち，次の点を注意して調べる。
1)　リベットの仕上がり寸法が正しいかどうか，リベットゲージで調べる。
2)　リベットが充分締まっているかどうか，テストハンマでたたいて調べる。
3)　不良リベットの有無を調べる。

このような検査の結果，不良リベットを発見したら，取り去って新しく打ち替えるか，あるいは程度によっては締め直す。

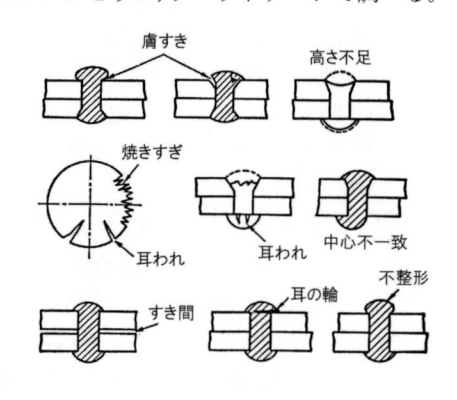

図 4-13　不良リベット

4-6　溶接とリベットの比較

2枚の鋼板の接合法として古くはリベット法が最も一般的であった。しかし作業工程の複雑さや強度の問題などによりしだいに溶接接合が採用されるようになった。

ここに溶接接合とリベット接合を比較することにより利点と欠点を示す。

(1) 溶接接合の利点

(a) 船体重量の軽減

船体を溶接構造にすると，次のような理由でリベット接合に比べ船体重量を軽減することができる。
1)　重ねしろが不要となる。
図 4-14 で明らかなように，重ねしろの部分だけ溶接構造のほうが軽くなる。
2)　セレーションを行なえる。

フレームやビームの取り付けには，並列断続すみ肉溶接を用いるので溶接しない部分はえぐり取って，のこぎりの歯のようにすることができるから，それだけ軽くなる。
3) 継手部が強い。

溶接継手部の強度が強く，水油密性も確実であるから，鋼板の厚さを減らすことができる。リベットは穴をあけるため，もとの鋼材の強度の70〜80%程度になる。

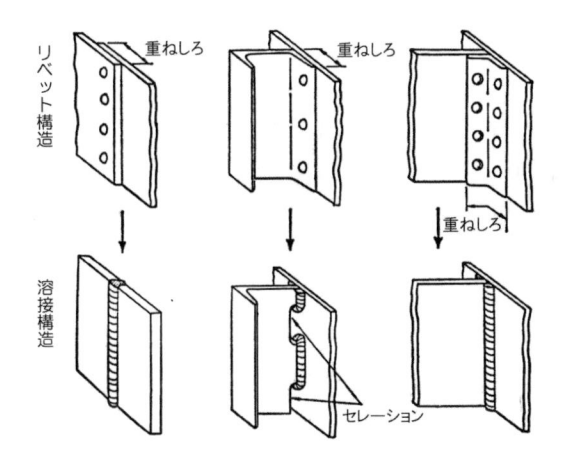

図 4-14　船体重量の軽減

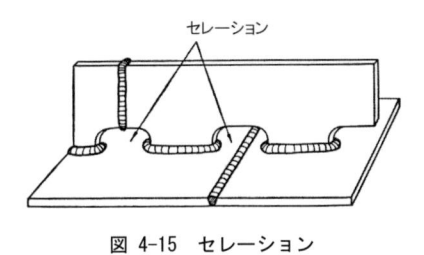

図 4-15　セレーション

このようにして，設計や施工法が適当であれば，リベット構造に比べて，およそ15%の重量軽減が可能である。
(b) 建造費の低減
　溶接構造にすると，次のような理由で建造費あるいは船価を低減することができる。
　1) 材料費が減る。
　　船体重量が軽減されるということは，鋼材の使用量が減ることである。
　2) 建造能率が上がる。
　　作業工程が簡単であるから工費が安くなる。また，ブロック建造法を用いるので，リベットに比べ建造期間が短縮される。
(c) 運航上の利益
　溶接による船体重量の軽減量をそのまま載貨トン数の増加にまわせば，船一生を通じて運賃収入を増すことができる。
　また，溶接継手は強くて，水油密性が確実であるから，衝突その他の海難に際して損害が少なくてすむし，修繕費も安くてすむ。

(2) 溶接接合の欠点
(a) 収縮，変形，残留応力の発生
　溶接では，収縮，変形および残留応力が生じやすいが，リベットでは生じにくい。
(b) 欠陥の発見
　溶接では接合部の欠陥を発見しにくいが，リベットでは比較的容易に欠陥の発見ができる。
(c) 衝撃力の吸収
　大きな力を受けたりするとリベット継手は一部にわずかなゆるみ（スリップ）を生じて応力を吸収するので，大事に至ることが少なく，継手に信頼性がある。一方で溶接の場合にはこのような応力を吸収することはできない。

第5章 船 体 強 度

　船が安全な航海をするためには，船体に充分な強度を持たせなければならない。しかし相手が自然現象である波や風であるため，船体に加わる力を正確につかむことはむずかしい。
　そこで実際には，一定の基準条件を仮定して船の強度を決めることにしている。この条件は，実際に船が遭遇する海上状態としては，かなり厳しいものであるからたいていの場合は心配ないが，まれにはこの条件をはるかに超える猛烈な荒天が起こることもある。
　したがって，どんな場合でも船の強度には限界があることを忘れてはならない。

5-1　船に加わる力

　船に加わる力を大別すれば，およそ次のようになる。
　　縦方向の力
　　横方向の力
　　局部の力
　このうち，縦方向の力と横方向の力は，船体構造全体に加わってその形を変えようとする力であり，局部の力は，船体の一部分だけに働く力である。

(1)　縦方向の力

　船の縦方向に働く力で，船体にホギング，サギング，ねじれなどを生じる。

(a)　**ホギングおよびサギング**　hogging and sagging
　　水に浮かぶ船体には重力と浮力とが働く。この二つの力は大きさが等しく方向が反対で，船全体としては釣り合っているが，部分部分についてみると，重力が大きい所もあれば浮力が大きい所もある。
　　このような重力と浮力の部分的アンバランスによって生じる船体の曲がりで，船体中央部が持ち上げられるような変形をホギング，中央部が下がる変形をサギングといい，特に次のような場合に最大となる。

図 5-1 の説明：

(a) ホギング
　浮力が大／重力が大／引張／圧縮

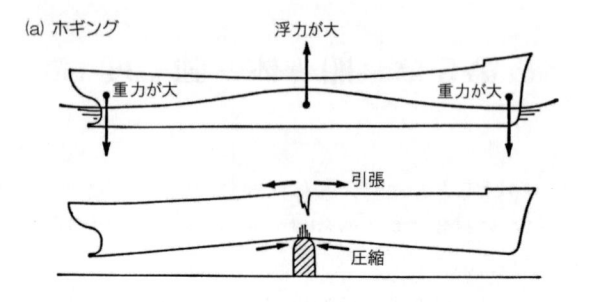

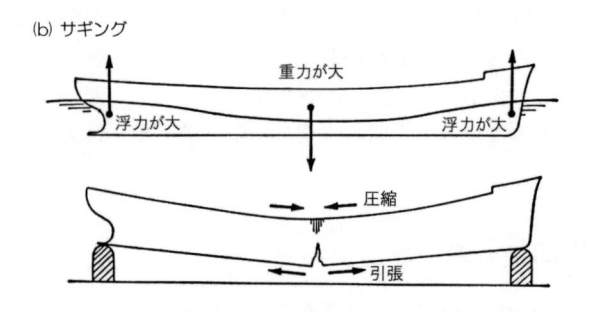

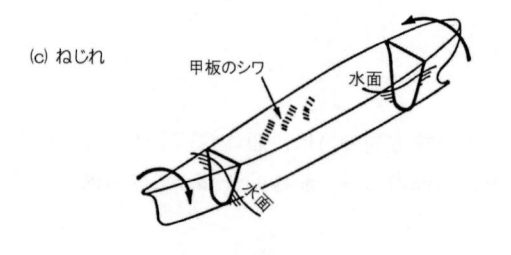

(b) サギング
　重力が大／浮力が大／圧縮／引張

(c) ねじれ
　甲板のシワ／水面

図 5-1　縦方向の力

1) 中央部が軽く，船首尾部が重い船に，波長が船の長さと等しい波の，山が船体中央㊥に谷が前後端に来たとき，ホギングが最大となる。
2) 中央部が重く，船首尾部が軽い船に，波長が船の長さと等しい波の，谷が船体中央㊥に山が前後端に来たとき，サギングが最大となる。

(b) ね じ れ　twisting
　斜めの方向から波を受けるときは，船の場所によって両舷の水面の高さ

第5章 船体強度

が異なるから,船の前部と後部とで水面の高さの違いが反対となる場合がでてくる。

このような場合には,船体にはねじれを生じ,薄い甲板などに斜めのシワができることがある。

(2) 横方向の力

船の横方向に働く力で,船体にラッキングを生じたり,船側や船底の外板に変形を起こしたりする。

(a) ラッキング　　　　(b) 外板の変形

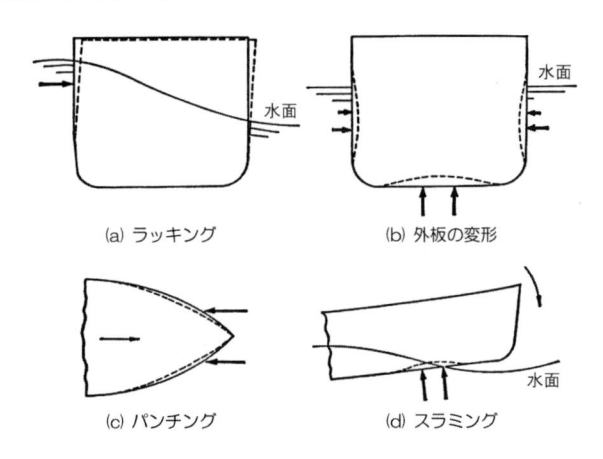

(c) パンチング　　　　(d) スラミング

図 5-2　横方向および局部の力

(a) ラッキング　racking

船が横方向から波を受けたり,あるいは横揺れをしたりするとき,一方の舷が大きな水圧を受けて,ちょうどマッチ箱が平行四辺形状につぶれるような変形を生じることがある。このような状態をラッキングという。

(b) 外板の変形

船側や船底の外板が大きな水圧を受けるとき,船体が弱ければ内側にへこむことがある。

また,船がドックにはいって,船の全重量がキール盤木にかかるとき,同じように船底がへこむことがある。

(3) 局部の力

船の一部分だけに働く力で,パンチング,スラミング,機関重量など一部

の場所に積載される大きな重量，主機やプロペラによる振動などに基づく力などがある。

(a) **パンチング** panting

　船が航行中，特に荒天の際には激しく横揺れ，縦揺れして，船首部あるいは船尾部は波のためにひどい衝撃を受ける。これをパンチングという。

(b) **スラミング** slamming

　船が航行中，特に荒天の際には波が船にぶつかるばかりでなく，激しい縦揺れによって船首が下がるとき水面を強くたたくことがある。

　その結果，特に大型船では，船首端よりもむしろ船首から後方で船の長さの $1/8 \sim 1/5$ くらいの船底の平らになっている部分が激しい衝撃を受ける。このような船首船底扁平部に対する波の衝撃を特にスラミングといい，高速船や船尾機関船のバラスト航海のとき最も激しい。

　最近ではスラミングが単に局部強度のみでなく船の縦強度にも重大な影響を及ぼすと考えている。すなわちスラミングにより船の縦強度が不足して船体が前後に分離するような事故が，1935年9月25日に三陸沖での駆逐艦「初雪」や「夕霧」，1969年1月5日に千葉県野島崎沖での鉱石運搬船「ぼりばあ丸」，1970年2月10日に太平洋上での鉱石運搬船「かりふおるにあ丸」，1980年12月30日に発生した鉱石運搬船「尾道丸」，そして1997年1月2日に日本海での重油タンカー「ナホトカ」などで発生しているためである。

(c) **スロッシング** sloshing

　液体貨物を運ぶときに船体動揺などにより，液体が流動し船倉内の部材に損傷を与えることがある。これをスロッシングという。

5-2 縦強度

　船に加わる力に対抗して，船体が折れたり，曲がったりしないようにするためには，船体に充分な強度を持たせなければならない。

　船の縦方向の力に対抗する強度を縦強度 longitudinal strength といって，船体強度のうちで最も重要なものである。

　縦強度を決めるためには，船体に加わる縦方向の力が与えられなければならない。これは主として積荷を含む船体重量および浮力の縦方向の分布状態

によって決まるが，計算にあたってはすべて各船とも一定の荷重条件すなわち基準状態において行ない，これにその船に固有の条件，たとえば貨物の種類やその積み方，速力，航路の海象状態などを加減して，最も適当な強度を決定する．

(1) 標 準 波　standard wave

強度計算に用いる標準波は，次のようなものである．

波の形はトロコイドである．

波長は船の長さに等しい．

波高は波長の$1/20$ である*．

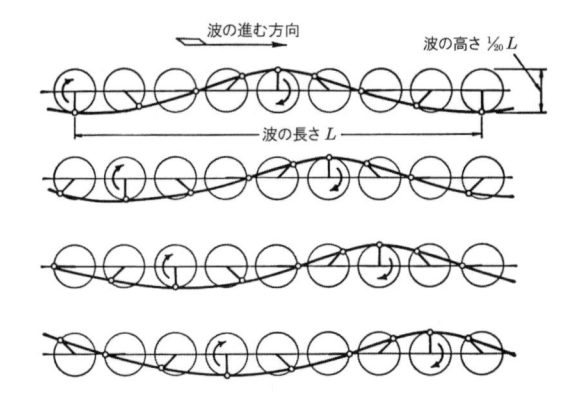

図 5-3　トロコイド波（高さを2倍に拡大している）

トロコイド波 trochoidal wave はゲルストナー（Gerstner）によって考えられ，その波形 (x, y) は θ をパラメータとして次式によって示される．

$x = R\theta + r \sin \theta$

$y = R + r \cos \theta$

ここに $R = \dfrac{L_w}{2\pi}$, $r = \dfrac{H_w}{2}$ （L_w：波長, H_w：波高）．

---

* ただし，大型船においては，Zimmermann の経験式 $L_w = 10.6 H_w^{1.5}$ を参考にして減らす．

　L_w：波長, H_w：波高

(2) 基準状態　standard condition
　1) 基準ホギング状態
　　標準波の山が船体中央⊗にあり，谷が前後端にある。
　　貨物は船倉に満載している。
　　消費重量は前後端より¼Lの間に満載し，中央部には積まない。
　2) 基準サギング状態
　　標準波の谷が船体中央⊗にあり，山が前後端にある。
　　貨物は船倉に満載している。
　　消費重量は中央部½Lの間に満載し，前後部には積まない。
　ここで消費重量というのは，燃料・飲料水・食料・貯蔵品・水バラストなど，貨物以外の載貨重量のことで，ホギング・サギングを増加させる積み方を基準としている。
　貨物は，船倉に満載するとちょうど満載状態となるような，密度の均質な貨物を考えている。
　船の縦強度は，このような基準状態に対して計算されているから，この基準を超えるような外力が加われば，船体に割れを生じたり，折れたりする危険がありうることを銘記すべきである。

(3) せん断力および曲げモーメント
　強度計算は造船設計のなかでも重要な要素の一つである。ここでは，その計算の手順を通じて船の強度の実態を理解するため材料力学の梁（ビーム）理論にもとづく強度計算を示し，その概略を説明することとする。
　(a) 重量曲線　weight curve
　　まず最初に重量曲線を作る。重量曲線は，船体や積荷の全重量の縦方向の分布状態を表わす曲線で，図5-4の(a)はその一例である。
　　重量曲線を作るには，船殻・艤装・機関・貨物・燃料・貯蔵品・飲料水・食料・バラスト・旅客および乗組員とその所持品などすべての重量を，フレームスペースなど適当な長さに対して積み重ねていけばよい。
　　重量曲線は船ごとに異なるばかりでなく，同じ船でも航海状態ごとに異なる。
　　この方法は煩雑で，時間と労力を要する。簡便に推定するには次のバイルスの方法などによる。

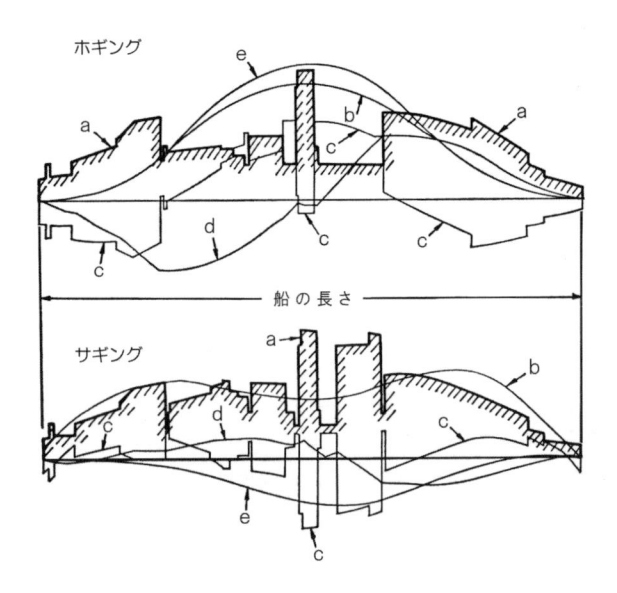

図 5-4 縦強度計算図表

表 5-1 バイルスの重量分布係数

船　種	a	b	c
肥形船	0.596	1.174	0.706
やせ形船	0.566	1.195	0.653

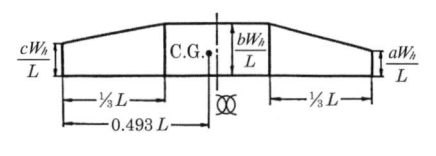

図 5-5 バイルスの重量分布

バイルスの方法　船殻および艤装の重量 W_h を図5-5のような台形分布であると近似し、その上に局部重量としての船首楼・船尾楼・上部構造・機関・軸系など、載貨重量としての貨物・燃料・水・バラストなどをそれぞれ積み重ねたものを重量曲線とする。図中の係数の値は船種によって異なるべきであるが、表5-1はバイルスの与えたものである。

なお、船殻および艤装の重量 W_h（t、工学単位）の概略値は、次の式で求められる。

$$W_h = C_h \times L \times B \times D$$

ただし，L＝船の長さ (m)，B＝船の幅 (m)，D＝深さ (m)，C_h＝係数であって，

C_h＝0.12～0.17（貨物船），0.15～0.25（小型船），0.15～0.20（貨客船），0.17～0.22（客船）

(b) **浮力曲線　buoyancy curve**

浮力の縦方向の分布状態を表わす曲線で，標準波の形が決まれば，それぞれの位置における喫水から，ボンジャン曲線（168頁　図 8-23）などを使って断面積を求め，この値に水の密度を掛けて単位長さあたりの浮力を算出して得られる。図 5-4 の（b）はその一例である。

なお，船全体としては重力と浮力の大きさが等しいから，重量曲線に囲まれる面積と，浮力曲線に囲まれる面積は等しい。

(c) **荷重曲線　load curve**

縦方向の任意の位置における重力と浮力の差を表わす曲線で，図 5-4 の（c）はその一例である。荷重曲線のゼロベースより上側の面積と下側の面積は等しい。

このような，上向きまたは下向きの力が船という長い桁に荷重として働くと，船体には曲げ，せん断，ねじれなどを生じる。

荷重 $p = w - b$

ここに，

w：船の縦方向の重量分布（kN/m，工学単位 t/m），b：船の縦方向の浮力分布（kN/m，工学単位 t/m）

(d) **せん断力曲線　shearing force curve**

荷重によって船体の任意の位置におけるせん断力の大きさを表わす曲線で，図 5-4 の（d）はその一例である。せん断力曲線は荷重曲線を積分して得られる。船尾から x だけ前方の位置におけるせん断力 F_x（kN，工学単位 t）の値は船尾から l 点に働く荷重 p を l が o から x までよせ集めることによって求められるので

$$F = \int_o^x p\,dl$$

すなわち任意の位置におけるせん断力の大きさは，その点から左側（船尾側）の荷重曲線の囲む面積に等しいから，インテグラフ（図式積分器）あるいはプラニメータ（面積計）を用いて曲線を求めることができる。せ

ん断力曲線は，船の前後端と船体中央⊗付近とで０となり，前後端からおよそ¼Lのところで最大となる。

最大せん断力の概略値を推定するには，次の略算式がある。

$$F_{\max} = \frac{Wg}{C} \quad (\text{工学単位} \quad F_{\max} = \frac{W}{C})$$

ただし，$F_{\max}$＝最大せん断力（kN，工学単位 t），W＝満載排水量（t），g＝重力加速度（m/s²），C＝常数で，その値は７〜10程度である。

(e) **曲げモーメント曲線** bending moment curve

船体に働く曲げモーメントの船の縦方向分布状態を表わす曲線で，せん断力曲線を積分して得られる。図5-4の（ｅ）はその一例である。船尾から x だけ前方の位置における曲げモーメント M（kN-m，工学単位 t-m）は，l 点に作用する荷重 p によって x 点に働く曲げモーメントが $p(x-l)$ となり，このモーメントを o から x までよせ集めると

$$M = \int_o^x p(x-l)dl = \int_o^x F dl$$

すなわち任意の位置に働く曲げモーメントの大きさは，その点から左側（船尾側）のせん断力曲線の囲む面積に等しい。曲げモーメント曲線は，船の前後端で０，船体中央⊗付近で最大となる。

最大曲げモーメントの概略値を推定するには，次の略算式がある。

$$M_{\max} = \frac{WLg}{C} \quad (\text{工学単位} \quad M_{\max} = \frac{WL}{C})$$

ただし，$M_{\max}$＝最大曲げモーメント（kN-m，工学単位 t-m），W＝満載排水量（t），L＝船の長さ（m），g＝重力加速度（m/s²），C＝常数で，船型や積載状態によって異なるが，およそ30前後であるといわれる。

最近では理論的根拠に基づく，きめの細かい近似式[1]が提唱されており，また各船級協会もこのような新しい考え方による最大曲げモーメントを用いて縦強度を計算するよう規則を改正している[2]。

それというのも，船の巨大化に対応して，充分な縦強度を確保したり，また実際に船が大洋を航行するときに，どの程度の大きさの波をどの程度

---

[1] たとえば，酒井利夫・服部陽一，関西造船協会誌第120号（昭41）。桝田吉郎，造船協会論文集第111号（昭37）。

[2] たとえば，日本海事協会鋼船規則第14編。

の頻度で受けるかを考えに入れて縦強度を決定する必要があることがわかったからである。

(f) 箱船に働く曲げモーメント

例　長さ60.0 m，幅10.0 m，深さ3.0 m の箱船が喫水2.0 m で浮いている。この箱船は20 m 毎に3区画に仕切られていて No.1と No.3の船倉に貨物が積まれている。船体重量は船の長さに対し均一に分布し，その重量は300 t である。このときに発生する剪断力の最大値とその発生場所，曲げモーメントの最大値とその発生場所を求めよ。ただし水の比重は1.0とする。

浮力分布 $b = \dfrac{1.0 \times 60.0 \times 10.0 \times 2.0}{60} = 20$ 〔t-m〕

重量分布 $w =$ 船体重量分布 $w_h +$ 貨物重量分布 w_c

船体重量分布 $w_h = \dfrac{300}{60} = 5$ 〔t-m〕

貨物重量分布 $w_c = \dfrac{1.0 \times 60.0 \times 10.0 \times 2.0 - 300}{40} = 22.5$ 〔t-m〕

(No.1と No.3船倉)

荷重曲線 $p = w - b = 5 + 22.5 - 20 = 7.5$ (No.1と No.3船倉)

$p = w - b = 5 - 20 = -15.0$ (No.2船倉)

剪断力曲線 $F = 7.5x$ 　　　　$0 \leqq x \leqq 20$

$F = -15x + 450$ 　　　$20 \leqq x \leqq 40$

$F = 7.5x - 450$ 　　　　$40 \leqq x \leqq 60$

曲げモーメント曲線 $M = \dfrac{7.5x^2}{2}$ 　　　$0 \leqq x \leqq 20$

$M = -\dfrac{15x^2}{2} + 450x - 4500$ 　　　$20 \leqq x \leqq 40$

$M = \dfrac{7.5x^2}{2} - 450x + 13500$ 　　　$40 \leqq x \leqq 60$

よって

最大剪断力 $F_{max} = 150$ t　　発生場所は船首から20 m，船尾から20 m

最大曲げモーメント $M_{max} = \dfrac{150 \times 30}{2} = 2250$ t-m（ホギング状態）

発生場所は船体中央

第5章 船体強度

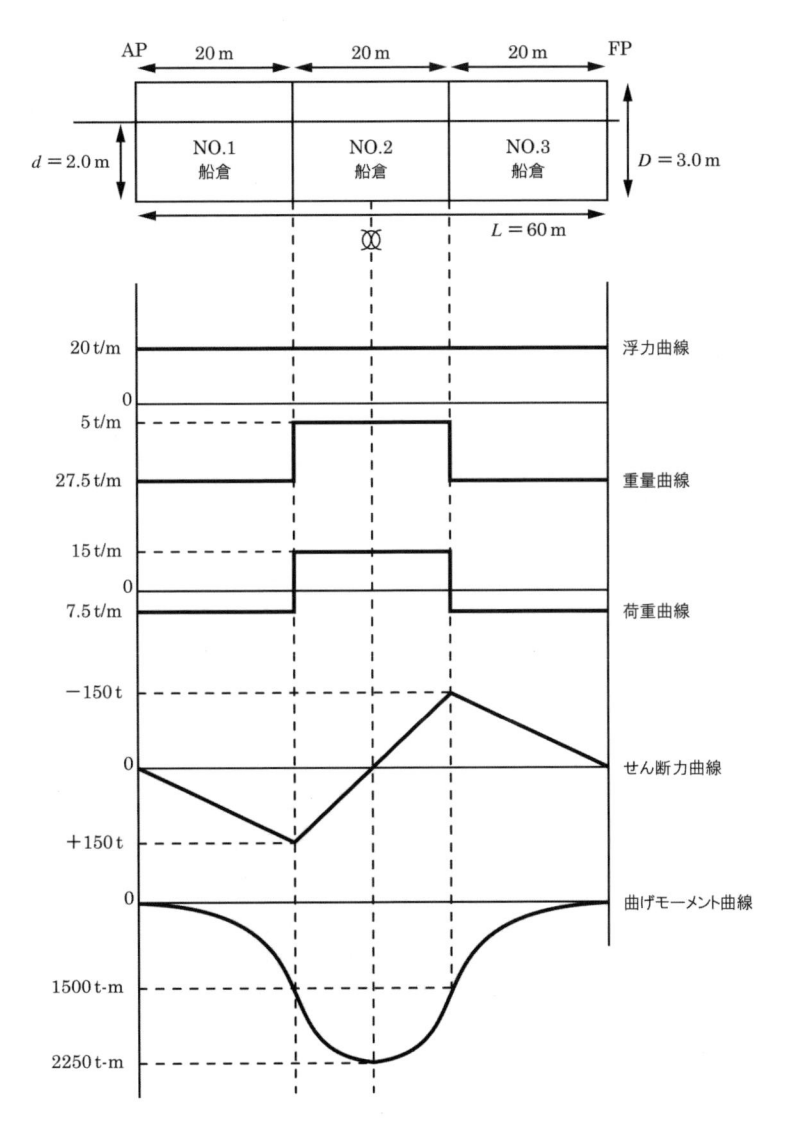

図 5-6 箱船に働く曲げモーメント計算例

(4) 曲げ応力　bending stress

船体が曲げモーメントを受けると，内部に曲げ応力を生じる。船体を中空の縦桁（梁）と仮定すれば，船体の任意の点に生じる曲げ応力は，梁（ビーム）理論によって，次の式で求めることができる。

$$\sigma = \frac{M}{I/y} \quad \cdots\cdots\cdots\cdots\cdots\cdots\cdots\cdots (5.1)$$

ただし，σ＝曲げ応力（N/mm^2，工学単位 kg/mm^2），M＝σを求める点を含む船の横断面に働く曲げモーメント（N-m，工学単位 kg-m），I＝横断面の中立軸のまわりの断面二次モーメント（m^2-mm^2），y＝σを求める点から中立軸までの垂直距離（m）である。

式（5.1）にて明らかなように，任意の横断面において船体に生じる曲げ応力の大きさはyに比例するから，σの値は強力甲板および船底にて最大で，しかも一方が引張なら他方は圧縮である。

また，中立軸上では$y=0$となり，引張も圧縮も生じない。このように，船体に曲げモーメントを受けても伸縮しない船体内の面を中立面といい，中立面と横断面との交わる直線を中立軸 neutral axis という。

(a) 断面二次モーメント（慣性モーメント）　moment of inertia

任意の横断面において，縦強度材の断面の中立軸のまわりの断面二次モーメントは，次の式で求められる。

$$I = \Sigma(al^2 + i) \quad \cdots\cdots\cdots\cdots\cdots\cdots\cdots (5.2)$$

ただし，a＝個々の縦強度材の断面積（mm^2），l＝中立軸よりaの重心までの垂直距離（m）で，中立軸より上方と下方とで符号を変える。$i=a$の重心を通って中立軸に平行な軸のまわりのaの断面二次モーメント（m^2-mm^2）で，これを縦強度部材全部について計算し，合計してIを求める。

曲げ応力が最大となるのは船体中央⊗付近であるから，Iも⊗における横断面のものが最も重要である。断面二次モーメントの一例を表8-2に示す。

(b) 断面係数　section modulus

図5-7において，y_1＝中立軸から強力甲板ビームの船側における上面までの垂直距離（m），y_2＝中立軸からキール上面までの垂直距離（m），I＝横断面の中立軸のまわりの断面二次モーメント（m^2-mm^2）とすると

$$Z_1 = \frac{I}{y_1} \text{ および } Z_2 = \frac{I}{y_2} \quad \cdots\cdots (5.3)$$

をその横断面の断面係数という。

断面係数の値が大きいほど，縦強度は大きく，特に船体中央横断面における断面係数の値は縦強度を決める目安として広く用いられている。

断面係数の標準値は，各船級協会の鋼船規則にきめ細かく規定されているが，ここにはそれらの規則の根拠となった旧船舶満載吃水線規程のものを示しておく。

すなわち，$L=30 \sim 180\,\mathrm{m}$ の一般商船において，

$$Z = \frac{I}{y} = f \times B \times d$$

ただし，$Z=$ 標準断面係数（m-mm^2），$B=$ 型幅（m），$d=$ 型喫水（m），$f=$ 常数（表 5-2）である。

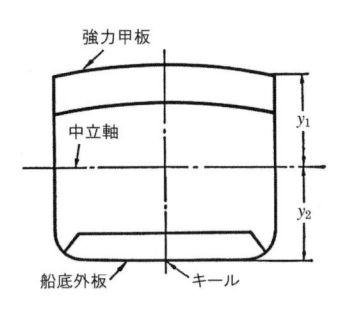

図 5-7 断面係数

表 5-2 f の値

船の長さ (m)	f	船の長さ (m)	f	船の長さ (m)	f
30	3777	84	12774	138	29146
36	4193	90	14335	144	31268
42	4892	96	15897	150	33480
48	5621	102	17615	156	35770
54	6533	108	19386	162	38063
60	7470	114	21232	168	40414
66	8669	120	23106	174	42868
72	9920	126	25051	180	45368
78	11343	132	27031		

(c) **最大曲げ応力**

任意の横断面において，最大曲げ応力は中立軸から最も遠い強力甲板および船底外板に生じ，その値は

$$\sigma_1 = \frac{M}{Z_1} \quad \text{および} \quad \sigma_2 = \frac{M}{Z_2} \quad \cdots\cdots\cdots (5.4)$$

で与えられる。ただし，M＝その横断面に働く曲げモーメント（N-m，工学単位 kg-m），Z_1 および Z_2＝断面係数（m-mm^2），σ_1 および σ_2＝その断面における最大曲げ応力（N/mm^2，工学単位 kg/mm^2）である。

　船全体としては，曲げモーメントが最大となるのは船の長さの中央付近であるから，σ_1 および σ_2 の最大値は，図 5-8 に示すように，船の長さの中央付近の強力甲板および船底に生じる。

　したがって，この σ_1 および σ_2 の最大値が鋼材の許容応力の範囲内にとどまるように船体構成部材の厚さなどを決めなければならない。この最大値は船の大きさや種類によって必ずしも一定ではないが，ホギング状態では引張側で 11〜14 kg/mm^2 くらいのものが最も多く，圧縮側では座屈を考慮してこれより小さい値とする。また，サギング状態のときはホギング状態のときより小さい。

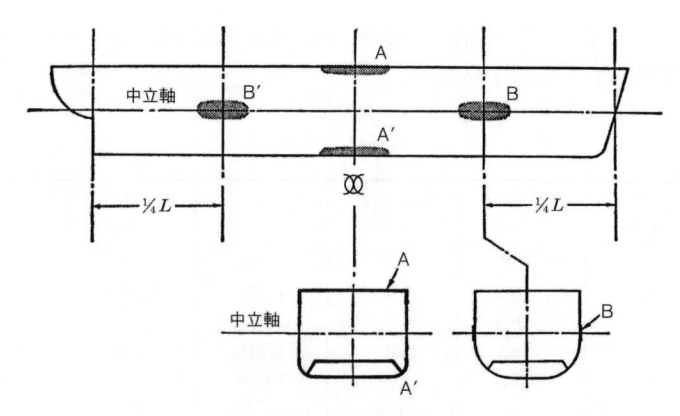

A，A′ は曲げ応力の大きい個所
B，B′ はせん断応力の大きい個所

図 5-8　最大曲げ応力および最大せん断応力

（5）せん断応力　shearing stress

　船体にせん断力が働くと，内部にせん断応力を生じる。船体の任意の点に生じるせん断応力は，梁（ビーム）理論によって，次の式で求めることができる。

第5章 船体強度

$$\tau = \frac{F \times m}{I \times T} \quad \cdots\cdots\cdots\cdots\cdots\cdots (5.5)$$

ただし，τ＝せん断応力（N/mm²，工学単位 kg/mm²），$F = \tau$ を求める点を含む船の横断面に働くせん断力（N，工学単位 kg），$m = \tau$ を求める点より上部にあるすべての縦強度材の断面の中立軸のまわりのモーメント（m-mm²），I＝横断面の中立軸のまわりの断面二次モーメント（m²-mm²），$T = \tau$ を求める点における船側外板および縦通隔壁板の厚さの合計（mm）である。

船側外板の厚さを t とし，縦通隔壁のない場合には，式（5.5）は次のようになる。

$$\tau = \frac{F \times m}{2 \times I \times t} \quad \cdots\cdots\cdots\cdots\cdots\cdots (5.6)$$

(a) 最大せん断応力

式（5.6）によれば，τ は m に比例するから，任意の横断面において，最大せん断応力は中立軸上に生じ，強力甲板および船底において 0 となる。

船全体としては，前後端からおよそ ¼L のところに最大せん断力 F_{max} が働くから，その付近の中立軸に近い外板には最大せん断応力 τ_{max} を生じることになる（図5-8）。すなわち

$$\tau_{max} = \frac{F_{max} \times m}{2 \times I \times t} \quad \cdots\cdots\cdots\cdots\cdots (5.7)$$

また，縦通隔壁のある船においては，外板と同様に，中立軸付近に τ_{max} を生じるから注意を要する。

(b) 最大せん断応力の略算式

船の前後端からおよそ ¼L のところに生じる τ_{max} の近似値は，次の式で求められる。

$$\tau_{max} = \frac{C \times F_{max}}{2 \times D \times t} \quad \cdots\cdots\cdots\cdots\cdots (5.8)$$

ただし，τ_{max}＝最大せん断応力（N/mm²，工学単位 kg/mm²），F_{max}＝最大せん断力（N，工学単位 t），D＝型深さ（m），t＝船側外板の厚さ（mm），C＝常数（1.22～1.6）である。鋼材のせん断許容応力は，引張許容応力の0.8倍と考えられるから，およそ 9～12 kg/mm²（工学単位）である。

(6) ねじりモーメント　twisting moment

　船が斜めの方向から波を受けるときは，船体には曲げモーメントとともに，ねじりモーメントが加わる。

　ねじりモーメントが加わると，船体のうちハッチなど大きな開口のあるところや，甲板の薄いところなどに大きな応力を生じたり，鋼板を座屈させたりすることがある（図 5-1）。

　斜め方向からの波によるねじりモーメントの最大値は船体中央横断面付近に起こり，その値は次の略算式で与えられる。

$$Q_s = C \times \frac{B^3 \times L}{10^2} \quad \cdots\cdots\cdots\cdots\cdots\cdots\cdots\cdots\cdots\cdots (5.9)$$

　ただし，Q_s＝最大ねじりモーメント (kN-m，工学単位 t-m)，B＝型幅 (m)，L＝船の長さ (m)，C＝常数で，C の値は一般貨物船で0.24～0.34，長大倉口のある場合で0.4程度である。

5-3　横　強　度

　船体に横方向の力が働くと，船体はラッキングその他の変形を起こすおそれがあるから，それに対抗するため充分な横強度 transverse strength を持たなければならない。

(1) 横強度計算

　船体の横強度計算は，縦強度計算のような基準は作られていないが，最新の通常の船舶，特に大型貨物船においては横強度に充分な余裕があると考えられている。

　しかし，最近の縦式構造の巨大船，特に大型タンカーにおいては，大型の横桁によって構成されるトランスリングの一部に，しばしば座屈による変形や縦通材貫通部のスロット周辺に集中応力によるクラックが発生して，このようなあまりにも巨大な船体に対しては，従来からの経験に基づいて作られた規定を延長して適用する方法が適当でないことを示した。

　そのため，今日では大型タンカーの横強度については，構造力学による解析に基づいて，横強度材自体の平面強度計算のみならず，縦強度材（船側外板，縦通隔壁，中心線ガーダなど）との相互干渉を考慮したきわめて複雑な3次元強度計算をコンピュータを利用して行なうようになっている。

(2) 縦強度材の影響

　もともと船の強度を論じるのに，縦強度と横強度とに分けるのは，計算を簡単にするための便法であって，船体を一つの複雑に構造部材が組み合わさった縦桁として，立体的に取り扱うのが正しい方法であることはいうまでもない。

　したがって実際には，縦強度と横強度とにはっきり分けること自体が無理であり，前に述べた縦強度の計算法には，横強度が充分あって縦強度を受け持つ外板や甲板がいつも正しい位置で働くことができるということが前提条件となっているし，また，横強度の計算には，横強度を受け持つフレームや甲板ビームの外側には外板や甲板があって，横強度に大きな加勢をしていることを忘れてはならない。

(a) 有効幅

　フレームや甲板ビームに加勢して横強度を受け持つ外板や甲板は，外板や甲板の全部ではなく図5-9に示すように，フレームや甲板ビームに近い30tの有効幅だけであると考えて計算に入れている。

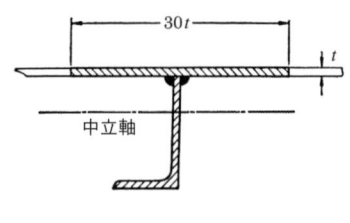

図 5-9　有効幅

(b) 甲板下ガーダおよびピラー

　甲板ビームの強さに加勢するもう1組の部材に，甲板下ガーダおよびピラーがある。すなわち，甲板ビームのスパンの中間に1列か2列の甲板下ガーダを縦通させて甲板ビームを支え，さらにその下にピラーを立てて甲板下ガーダを支える（130頁 図7-42参照）。

　図5-10の上段の図は，横強度材としての甲板およびピラーと縦強度材としての甲板下ガーダが互いに協力して甲板荷重を支えている正常な状態を示している。中段の図は，一部のピラーを取り外した状態，下段の図は，甲板下ガーダを取り外した状態で，ともに甲板荷重を支えることができないことを示している。

　このように，ピラーは船側のフレームと協力して甲板荷重を支えるのであるから，船底まで届いていなければならない。もし，途中に甲板があってピラーが上下に分れるときは，できるだけ上下まっすぐにそろえることが必要で，下端は船底の強固な骨組みの上に固着しなければならない。

図 5-11 は，ピラーの配置が悪いために甲板ビームやフレームばかりでなく，甲板や外板などの縦強度材にまで悪い影響を与えていることを示している。

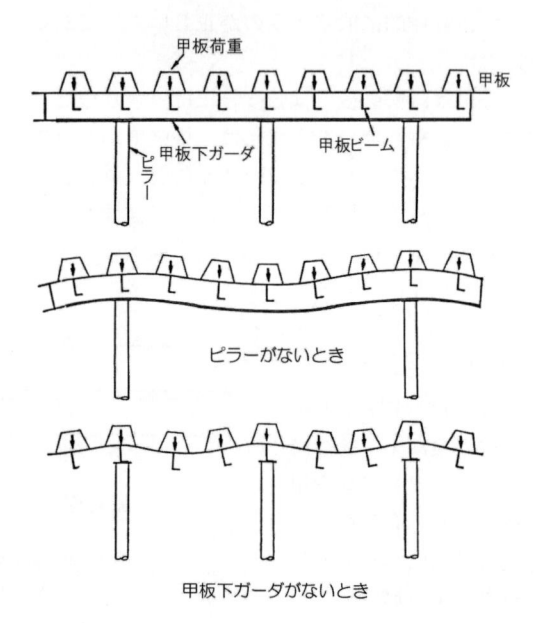

図 5-10　ピラーおよび甲板下ガーダ

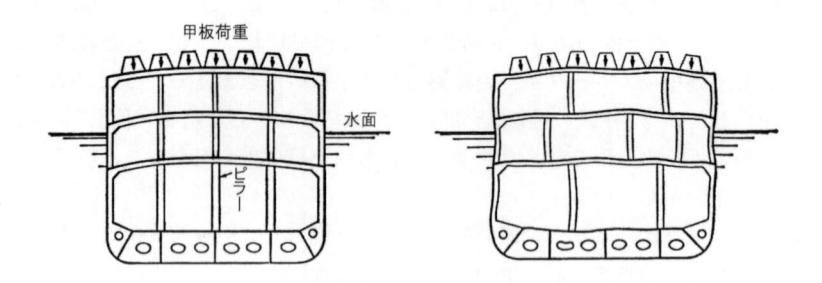

図 5-11　ピラーの配置

第5章 船体強度

(3) 横強度略算法

複雑な横強度計算をする代りに，甲板・船側・船底をそれぞれ独立したビームと考えて計算する簡略な方法である。

甲板に重いものを積んだときの甲板の強さ，接岸したときの船側の強さ，座礁したときの船底の強さなどを検討するときの計算にも参考になる。

(a) 甲 板

甲板には，甲板の自重，甲板機械，甲板貨物，海水の打ち込みなどの荷重がかかる。

1) 甲板の自重および甲板機械重量　甲板構成部材の**重量を1フレームスペース**ごとに計算し，甲板機械の重量を加える。

2) 甲板貨物の重量　上甲板では高さ1.53 m まで，中甲板では甲板間高さ一ぱいまで，密度がρ_cの貨物を積んだものとして計算する。

ρ_cの値は，貨物の種類によって異なるが，積荷の目安としては0.7 t/m³程度と考えてよいから，甲板面積1 m²あたりの貨物重量(質量)は

上甲板　1.53×0.7＝1.07（t）

中甲板　H×0.7（t）

となる。Hは甲板間高さ（m）である。

3) 海水の重量　ブルワークの高さまで打ち込んだものとして計算する。

甲板の横強度は，甲板を甲板ビームに甲板の有効幅を加えた両端固定ビームと仮定し，1フレームスペース間のこれらの荷重を受けたとして計算する。

(b) 船 側

船側に加わる荷重は水圧である。水圧は，水面からの深さに比例するから，探さ h (m) のところには$1.025× h$ (t/m²) の荷重（質量）がかかることになる。

船側の横強度は，船側をフレームに外板の有効幅を加えた両端固定ビームと仮定し，1フレームスペース間の水圧による三角形の傾斜荷重を受けたとして計算すれば

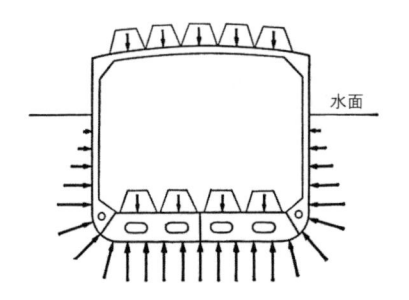

図 5-12　横方向の荷重

よい。ただし，三角形の傾斜荷重は計算が面倒であるから，その平均値の等分布荷重に置きかえて計算することがあるが，結果からみると大差はない。

なお，貨物の種類によっては，船側に倉内より外方へ側圧を加える場合もあるが，これは水圧を減らす方向に働くから，安全側にとって，無視してよい。

(c) 船　　底

船底には，上からは船倉の貨物，下からは水圧がかかる。

貨物の重さは，船倉内に密度が ρ_c の均質貨物を満載したものとして計算し，これに船底構成部材の自重を加えたものと，下からの水圧との差が船底に加わる荷重となる。

船底の横強度は，フロアに船底外板および内底板の有効幅を加えたビームが二重底縁板のところで支持されていると仮定し，1フレームスペース間の荷重を受けたとして計算すればよい。

特別な場合として，船がドックにはいったときの船底には，上向きの力は水圧の代りにキール盤木の反力が船の中心線に集中荷重として働く。

5-4　局部強度

これまでは，船全体を一つの構造物としてその縦強度および横強度について述べてきたが，この他に，船体の一部分だけに働く局部の力があるから，これに対しても充分な強度を持たせなければならない。

局部の力に対抗する強度を局部強度 local strength という。船の局部強度は，船体各所にわたる事がらであって，これを残らず述べることはできないが，これらの多くは材料力学の応用によって計算することができるので，ここではそのうちの二三の問題についてだけ取り上げてみることとする。

(1)　船首船底部

船が波浪中を前進するとき，船首船底扁平部は激しい波の衝撃すなわちスラミングを受け，その結果一航海で新造船の船底外板が洗たく板のように波状にへこんでしまうことも珍しいことではない。

このような現象を，スラミングによるやせ馬現象といい，特に溶接構造船に起こりやすい。その理由として次のようなことが考えられる。

1)　水圧による外板のたわみ量を求めるために，外板の幅を狭く（たとえ

ば1cm) した帯のような部分について梁（ビーム）理論を適用してみると，水圧という等分布荷重を受ける両端固定のビームと考えられるから，スパンの中央に生じる最大たわみ量は

$$\delta_{max} = \frac{wl^4}{384EI} \quad \cdots\cdots\cdots (5.10)$$

ただし，w =単位長さの等分布荷重（kg/cm），l =スパンの長さ（支点間距離）(cm)，E =ビームの材料のヤング係数（kg/cm^2），I =ビームの断面の中立軸のまわりの二次モーメント（cm^4），δ_{max}=ビームの最大たわみ量（cm）である。

式(5.10)で明らかなように，δ_{max}を小さくするには，l を小さくするかIを大きくするかしかない。

図 5-13 は，同じフレームスペースの船でも溶接構造のほうがスパンが大きいのでたわみが大きくなることを示している。I を大きくするには外板の厚さを増せばよい。

このような理由で，船首船底部に対してはフレームスペースを短く，外板を厚くし，両端を強固に固定するためにフレームごとに実体フロアを置くのである。

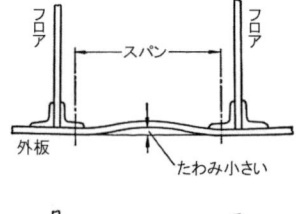

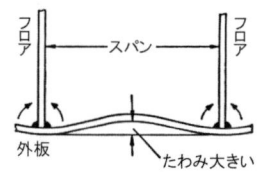

図 5-13 船首船底部のやせ馬現象

2) フロア板を外板へ固着する溶接ビードは，収縮によって外板をフロアに引きつけようとするから，外板は水圧やホギングによる圧縮力でたやすく内側にへこまされる。

これを防ぐためには，形鋼あるいは平鋼の縦フレーム（ロンジともいう）をなるべく細かい間隔で設けるとよい。

3) 近ごろの船は，速力が増したので機関の馬力が大きくなり，荒天のときも速力の落ち方が少ないので，波に当たるときの力が非常に強くなった。

スラミングに対する対策については第7章7-8(5)(113頁)に述べているが，これだけの構造の持つ強さを上回るような大きな衝撃を受け

たときは，速力を落すなり，コースを変えるなりの適宜の対策が必要である。船首喫水を増すことも有効な対策である。

(2) 諸 開 口

縦強度を受け持つ上甲板や外板にはいろいろの開口がある。上甲板のハッチ，機関室口など，外板の舷門，載貨門などがそれである。

これらの開口の周囲，特に四隅には大きな応力が集中するから，船体が大きな曲げモーメントを受けるときは，この部分にクラックを生じることがある。これに対しては

1) 開口の四隅に丸みをつける。丸みの半径 r はなるべく大きい方がよいが，応力集中への効果の度合は開口の幅 b との比，r/b によって決まる。
2) 開口の四隅に甲板や外板と同じ厚さの二重張板を張るか，あるいはあらかじめ甲板や外板の厚さをその部分だけ2倍にする。
3) 開口の周囲には，丈夫なコーミングを取り付けて開口部の変形を防ぐとともに，開口のため切断された甲板ビームやフレームの端を取りまとめて，力の伝達に支障のないようにする。

(3) 甲　　板

甲板に，たとえばウインチ・ウインドラスなどの甲板機械，マスト・デリックポスト・ボートダビットなどの構造物などが置かれる位置には，特にその個所だけに特別の荷重がかかるから，次のような対策が必要である。

1) これらの置かれる位置は，なるべくその甲板の直下あるいは近くの下部に，横隔壁・縦隔壁・甲坂下ガーダ・特設ビーム・ピラーなどの骨組のあるところを選び，もしやむを得ず鋼板だけの個所に置くときは部分的にブラケットやカーリング（短い縦ビーム）を増設して荷重を分担させる。
2) これらの置かれる甲板のなるべく広い範囲に，甲板と同じ厚さの二重張板を張って取り付けを強固にする。
3) 甲板のたわみや振動が大きくなる心配があれば，ガーダやビームの下にピラーを設ける。
4) マスト・デリックポストなどの付け根には大きなモーメントが働くので，甲板取り付け部の一端を支点として他端をこじる作用が働くから，四方に大きなブラケットを強固に取り付ける。

(4) デリック

デリックはデリックポストをデッキに設置し，貨物などの積み降ろしをする荷役装置である。デリックポストにデリックブームを取り付け，先端部に取り付けたトッピングリフトを用いてデリックブームを動かして，貨物を船倉内に収納したり，搬出したりする。

このときデリックブームに W_c の貨物が吊るされたとき，トッピングリフトの張力およびデリックブームにかかる圧縮力について考える。

W_c ＝デリックブームに吊るされた貨物の重量

W_b ＝デリックブームの重量

l_p ＝デリックポストの支点からトッピングリフトの支点までの距離

l_b ＝デリックブームの長さ

l_t ＝トッピングリフトのデリックポストからデリックブームまでの長さ

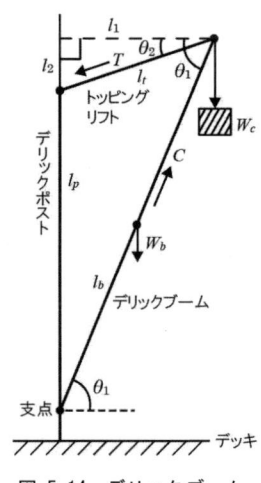

図 5-14 デリックブーム

このときトッピングリフトにかかる張力 T，とデリックブームにかかる圧縮力 C は次式のようになる。

$$T = \left(W_c + \frac{W_b}{2}\right) \times \frac{l_t}{l_p}$$

$$C = \left(W_c + \frac{W_b}{2}\right) \times \frac{l_b}{l_p}$$

となる。

すなわち，T, C はデリックブームの展張角 θ_1 やトッピングリフトの迎角 θ_2 には影響しないので，積み降ろしで貨物が移動しても T, C は変わらない。

(5) 船楼端

上甲板の上に，船橋楼などの船楼がある所とない所とでは，船の深さが急に変わるから船の強さが不連続となって，その境目の船楼端付近に大きな応

力が集中する。

　ホギングによって船楼内に生じる引張応力の大きさは，船楼の長さに関係があって，それが船楼の高さの７～８倍以上の長い船楼であれば縦強度を受け持つから，中立軸からの高さに比例する大きな引張応力を生じるが，短い船楼であれば縦強度を受け持つことはできないので引張応力も小さい。

　したがって，長い船楼においては船楼甲板および船楼外板の厚さは，上甲板および舷側厚板と同等以上の厚さとしなければならないが，途中でいくつかに切断して短い船楼の集まりとし，継目を自由に伸縮できる伸縮継手 expansion joint とすれば甲板および外板の厚さをずっと減らすことができる。

　船楼端に生じる集中応力の大きさは，船楼内に生じる引張応力の大きさに比例するから，長い船楼の場合はこの部分からクラックがはいることがある。

　応力の集中を防ぐためには，開口の場合と同様に外板の隅のところに大きな丸みをつけるとともに，二重張板を張るか，はじめから厚い板を使うとよい（120頁 図7-34 参照）。

5-5　強度の確保

　これまでに，船の強度についての重要な事項を説明してきたが，最も大切なことは，**船の強度には限界がある**ということである。

　このことを銘記したうえで，船が安全に航海するために必要とする強度を実際にどのようにして確保していくかについての考え方を二三挙げて締めくくりとしたい。

(1)　強度の連続性

　必要とする強度を確保しながら，できるだけ軽い構造とするためには，船体の主要部を構成する部材の寸法，たとえば外板の厚さを常にそれぞれの個所に生じる応力の大きさによく適合させればよい。すなわち，応力の大きい個所は厚く，応力の小さい個所は薄くすればよい。

　しかし，このような場合でも，構成部材の寸法を急に変えることは避けたほうがよい。図5-15 の(b)は板の幅を急に広げたP点に大きな応力が集中することを説明している。図の(c)のように，幅を徐々に変えるか，あるいは隅に丸みを付けるのがよい。

また，厚さの異なる鋼板の溶接継手の実例を図7-38（126頁）の丸形ガンネルに見ることができる。

船内のすみずみまで，このように考慮された船は，強度上有利であるばかりでなく，船体振動の防止にもよい影響がある。

また，運航上の理由で後になって主要部材に孔をあけたり一部を切り取ったりすることは極力避けるべきである。

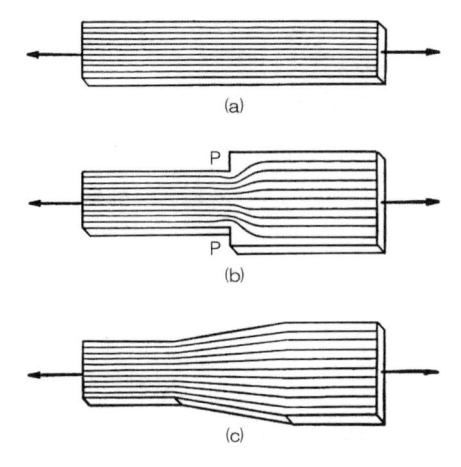

図 5-15　強度の連続性

（2）　高張力鋼の採用

船が大型化するにつれて，強力甲板および船底に生じる曲げ応力も大きくなるため，これを鋼材の許容応力の範囲内にとどめるには，縦強度材の厚さを増して断面の二次モーメントを大きくすればよいが，この方法では必然的に鋼材の重量が増大する。

鋼材重量を増大させることなく，船の縦強度を強くするもう一つの方法は，曲げ応力の大きくなる範囲の縦強度部材，すなわち船体中央⊠付近の強力甲板のデッキストリンガ，舷側厚板，船底外板などに高張力鋼を採用することである。

高張力鋼は軟鋼に比べて高価であるが引張強さが20〜45％も大きいので，大型船の鋼材重量の軽減にはきわめて有効である。

（3）　腐食に対する予備厚さ

軟鋼は海水に弱いので，船体の各部を構成する部材の厚さは，たとえペイント塗装を施しても，建造時より時がたつにつれてしだいに減少していくのが常である。

表5-3は，船体各部の1年間の平均腐食量の実測値で，ぬれたり乾いたりを繰り返す甲板や船側外板で大きく，常に水中にある船底外板のほうが小さい。

したがって，各部材の厚さには，強度が必要とする厚さに腐食による減少見込量を予め加えておくのがふつうで，これを腐食に対する予備厚さという。

腐食に対する予備厚さは船の大小には無関係であるから，小さい船ほど厚さの増加率が大きく，それだけ強度に対する余裕も大きくなる。

表 5-3 船体各部の平均腐食量 (mm/year)

部　材	上甲板	船　側　外　板			船　底　外　板		
		船首部	中央部	船尾部	船首部	中央部	船尾部
腐食量	0.130	0.130	0.125	0.130	0.105	0.090	0.100

(4) 波浪の高さ

縦強度計算の基準は，波高が $1/20 L$ の標準波を考えているが，実際にはもっと高い波に出会うことも考えられる。

わが国の近海では，秋から冬にかけて台風や前線の通過に伴って起こる波浪には，$1/10 L$ を超えるものも観測されており，そのために船体が折れたり，クラックを生じたりする例も珍しくない。

こうした海難を防ぐには，常に気象状況に気を配って，船体に基準以上の荷重をかけないよう，出港見合わせ，コース変更，速力低減など臨機の処置を取る必要がある。

(5) 不均等な積荷

(a) ジャンピングロード

ホギング・サギングの基準状態では，各船倉は均等な密度の貨物を満載しているものと考えているから，これと異なる積み方をすれば重量分布が不均等となって，最悪の場合には基準よりも大きなせん断応力や曲げ応力を生じることになる。

ことに，鉱石や鋼材のように，重くて容積の小さい貨物のときは，よほど気をつけないと不均等な積み方になりやすい。図 5-16 の(a)は各倉均等な積み方であるが，これでは船の重心が下がりすぎるというので，図の(b)のように船倉一つおきに積むことがある。

これは縦強度の点からいうとあまり良い積み方とはいえず，建造の当初

第5章　船体強度

からこの積み方を計画してそれに対応した強度を持たせてある場合のほかは，このような積み方をしてはいけない。

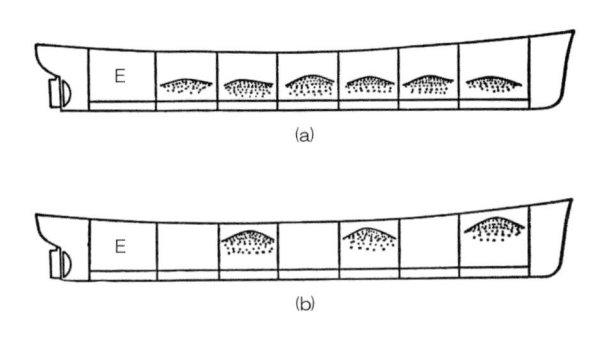

図 5-16　ジャンピングロード

(b)　**空船航海**

また，積荷のない空船のときには，一般に中央付近の重量が足りないので，特に船尾機関の船ではホギングになりやすく，また船首部には波浪の衝撃（スラミング）を受けやすいいから，荒天時の航海には細心の注意が必要である。

(c)　**中甲板の強度**

甲板の局部的強度に対しても，不均等な積み方はできるだけ避けたほうがよい。

特に，中甲板のハッチ周辺は弱いから，1個所に大きな荷重が集中しないよう，重いものはなるべく周囲の隔壁や船側に近いところに積むとか，ダンネージを利用するとかの配慮が必要である。

第6章 鋼材配置

　船の強度を決めるためには，船体に働く複雑な外力を，計算の便宜上，縦・横・局部の3種類に分けて，それぞれの力に対抗する縦強度・横強度・局部強度を船体に持たせればよいことは前に述べたとおりである。

　しかし，このように分けて取り扱うのはもともと計算の便宜のためであるから，船体を構成する部材の一つ一つを考えると，なかには一つで2役も3役も兼ねるものが出てくるのは当然である。

　たとえば，上甲板はホギング・サギングに対しては縦強度を受け持つが，同時に甲板荷重に対しては甲板ビームを助けて横強度を受け持ち，また甲板機械やマストのある所では局部強度をも受け持たなければならない。

　また，横隔壁は横強度を受け持つ有力な部材であるが，船内の1区画に浸水を生じた場合を考えると，水圧に対抗する局部強度材として働くことになる。

　したがって，船体を構成する部材の果たす役目を，はっきりと区別することは困難なことであるが，一般には次のように，そのおもな役目によって区分している。

6-1　縦強度材

　船体を構成する部材が，縦強度材 longitudinal strength member として縦強度計算に加えられるための条件は
1) 縦通（縦方向に連続）していること。
2) 船体中央座標⊗をはさんで$0.5L$以上にわたって配置されていること。
3) 横縁の継ぎ方が充分強固で，特にリベット構造の場合は横縁の避距を行なうこと（118頁 図7-33参照）。

であって，これらの条件に当てはまる部材の主なものは次のとおりである。

　　キール（平板キール・方形キール）
　　外板（舷側厚板・船側外板・船底外板・ガーボード）
　　甲板（上甲板その他の強力甲板・有効甲板）
　　内底板

中心線ガーダ（あるいは中心線キールソン）
縁板（マージンアングルを含む）
縦ビーム
縦フレーム

6-2　横強度材

横強度材 transverse strength member として船の横強度を受け持つ部材には次のようなものがある。
横隔壁
フレーム（倉内フレーム・特設フレーム）
ビーム（甲板ビーム・特設ビーム）
フロア（実体フロア・組立フロア）
ピラー（ピラー・特設ピラー）
ビームブラケットおよび二重底外側ブラケット

ビーム，フレーム，フロアなどにはそれぞれ甲板や外板の有効幅を加えて強度計算を行なうから，その意味では甲板や外板の一部も横強度を受け持っているといえる。

6-3　船体構造様式

船体構造の設計に当たって，考慮しなければならないのは次のような点である。
1) 必要とする強度を充分に確保すること。
2) できるだけ軽い構造とすること。
3) できるだけ建造しやすく，作業工程の簡単な構造とすること。
4) 貨物の種類，積付けなど，その船の任務遂行に有利な構造とすること。

これらの条件を満足するよう，縦強度材・横強度材を効率的に組み合わせ，それに局部の強度も考慮に入れて，各部材の寸法と配置が決められる。

各部材の配置の様式を大別すると，横式構造・縦式構造・縦横混合式構造の3種がある。

(1) **横式構造** transverse system
 (a) **構　　造**

　　横強度材であるビーム・フレーム・フロアをブラケットで結び合わせて枠組みを作り，これを0.5～1m程度の間隔に並べて横隔壁とともに船の横強度を受け持ち，また外板，甲板，内底板などの縦強度材がそれぞれの位置で完全にその機能を発揮できるよう，内部からこの枠組みをもって保持するような構造になっている。

 (b) **利　　点**

　　この構造は古くから最も広く用いられたもので，経験も充分であるからでき上がった船の強度に信頼性があり，構造も簡単で建造しやすい。

　　また，倉内のフレームや甲板ビームの寸法が一様で，特別な突出部材が少ないから，船内が広く使える。

 (c) **欠　　点**

　　縦強度の大部分は外板・甲板・内底板など船の大きさに比べて非常に薄い鋼板で受け持つので，ホギング・サギングに対抗するためにはフレームスペースを小さくし，鋼板の厚さを増さなければならないので船体重量が重くなる。

　　したがって，縦強度にあまり心配のない中小型船に最も適する構造様式といえる。

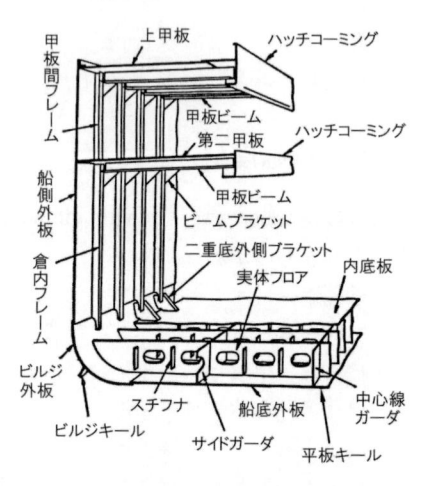

図 6-1　横式構造

(2) **縦式構造** longitudinal system
 (a) **構　　造**

　　横式構造が横強度材を骨組みの主力とするのに対して，縦式構造では主として縦強度材の骨組みで船体の構造を構成する。

すなわち，横隔壁と，横隔壁の中間に等間隔に２～３個所に配置された大型の横桁の形作る巨大な枠組み（トランスリングと呼ばれる）のほかは，すべての鋼材を縦方向に配置する。

２～３列の縦隔壁，あるいは，それに代る船底と甲板下を縦通する大型の縦桁を主力とし，その中間の船底・船側・甲板下に狭い間隔で形鋼の縦フレームおよび縦ビームを縦方向に配置する。縦隔壁と縦桁にも同じように形鋼の水平スチフナを縦通させる。これらの縦桁および縦形鋼は，横隔壁を貫通させるか，あるいはその個所で切断して，その代りに横隔壁を貫通するブラケットを介して前後に連結される。

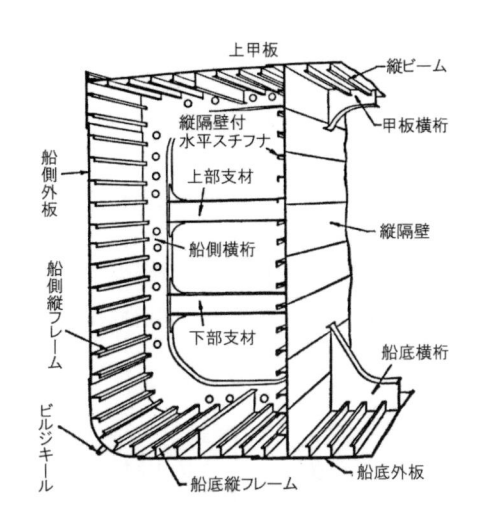

図 6-2 縦式構造

横強度を受け持つトランスリングは，船底部を船底横桁，船側部を船側横桁，甲板部を甲板横桁といい，縦隔壁にも縦隔壁横桁を設けて船側横桁と支材をもって結合する。

この構造様式はイッシャウッド式 Isherwood system とも呼ばれる。

(b) 利　　点

大部分の部材を縦方向に配置するので縦強度に強く，船体重量も軽減される。

(c) 欠　　点

横式構造に比べて船体の組立工事に手間がかかる。特に船首尾部の構造が複雑となる。また，倉内に大きな横桁や縦桁が突出するので，一般貨物の積載には不向きである。

しかし，油タンカーのように液体貨物の積載にはさほど邪魔にならないし，むしろ油タンカーでは縦強度と油密が問題となるので縦式構造が最も適している。

(3) **縦横混合式構造** combined system

　横式構造と縦式構造の長所を取り入れて両者を組み合わせた最も新しい構造様式で，縦強度に有効な船底部と甲板には縦式を，横強度を特に必要とする船側部には横式を採用し，また船首尾部も横式として構造を簡単にしている。浦賀船渠の村田義鑑により考案され，その第一船として1940年（昭和15年）建造の射水丸2924GTに初めて採用された。

　この構造様式は，一般貨物の積載にも不便はなく，縦強度は横式よりすぐれ，横強度も充分あり，工作も容易なので，一般貨物船に広く用いられている。

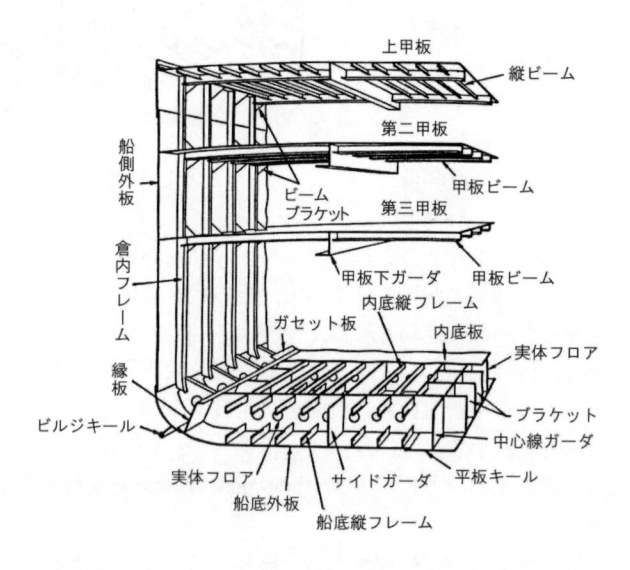

図 6-3 縦横混合式構造

(4) **二重船殻構造** double hull system

　最近の油タンカー，コンテナ船，ばら積み貨物船，鉱石運搬船の例を図6-4～図6-7に示す。これらの船でも基本的には縦式構造，横式構造，縦横混合式構造のうち多くは縦式構造が採用されているが，二重底や二重船殻のためにより複雑な構造となっている。

第6章 鋼材配置

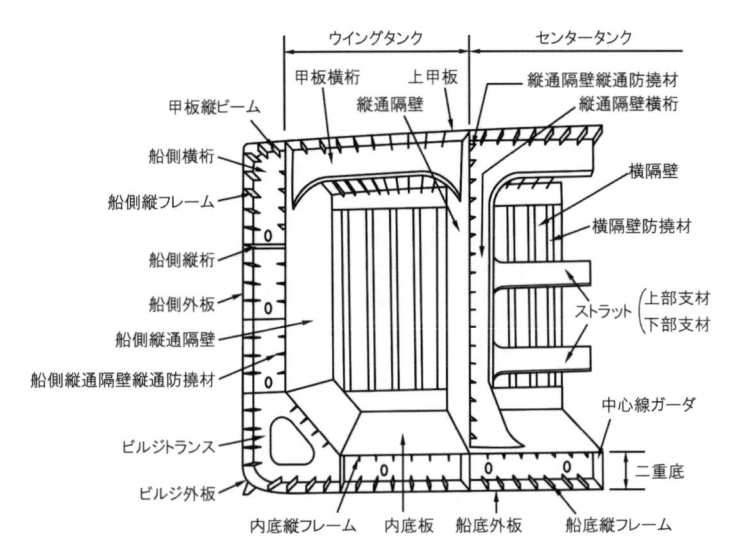

図 6-4 油タンカーの二重船殻構造

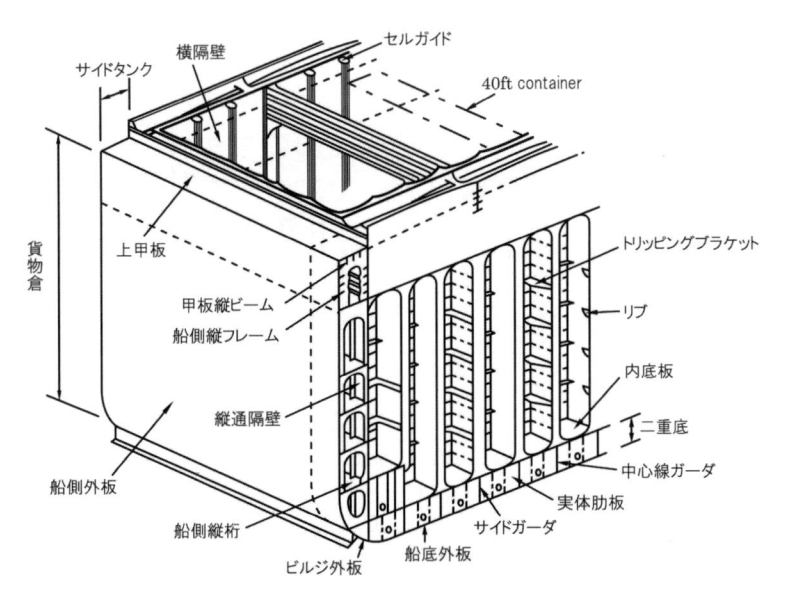

図 6-5 コンテナ船の二重船殻構造

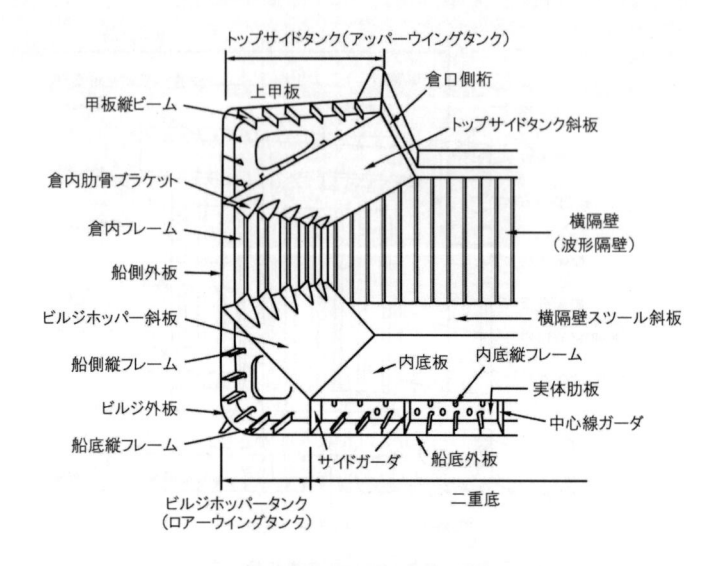

図 6-6　ばら積み貨物船の二重船殻構造

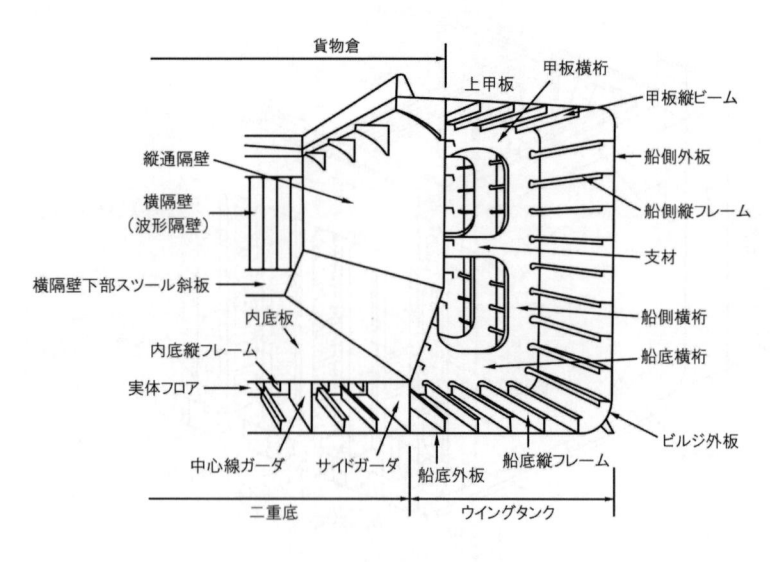

図 6-7　鉱石運搬船の二重船殻構造

第7章 鋼船構造

＜船首尾部＞
7-1 船首材

(1) 目　的

　　船首材 stem は，船首を強固にすることにより衝突その他の外力から船体を保護し，外板の末端を取りまとめる。

(2) 種　類

　(a) 鋳鋼船首材

　　衝突の際のショックにも耐える剛性に富む。鋳造であるから工作に手間

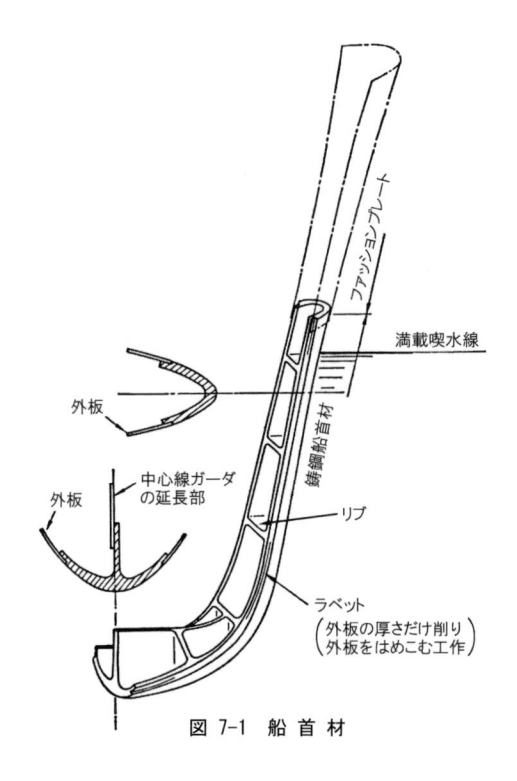

図7-1 船首材

がかかるが，水の抵抗を減らすために断面を船首部の流線に適する形状とすることが容易である。リベット船に多く用いられる。

船首材の下端とキールの前端との接合部は必ず船首隔壁の前方に置き，衝突の際の損傷による浸水を船首倉内で食い止める。

鋳鋼船首材の上端は満載喫水線の少し上までにとどめ，それより上部には鋼板製のファッションプレート fashion plate を用いるものが多い。ファッションプレートは上に行くほど丸みが大きいので，甲板前端の作業面積が広くなり，また船首部の外観が良くなる。

(b) 鋼板船首材

厚い鋼板を曲げて船首材の形状を作り，内側にリブ rib を 1 m を超えない間隔で設けた溶接構造の船首材である。この場合ファッションプレートは船首材の一部として，船底から上部の甲板までを一体として作る。船首材の船体の丸みの大きいところには，船体中心線に沿って垂直にスチフナを設ける。船首材側端はラベット rabbet と呼ばれる段差をつけ，外板の接合を容易にする。

一般に，鋼板製よりも鋳鋼製のほうが強いと考えられているが，溶接技術の進歩によってショックにも充分耐える強い溶接構造が得られるようになり，これまで船体構造に用いられていた鋳鋼材や鍛鋼材は少なくなった。

鋼板船首材は，鋳鋼船首材に比べて

1) 外板・甲板・中心線ガーダ・キールなどとの固着が確実である。
2) 工作が容易で，軽く，早く，安くできる。
3) 衝突などの際の損害が小さく，修理も容易である。

などの利点があり，最近の溶接構造船に多く用いられる。

7-2 船尾骨材

(1) 目 的

船尾骨材 stern frame は，船尾を強固にし，外板の末端を取りまとめ，舵やプロペラを支える。

(2) 種 類

船尾骨材の形状や構造には，舵の形状とプロペラの位置によって種々のものがあるが，次の2つはその代表的なものである。

第7章 鋼船構造

(a) 舵柱のある船尾骨材

不釣り合い舵を持つ1軸船と2軸船に用いられる。

1軸船では舵柱とプロペラ柱とが，上部はアーチ arch により，下部はシューピース shoe piece により結合されてプロペラ孔 propeller aperture を形作る。

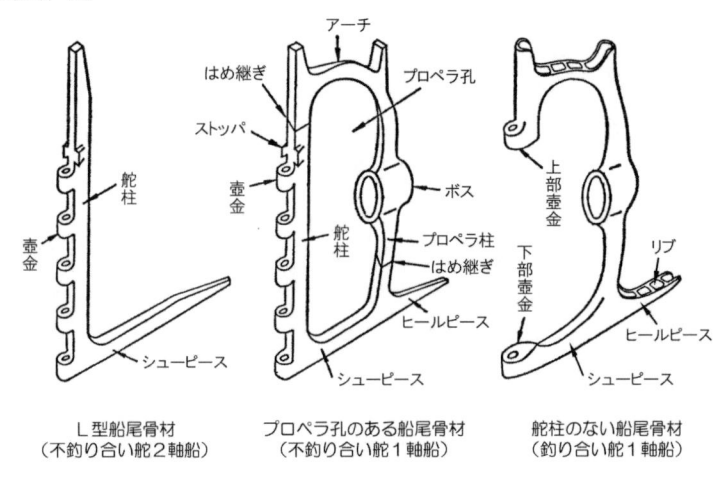

図 7-2 船尾骨材

舵柱 rudder post には数個の壺金 gudgeon を設け，これに舵針 pintle を用いて舵を取付ける。また，プロペラ柱 propeller post の中央部には，プロペラ軸を貫通させるためボス boss を設ける。

船体への取付けを強固にするため，舵柱とプロペラ柱の上部は船体内部に延長してそれぞれトランソム（舵柱を支えるための特に強いフロア；船尾フロア）およびフロアに固着する。また，シューピースを前方に延長して平板キールに結合する。この部分をヒールピース heel piece という。

船尾骨材の材質は鋳鋼とし，大型のものは2材に作り，はめ継ぎあるいは突合せ溶接する。

(b) 舵柱のない船尾骨材

釣り合い舵を持つ1軸船に用いられる。

釣り合い舵であるから舵柱は不用となり，舵は上下2個の壺金で支えら

れる。そのためシューピースの根元には大きな力が加わるから，その部分の幅および厚さを増す必要がある。

この船尾骨材は最近の船に多く用いられ，その断面の形は水の抵抗の少ない流線形とする。材質は鋳鋼が主であるが，ボスと壺金の部分を除いて鋼板製とするものも多い。

7-3 船尾管

(1) 目的

船尾管は，プロペラ軸を支え，船体内部への海水の侵入を食い止める。

(2) 構造

船尾管 stern tube は鋳鋼製の円筒で，プロペラ軸が船外に突き出る部分に取り付けられ，軸を支える軸受として，また，船内への海水の侵入を食い止めるパッキン箱 stuffing box として働く。

(a) リグナムバイタ方式船尾管

船尾管の内面には，黄銅製のブシュ bush を差し込み，これにリグナムバイタ lignumvitae という堅木の細片を取り付けてこれでプロペラ軸を支える。軸の表面には黄銅製のスリーブ sleeve が焼ばめされているから，軸の回転による摩擦はスリーブとリグナムバイタの間に生じる。この摩擦面を滑らかにし，かつ冷却するために，リグナムバイタの細片と細片のすきまから海水を通す。

船尾管の前端には，パッキン箱を設けグリースを塗った綿糸を詰めて船尾管内の海水が船内に侵入するのを防ぐ。

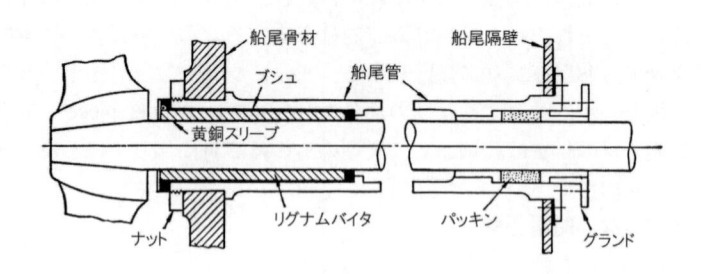

図 7-3 リグナムバイタ方式船尾管

(b) 油潤滑式船尾管

最近の船ではリグナムバイタ方式に代って油潤滑式船尾管が採用されるようになった。これは軸受としてリグナムバイタの代りにホワイトメタルを用い，海水の代りに潤滑油を強制循環させる方式である。船尾管の前端と後端にはシール装置が設けられ，その内側には海水の代りに潤滑油が入り込む。船尾管内の油圧は，船外の水圧よりやや高めにし，油の流出を防ぐため特殊のゴム製リングを用いてシールする。

ホワイトメタルとは錫を主体としてアンチモンや銅を加えた合金，鉛を主体として錫やアンチモンを加えた合金の総称で，軸とのなじみが良いこと，焼付きを起こしにくいことなどから軸受用として用いられている。

7-4 軸ブラケット

2軸（あるいは4軸）の船においては，船尾に軸ブラケット shaft bracket を設けてプロペラ軸を支える。

(1) くの字形軸ブラケット

船体より突き出たプロペラ軸を，プロペラの直前で支える円筒形の軸受部とそれを支える2本の支材とから成る。支材は水の抵抗を減らすため流線形断面とし，パームを外板に取り付けるか，または突込んで船体内部の特に補強された構造物に結合する。

この軸ブラケットは，構造が簡単で船体抵抗も少ないが，プロペラ軸が海中に露出するので，損傷を起こしたりロープが巻き付くなどの危険もある。小型船や，やせ形の高速船に用いられる。

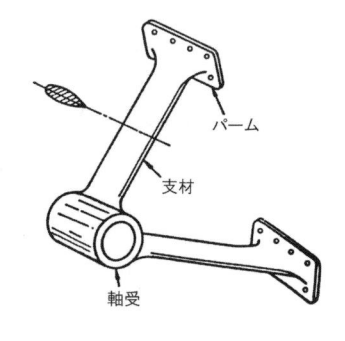

図 7-4 くの字形軸ブラケット

(2) めがね形軸ブラケット

プロペラ軸を海中に露出させないよう，外板の一部を変形してボシング bossing として軸を船内に包み込み，その後端部に強固なめがね形軸ブラケッ

トを設ける。

この軸ブラケットは，プロペラ軸の保護や保守に適するが，船尾の構造および形状が複雑となり，ボシングによる船体抵抗が大きくなる。船尾の肥えた商船に多く用いられる。

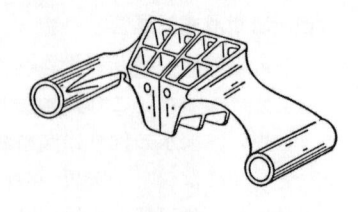

図 7-5　めがね形軸ブラケット

7-5　舵

(1)　目　的

舵 rudder は，船の針路，すなわち船の船首方位を制御する装置である。
普通は流速の最も速いプロペラの後部に置くが，補助として船首に設ける船首舵もある。

(2)　種　類

(a)　形状による分類

舵を形状によって分類すると
　　不釣り合い舵　　unbalanced rudder
　　釣り合い舵　　　balanced rudder
　　半釣り合い舵　　semi-balanced rudder
の3種がある。

不釣り合い舵は，舵面が舵の回転軸の後方だけにあるもので，数個の舵針 rudder pintle によって船尾骨材の舵柱に支えられる。古くから小型船あるいは低速船，帆船などに用いられた。

釣り合い舵は，舵面を舵の回転軸の前方にも広げたもので，そのバランス比（前部面積／全面積）は0.24〜0.29程度のものが多い。舵は上下2個所で支えるので舵自体の強度を増す必要があるが，操舵に要するねじりモーメントが減り舵取機の馬力が小さくてすむので，大型船や高速船に広く用いられる。

釣り合い舵のうち，下部の支えのないものを吊り舵 hanging rudder という。

半釣り合い舵は，舵面の上半分を不釣り合い舵とし，下半分を釣り合い舵の形状としたものである。

第 7 章 鋼 船 構 造

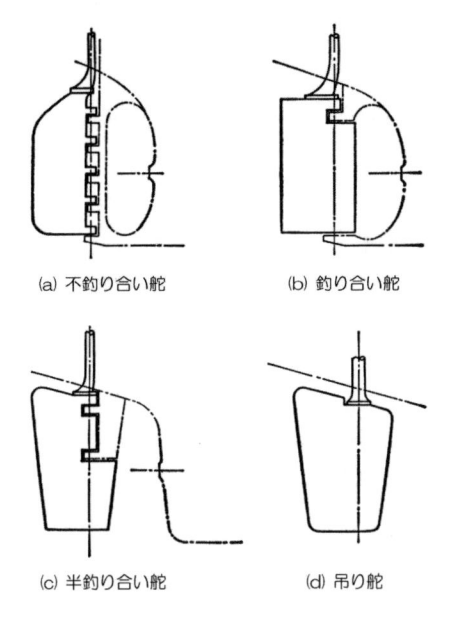

(a) 不釣り合い舵　　(b) 釣り合い舵

(c) 半釣り合い舵　　(d) 吊り舵

図 7-6　舵の種類

(b)　構造による分類

　　舵を構造によって分類すると
　　　単板舵　single plate rudder
　　　複板舵　double plate rudder
　の 2 種がある。
　　単板舵は，舵板が 1 枚の厚い鋼板で作られたもので，これに舵心材と舵腕とを取り付ける。構造は簡単であるが効率が悪く，不釣り合い舵として低速小型船に用いられるに過ぎない。
　　複板舵は，組み合せた舵骨の両面に鋼板を張ったもので，内部は中空の水密構造とする。舵面が流線形であるから舵効きがよく，水の抵抗も少ないので，多くの船に用いられる。

(c)　シリング舵
　　高揚力が得られる断面形状を持つ舵で，舵の上下端に整流板を取り付けた形状が多い。

(3) 舵面積，直圧力および圧力中心
 (a) 舵 面 積

計画満載喫水線における舵の没水部の側面積をいい，船体の水面下の側面積に対する比で比較される。

$$A = \frac{1}{m} \times L \times d$$

ここに，A =舵面積（m²），L =船の長さ（m），d =計画満載喫水（m），m =係数であって，m の値は船の大きさと種類によってほぼ決まる。

　　大型タンカー　　60～80
　　大型貨物船　　　60～70
　　小型貨物船　　　45～60
　　沿岸航路船　　　30～50
　　引船・渡船　　　25～40

一般に，m の値は船が大きいほど大きく，速力が大きいほど小さい。すなわちタンカーなどの大型船は船体の大きさに対し比較的小さな舵を使用している。

舵の上下の寸法 h と，前後の寸法 b との比 h/b を縦横比 aspect ratio という。舵面積が同じならば，縦横比の大きい方が舵効きがよい。

 (b) 直 圧 力

舵をとったとき，舵面に働く水圧力の舵面に直角な成分を直圧力という。舵の強度計算に用いる直圧力の最大値は次式で与えられる。

$$P_n = 17.8AV^2 g \qquad (\text{工学単位 } P_n = 17.8AV^2)$$

ここに，P_n =直圧力（N, 工学単位 kg），A =舵面積（m²），V =満載連続最高速力（kt），g =重力加速度（m/s²）とする。

 (c) 圧力中心

舵の強度計算に用いる直圧力の中心は次式で与えられる。

$$r_1 = (0.37 - e)B$$

ここに，r_1 =舵頭材の中心から圧力中心までの距離（m），B =舵の全幅（m），e =舵頭材の中心より前方にある舵面積を A で割った値（バランス比）とする。

 (d) 最大舵角

一般に左右両舷に 35° とする。舵角を大きく取るほど，舵面に働く直圧

力も大きくなるが，40°以上になると失速が起こって直圧力が急に減少するからである。しかし失速の起こる舵角は，舵の縦横比 aspect ratio の小さいものほど大きいので，このような船では40°以上とすることがある。

(4) 旋回性能

舵による船体の旋回性能は旋回試験により調べられる。旋回試験では一定の速力で前進しているときに一定の舵角を取って船体が360°旋回するまでの軌跡，旋回圏 turning circle を記録し，次のような数値を求めることによって，舵の性能が求められる。

縦距 advance：船体が転舵して，原針路から90°回転したときまでに重心が原針路方向に進出した距離

横距 transfer：船体が転舵して，原針路から90°回転したときまでに重心が原針路に対し直角方向に進出した距離

旋回径 tactical diameter：船体が転舵して，原針路から180°回転したときまでに重心が原針路に対し直角方向に進出した距離

(5) 構　造

(a) 単板舵

単板舵は下記の構成材より成る。

　　舵頭材　　rudder head
　　　　　　　　（upper stock）
　　舵心材　　main piece
　　　　　　　　（lower stock）
　　舵腕　　　rudder arm
　　舵板　　　rudder plate
　　舵針　　　rudder pintle

１枚の厚鋼板で作られた舵板の前端に舵心材を置き，これに数個の舵腕を焼きばめによって固着し，舵板の両面を左右交互に支える。

舵心材は，舵本体の部分の舵軸であって，水圧によって生じるねじりモーメントおよび曲げモーメントを

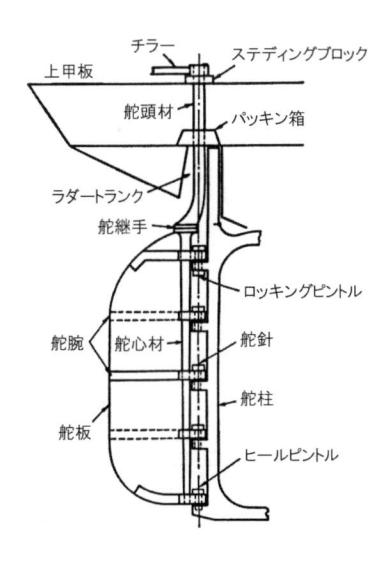

図 7-7　単板舵構造

支える。舵に働くねじりモーメントは上部で最も大きく下部に行くほど小さいので，舵心材の径もそれに合わせて上部は舵頭材の径に等しく，下方に行くほど細くする。

舵心材および舵腕の材質は，鍛鋼あるいは鋳鋼とする。

舵針は鍛鋼製とし，上半部には緩いテーパをつけて，頂部をナットで舵腕に固着する。下半部は円柱状の平行部で，舵柱の壺金に差し込んで舵の回転軸となる。

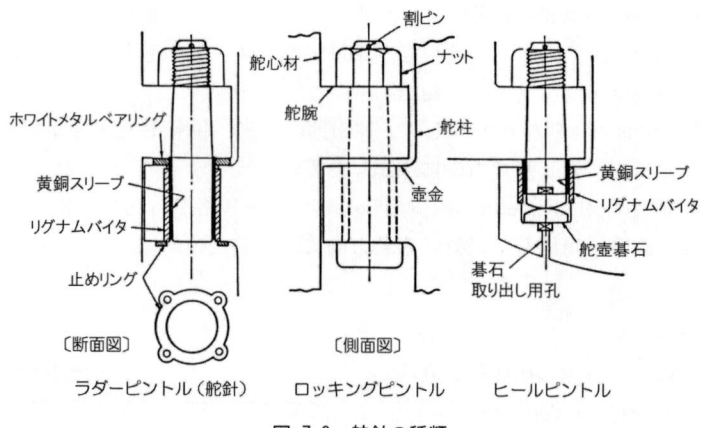

図 7-8 舵針の種類

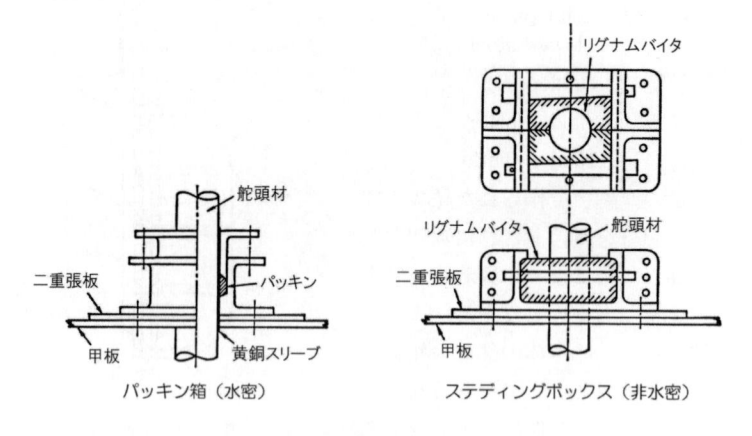

図 7-9 舵頭材の甲板貫通部

舵の回転を円滑にするために，舵針の平行部には黄銅製のスリーブを焼ばめし，壺金の内面には黄銅あるいはリグナムバイタのブシュを差し込む。

舵を舵柱から取り外すときは，舵針を付けたまま舵全体を押し上げればよいが，航海中，波の衝撃で舵が外れるのを防ぐため，最上部の1個だけに頭を付けたロッキングピントル locking pintle を用いる。

また，最下部のヒールピントル heel pintle は舵の重量を支えるので，最下壺金の底に球面を持つ舵壺碁石 heel disc を入れ，舵の回転による摩擦を減らす。舵壺碁石は摩耗しやすいので表面を硬くした焼入鋼を用いる。

舵頭材は，舵心材の上部から舵取機（チラー）に至る舵軸であって，舵心材と結合して舵を回すねじりモーメントを伝える。

舵頭材の甲板貫通部には，舵軸の保持と，水密の確保を目的とするパッキン箱 stuffing box または舵軸の保持のみを目的とするステディングボックス steading box を設ける。

舵継手は，舵頭材と舵心材とを連結する継手であって，次のような種類がある。

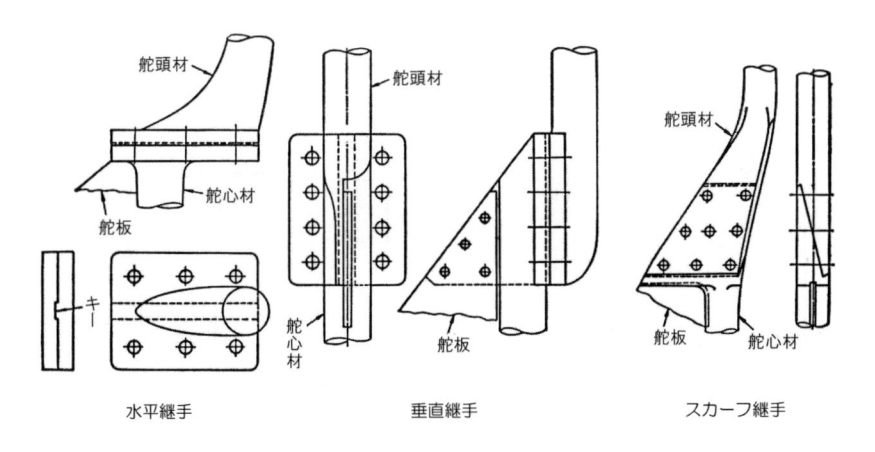

図 7-10 舵継手

　水平継手　horizontal coupling
　垂直継手　vertical coupling
　スカーフ継手　scarphed coupling

垂直継手は航行中の水の抵抗が大きく，スカーフ継手は舵軸の上下の中心線合わせが難しいなどの理由で，水平継手のものが多い。

(b) 複 板 舵

水平舵骨 horizontal rudder frame と立て舵骨 vertical rudder frame とを組み合わせて骨組みとし，両面に舵板を張る。

舵針は，上部および下部の2個あるいはいずれか1個とし，船尾骨材の壺金にはめ込んで舵の回転軸とする。

舵頭材の下端は，フランジによって舵上面に6個以上のボルト穴よりわずかに太い軸の部分をもつリーマボルトで確実に固着する。これにより舵上面と舵頭材が正確な位置で結合できる。舵頭材の上端は，ラダートランクの頂部となる甲板に置いたラダーキャリヤによって保持し，クロスヘッドを経て舵取機に連結する。

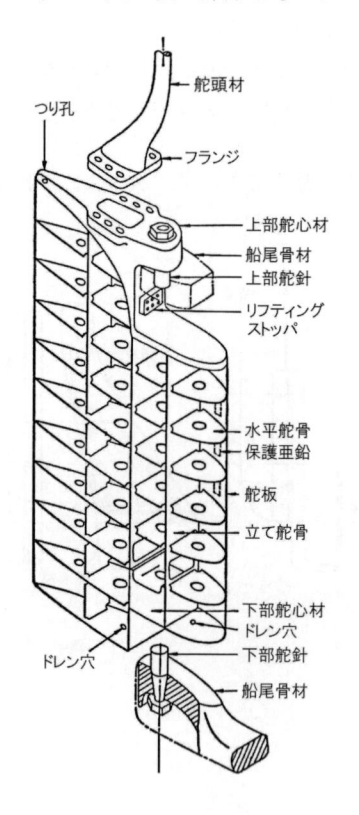

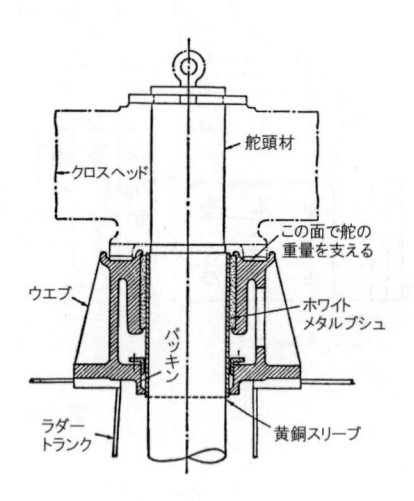

図 7-11　複板舵構造　　　　図 7-12　ラダーキャリヤ

ラダーキャリヤ rudder carrier は，舵の重量を支え舵の回転の軸受となるステディングボックスと，船体内部への海水の侵入を食い止めるパッキン箱の役目を兼ねる。

舵本体は工事が完成したのち，試験圧力 $0.5\,\mathrm{kg/cm^2}$ にて気密試験を行ない，水密性を確認する。舵の内面は，舵板取り付け前に充分に塗装を施し，底板の最下部には水抜き用のドレン穴 drain hole を設ける。

(c) **保護装置**

回転止め　舵が最大有効舵角以上に回転するのを防ぐため，チラーまたはコドラントに対して，甲板上に堅固な回転止めを取り付ける。なお，舵取機には，舵の運動が回転止めによって停止される前に，その作動を停止させる装置を備える。

リフティングストッパ lifting stopper　舵が波浪の衝撃などではね上がり，外れるのを防ぐためのストッパを設ける。

保護亜鉛 zinc protector　舵板の外面には，局部電流による腐食防止のため保護亜鉛を数個取り付ける。

7-6　パンチング構造

船が航行中，波浪の衝撃を受けて外板やフレームなどに損傷を生じるのを防ぐために，船首部および船尾部に特別の補強を行なう。これをパンチング構造（船首尾防撓構造）panting arrangement といい，船首パンチング構造と船尾パンチング構造とに分けられる。

(1) **船首パンチング構造**

(a) **船首倉内のパンチング構造**

この部分は，最も強いパンチングを受ける個所であるから，次のような部材を組み合わせて強固な構造とするとともに，フレームスペースを小さくして外板およびフレームを補強する。

1) パンチングストリンガ（梁上側板）panting stringer　最下層甲板より下方の船首倉内に，2.15 m 以下の間隔で，外板に沿って 2～3 段のパンチングストリンガを甲板に平行に配置する。これは鋼甲板のデッキストリンガに相当するもので，これにより外板の剛性を増し，フレームのスパンを短くする。船首部において船首楼甲板と上甲板の

みの場合は上甲板が最下層甲板となる。パンチングストリンガの外縁は外板に固着し，内縁はフランジする。前端はブレストフックに固着し，後端は大型ブラケットにより船首隔壁に取り付ける。

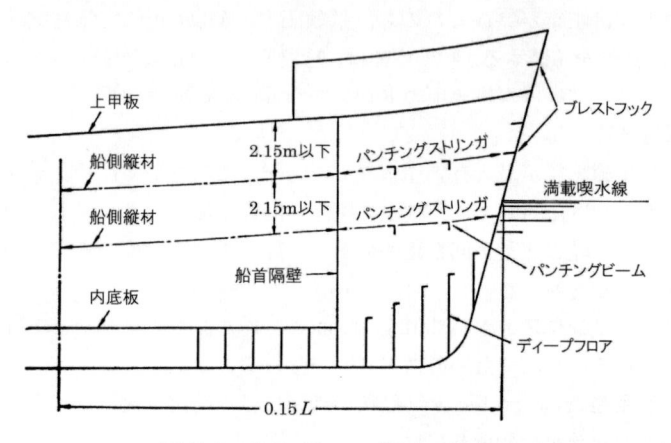

図 7-13 船首パンチング構造（縦断図）

2) パンチングビーム（防撓梁） panting beam　パンチングストリンガの下面にフレーム1本おきに取り付けて両舷のフレームを連結し，波浪によって外板やフレームがへこむのを防ぐ。

　パンチングビームの両端は，ブラケットによりフレームおよびパンチングストリンガに取り付けるが，ビームのないフレーム位置でもブラケットを設けてフレームをパンチングストリンガに固着する。

　また，船体中心においても，制水板を設けない個所は，パンチングビームを形鋼により上下および前後に結び付ける。

3) ブレストフック（船首肘板） breast hook　船首材の後面には，パンチングストリンガの位置にブレストフックを設けて船首材を補強し，両舷のパンチングストリンガの前端を取りまとめる。

　ブレストフックは，パンチングストリンガの前端ばかりでなく，その中間にも設ける（図7-14参照）。

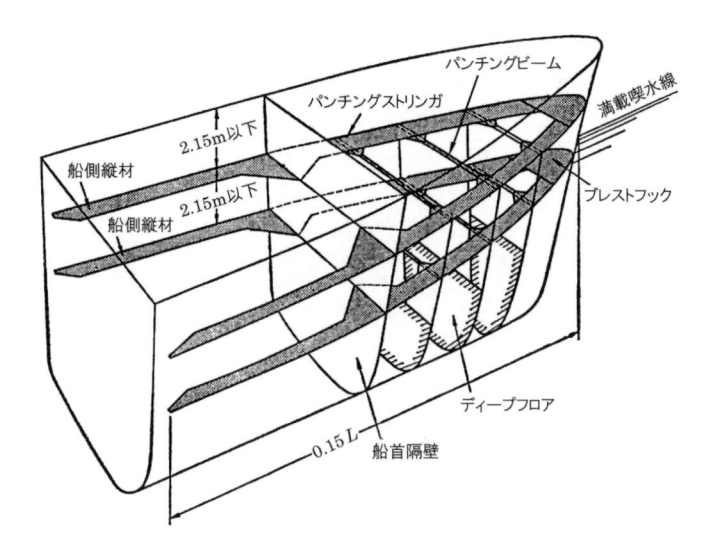

(a) 説明図

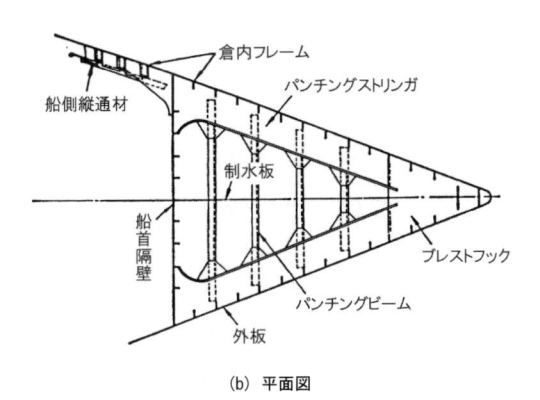

(b) 平面図

図 7-14 船首パンチング構造

4) ディープフロア deep floor 船底部を堅固にし，フレームの下端の固着を確実にするため，二重底内のフロアに比べて深さを増したディープフロアをフレームごとに設ける。

(b) 船首隔壁より後方のパンチング構造

　船首隔壁から後方の強さが急に減るのを防ぐため，船首隔壁と，船首から$0.15L$の間を次のように補強する。

　パンチングストリンガの延長線上に船側縦材を設け，フレームは増強する。また，適当な間隔で特設フレームを配置する。

　船側縦材には，フレームの内側を縦通する山形鋼を短山形鋼をもってフレームに固着したものと，さらにフレームとフレームの間に断切板を差し込んで外板と縦通山形鋼とを結合させたものとがある。

　前者は倉内フレームのスパンを短くしてその補強となるが，後者はさらに船側外板をも補強するもので，これを特に船側縦通材といって前者と区別することがある。

　船側縦材の前端は大型ブラケットにより船首隔壁に取り付ける。

　これらの船首パンチング構造のほかに，船首隔壁と，船首から$0.15L$〜$0.3L$の個所との間の船底扁平部は，スラミングに備えて，外板・フロア・サイドガーダなどを増強する。

（2） 船尾パンチング構造

　船尾部における波の衝撃は船首部ほど強くないので，船尾部パンチング構造は，船首部に比べてやや軽い構造とするが，フレームスペースは船首部と同様に小さくする。

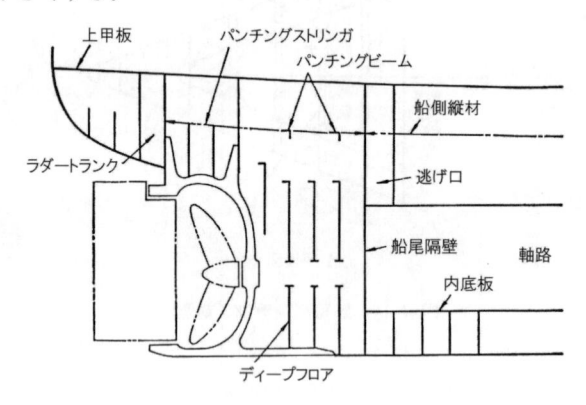

図 7-15　船尾パンチング構造

(a) 船尾倉内のパンチング構造
　1) パンチングストリンガおよびパンチングビーム　最下層甲板からフロアの上面までの間に，フレームの外面に沿って測った距離が2.45 mを超えない間隔で，パンチングストリンガおよびパンチングビームを設ける。
　2) ディープフロア　フレームごとに通常のフロアより深さの大きいディープフロアを設けて船底部を強固にする。
(b) 船尾隔壁より前方のパンチング構造
　船型の関係で，特にフレームのスパンが大きくなる場合のみ，パンチングストリンガの延長線上に船側縦材を設ける。
(c) 巡洋艦形船尾の補強構造
　必要に応じ，特設フレーム，船側縦通桁などにより補強する。

＜船底船側部＞
7-7　単底構造

(1) 目　　的
　単底構造 single bottom construction は，二重底を持たない簡単な船底構造で，小型船に用いられ，船底部の強度を受け持つ。
(2) 構　　造
　船底に横方向に並べられたフロアと，それに直交する縦方向のキールソンとを組み合わせて船底を固める。貨物倉内においては，この上に内張板を張る。
(a) フ ロ ア　floor
　横方向にフレームごとに設け，両端は倉内フレームの下端と強固に結合する。重要な横強度材である。
　フロアを形作る鋼板をフロア板 floor plate という。フロア板の上縁にはフランジ flange を付けるか，あるいは面材 face bar を取り付けて，船側からの圧縮力のためフロア板が座屈するのを防ぐ。フロア板には，なるべく低い位置にリンバホール limber hole をあけて，ビルジ水の流通をよくする。

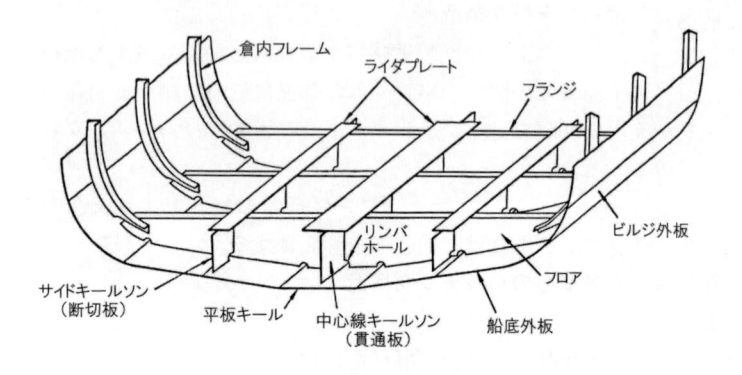

図 7-16　単底構造

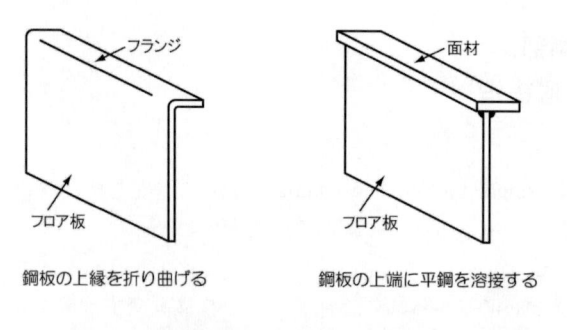

図 7-17　フランジと面材

左図：鋼板の上縁を折り曲げる
右図：鋼板の上端に平鋼を溶接する

　フロア板を船底外板に取り付けるには，溶接の場合はフロア板の下縁を直接にすみ肉溶接すればよいが，リベットの場合には正フレーム main frame を配置しなければならない。

(b)　**キールソン　keelson**

　船底の内側を船首から船尾まで縦通して，船体の縦強度を受け持つ。キールソンには中心線キールソンとサイドキールソンとがある。

　中心線キールソン center keelson は，船体中心線上にある特に強力なキールソンで，その構造様式には次の2種がある。

　1) 中心線キールソンを貫通板とし，ライダプレート rider plate（また

は山形材）を組み合わせたもの。
　中心線キールソンもライダプレートも縦方向に連続していて縦強度を受け持つので，小型船の中でも縦強度を必要とする比較的大きい船に用いられる。
　キールソンが貫通するので，フロア板は中心線のところで左右に二分される。
　2）　中心線キールソンを貫通板の代りに断切板を用い，ライダプレート（または山形材）とを組み合わせたもの。
　中心線キールソンに断切板を用いるので，ライダプレートだけが縦通することになり縦強度は減るが，その代りフロアが左右に貫通して横強度を増す。縦強度をあまり必要としない比較的小さい船に適している。
　サイドキールソン side keelson は，船体中心線上にないキールソンで，中心線キールソンとビルジ下部との間に，2.15 m を超えない間隔で配置する。
　サイドキールソンの構造は，断切板とライダプレート（または山形材）とを組み合わせたもの，あるいは断切板を省略してライダプレートのみのものが用いられる。

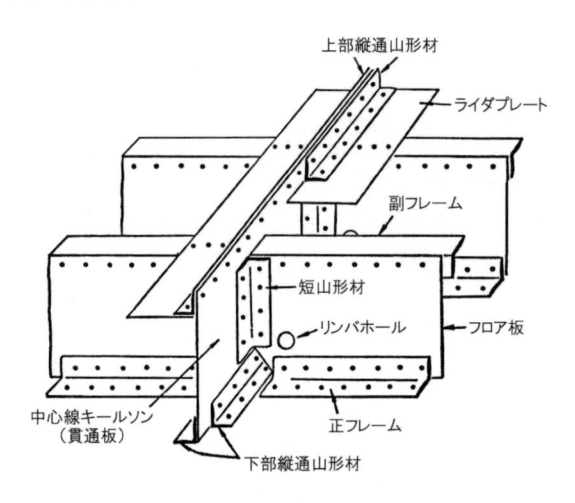

図 7-18　フロアおよび中心線キールソン

(c) 船底の補強
1) 船首隔壁と船首船底補強部の後方$0.05L$の個所との間は，波の衝撃に対する外板の補強のため，サイドキールソンの間隔を$0.9\,\mathrm{m}$以下とする。
2) 中央部$0.4L$間で，フロアが直接外板に溶接されているときは，キールソンとキールソン中間に少なくとも1条の外板防撓材を配置する。外板防撓材には逆付け山形材を用いるものが多い。

7-8 二重底構造

(1) 二重底を設けることの利点
船底外板の内側に水密の内底板を設けて船底を二重にすれば，次のような利点がある。
1) 万一船底が破損しても，内底板で海水の侵入を食い止め，船および貨物を安全に保つ。
2) 船底の強度（縦強度・横強度・局部強度）を増す。
3) 二重底の内部を仕切って燃料油タンクや清水タンクとして使用すれば，単底のときには使わなかった空間が有効に活用されるばかりでなく，燃料油や清水を船底に積むことによって，船の重心を下げることができる。
4) 空船航海の際には，バラストタンクに海水を入れることにより，喫水やトリムを調整し，船の重心を下げて復原性を増すことができる。

(2) 二重底を設ける範囲
二重底には多くの利点があるので，これを採用する船は多いが，法規の面では次のような規定がある。

(a) 縦方向
1) 一般の船　船の長さLが$100\,\mathrm{m}$以上の船には，船首隔壁から船尾隔壁まで縦通する二重底を設けなければならない。（鋼船構造規程；日本海事協会鋼船規則）
2) 国際航海に従事する旅客船　Lが$50\,\mathrm{m}$以上の船には，下記の段階によって二重底を設けなければならない。（船舶区画規程）

　　　　　$50\,\mathrm{m} \leqq L < 61\,\mathrm{m}$　　機関室前端隔壁より船首隔壁までの部分
　　　　　$61\,\mathrm{m} \leqq L < 76\,\mathrm{m}$　　機関室を除き船首隔壁より船尾隔壁までの部分

76m ≦ L　　　船首隔壁より船尾隔壁までの部分

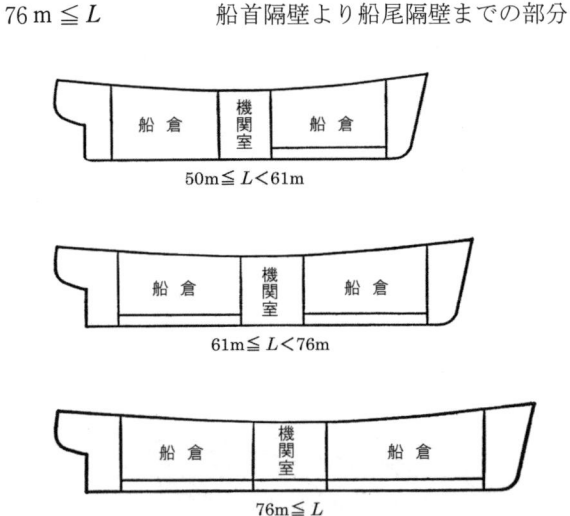

50m ≦ L < 61m

61m ≦ L < 76m

76m ≦ L

図 7-19　国際航海に従事する旅客船の二重底

(b) 横方向

　二重底は，横方向にも，できるだけ広く船底を覆うべきである。このため二重底縁板とビルジ外板との交線が，どの部分においても，船の長さの中央において船底基線上の船体中心線から船の幅の ½ の距離にある点を通って基線と25°の傾斜で引いた横斜線とフレームラインとの交点Pを通る水平面の上方にあるようにしなければならない。（船舶区画規程）

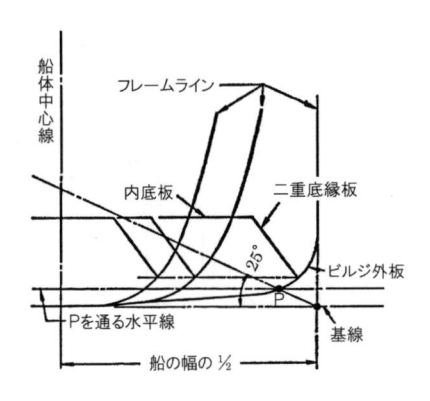

図 7-20　二重底の幅

(3) 構造様式

二重底の構造様式には，マッキンタイヤ式二重底 MacIntyre system double bottom と区画式二重底 cellular double bottom とがあり，後者にはまた，横式構造 transverse system と縦式構造 longitudinal system の区別がある。

(a) マッキンタイヤ式二重底

単底から二重底に移り変っていく初期の様式で，今日ではあまり用いられないが単底構造の船において船底の一部をタンクとして利用する目的などで用いられる。

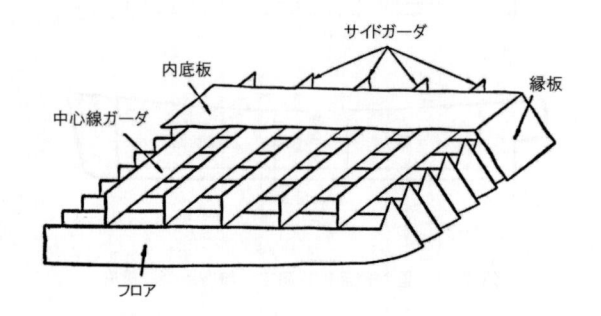

図 7-21 マッキンタイヤ式二重底

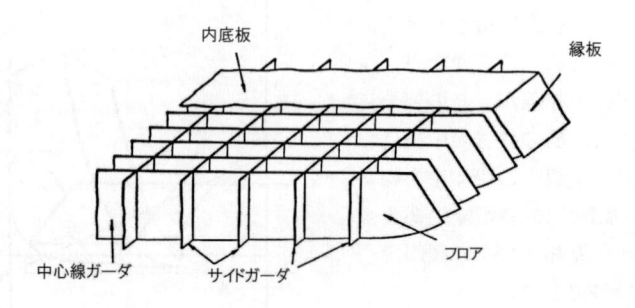

図 7-22 区画式二重底

構造は単底構造とよく似ており，キールソンの形を変えたガーダを縦方向に並べ，上面に内底板を，側面に縁板を張る。

(b) 区画式二重底横式構造

マッキンタイヤ式二重底のガーダおよびフロアの深さを二重底の高さいっぱいに延ばしたのが区画式二重底である。

横式構造においては，主として部材を横方向に配置するもので，実体フロアを設けない各フレーム位置には必ず組立フロアを設けて倉内フレームと結び付けて横強度を確保する。

中小型船に多く用いられる。

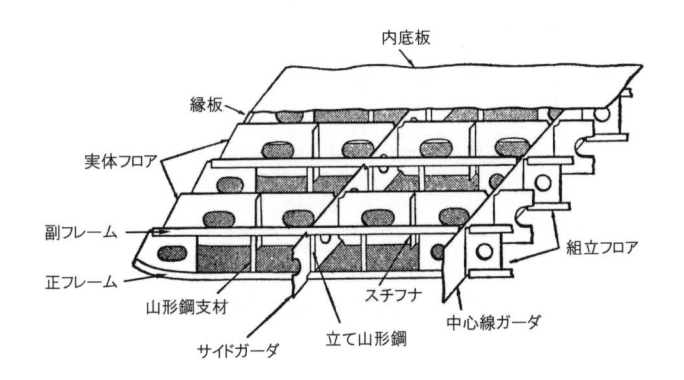

図 7-23 区画式二重底横式構造

(c) 区画式二重底縦式構造

横式構造に比べて実体フロアを設ける間隔を広げてその数を減らし，組立フロアは中心線ガーダと縁板に取り付けられるブラケットのみを残して正フレーム，副フレームおよび山形鋼支材は設けない。その代りに，縦方向に1m以下の間隔で，縦フレームを船底外板および内底板に取り付ける。

これらの縦フレームは二重底内を縦通して縦強度を増す。溶接構造の大型貨物船に多く用いられる。

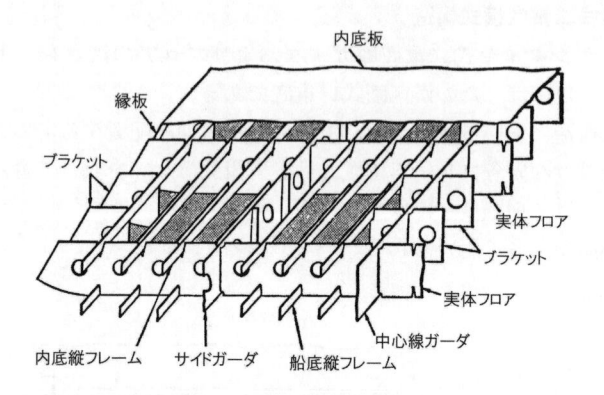

図 7-24 区画式二重底縦式構造

(4) 区画式二重底の構造
 (a) **中心線ガーダ**（中心線桁板） center girder
　船体中心線上にあって，二重底内を縦通する縦強度材である。平板キールおよび中心線内底板を結びつけて強力なI形ガーダを形作るので立てキール vertical keel の別名がある。

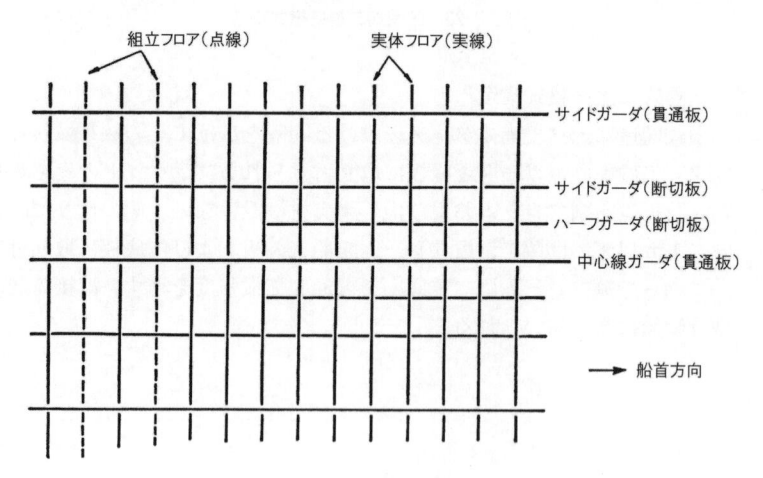

図 7-25 貫通板と断切板
（二重底内の骨組みを上から見たところ）

中心線ガーダは重要な縦強度材であるから，L が100 m 以上の船では中央部 $0.75L$ の間にはマンホールを設けず，また燃料油，清水または水バラストを積む個所は，自由水影響を考慮して水密構造とする。

(b) **サイドガーダ**（側桁板） side girder

中心線ガーダと縁板との中間に設ける縦通材で，間隔は4.6 m 以下とする。

中心線ガーダは，実体フロアの位置でも切らずに貫通板 continuous plate とするが，サイドガーダは実体フロアの位置で切って断切板 intercostal plate とすることもある。断切板は縦強度を受け持つことはできない。

船首船底補強部と，主機およびスラスト受台の下部は，強度を増すためにサイドガーダを増設し，さらに必要があれば，その中間にハーフガーダを設ける。

ハーフガーダ（半桁板）half girder は，深さはサイドガーダの半分とし，船底補強のときは下半分に，主機およびスラスト受台の下部補強のときは上半分に設ける。ハーフガーダは断切板とし，遊縁はフランジする。

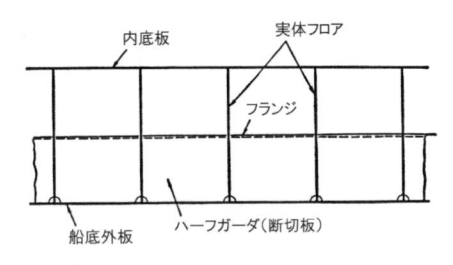

図 7-26 ハーフガーダ

(c) **実体フロア**（実体肋板） solid floor

実体フロアは，二重底内に横方向に配置されて船体の横強度を受け持つとともに，船底を強固にする。

実体フロアを形作る鋼板はフロア板といい，中心線ガーダおよび一部のサイドガーダで断切される。フロア板にはタンクの仕切壁として水密構造とする場合を除き，強度に支障のない範囲でマンホール・軽目孔・空気孔・リンバホール（通水孔）を設けて二重底内の交通および通気，通水の便を図る。

フロア板の左右の固定端間の距離が長い場合は，防撓のため中間にスチフナを取り付ける。

特に大きな力のかかる次の個所には必ず実体フロアを設けなければならない。

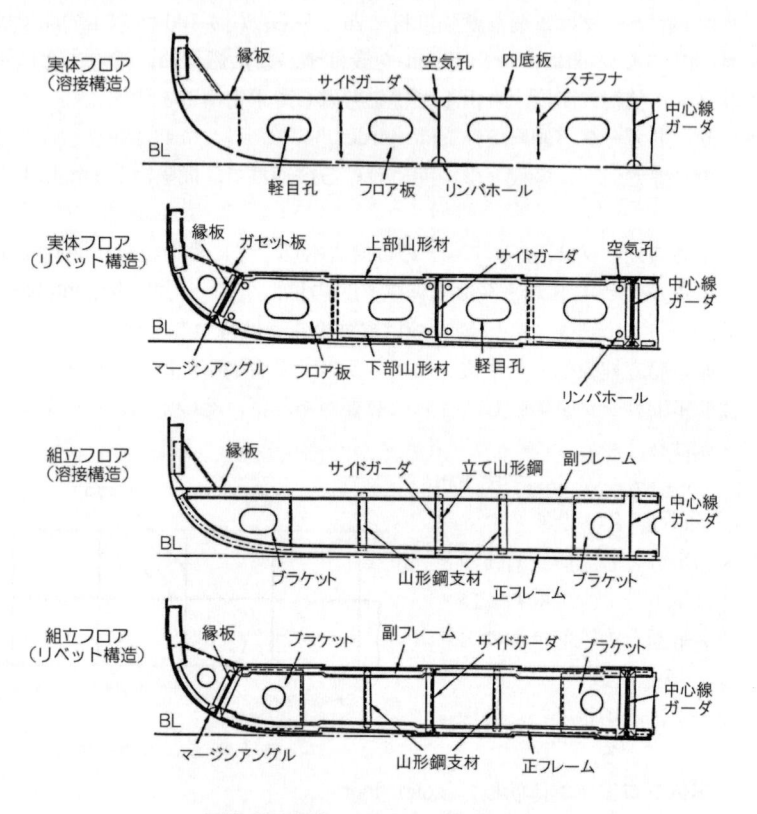

図 7-27 実体フロアおよび組立フロア

実体フロアを設ける個所

1) 主機室の下部　横式構造の場合は各フレーム位置，縦式構造の場合は主機台の下部は各フレーム位置に，その他の個所はフレーム1本おきに設ける。
2) スラスト受台およびボイラ台の下部
3) 横隔壁の下部
4) 船首隔壁から船首船底補強部の後端までの個所　横式構造の場合は各フレーム位置，縦式構造の場合は少なくともフレーム1本おきに設ける。

なお，その他の個所でも，フレームスペースに関係なく，3.65 m を超えない距離に実体フロアを設けなければならない。

水密を必要としない実体フロアには，二重底内の交通および通気通水のため，マンホール，軽目孔，空気孔およびリンバホール（通水孔）を設ける。

(d) **組立フロア**（組立肋板） bracket floor

横式構造において，実体フロアを設けないフレーム位置には組立フロアを設ける。

組立フロアは，下部に正フレーム（正肋材）main frame，上部に副フレーム（副肋材）reverse frame を置いてフロア板を省略し，これらの両端を中心線ガーダおよび縁板にブラケット（ブラケットの幅は船の幅の5％以上とする）を用いて固着した，実体フロアに比べてやや軽い構造のフロアである。

サイドガーダと交わる個所には立て山形鋼（竪形鋼）vertical angle を，ブラケットとサイドガーダの中間には山形鋼支材（形鋼支柱）angle strut を設ける。

(e) **縦フレーム**（縦肋骨） longitudinal frame

縦式構造において，組立フロアの代りに設ける縦通材である。内底板の下面に取り付ける内底縦フレームと，船底外板の上面に取り付ける船底縦フレームとから構成される。

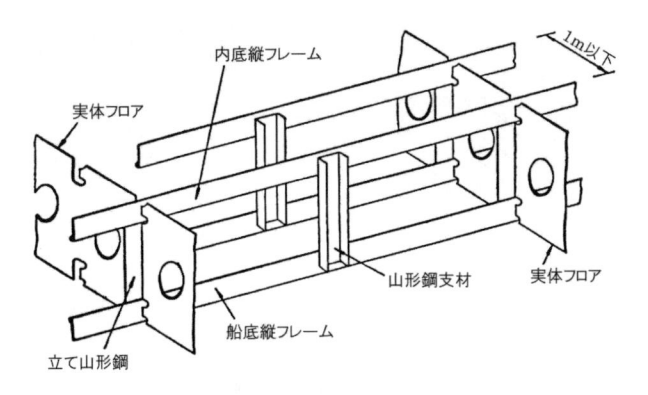

図 7-28 縦フレーム

縦フレームは，船首尾方向に縦通して船体の縦強度を受け持つとともに，内底板および船底外板を補強するスチフナとなるものであって，その間隔は1m以下とすることが望ましい。

縦フレームは縦強度材であるから，実体フロアの位置ではフロア板を貫通するか，あるいは縦フレームを切断して端部をフロア板にブラケットを用いて強固に固着する。

内底縦フレームと船底縦フレームとを上下に結合するために，実体フロアの位置には立て山形鋼を設け，さらに実体フロア間の距離が2.5mを超える場合は，その中間に山形鋼支材を設ける。

(f) **内底板** inner bottom plating

二重底区画の頂部を形作る鋼板で（そのためタンクトップとも呼ばれる），水密または油密構造とする。船底外板が破損し二重底内に海水が侵入したときは，外板に代って水圧を受けるから，内底板はそれに耐える充分な強度と水密性を必要とする。また，二重底全面に配置されているので，縦強度と横強度を受け持つ部材となる。

なお主機室内および内張板を張らない倉口直下の内底板は，他の個所よりも特に厚くする。

(g) **縁　板** margin plate

ビルジ部にあって，内底板の左右端を外板に結びつける鋼板で，二重底の側部を縦通して縦強度を受け持つ。

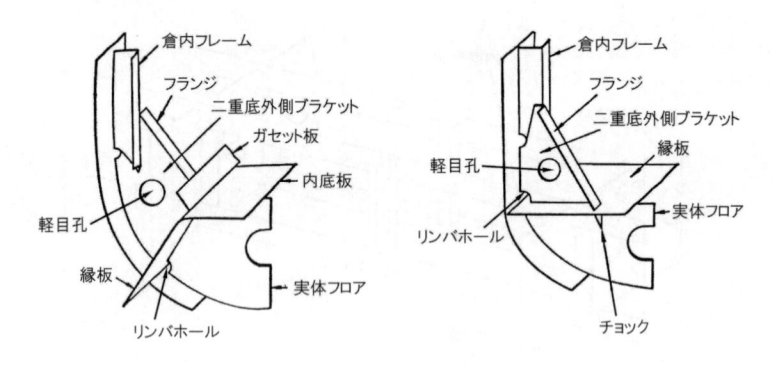

図 7-29　縁板および二重底外側ブラケット

第7章 鋼船構造

　一般に，内底板の左右端で折曲げて，ビルジ外板に直角になるように斜めに配置するが，船首から$0.2L$間では，なるべく内底板と同じ平面に水平に船側まで延ばして船底を広く覆うほうがよい。
　溶接構造の場合は，船首部のみでなく，中央部でも縁板を水平に配置する船が多くなってきた。
(h) 二重底外側ブラケット（外側肘板）　tank side bracket
　倉内フレームを縁板に固着して，船側部を二重底に結合する大型ブラケットである。
　ブラケットの上端の遊縁には，フランジをつけて座屈に対抗し，ガセット板（控板）gusset plate を設けて縁板との固着を確実にする。
　ブラケットの中央には軽目孔をあけ，下部にはリンバホールを設ける。

（5）　船首船底部の補強

　船首の船底扁平部は，航海中に波浪の衝撃（スラミング）を受けて損傷を生じやすいので，特別に補強を施している。補強すべき範囲は，およそ表7-1に示すとおりである。Lは船の垂線間長さ（m），Vは速力（ノット，kt）とする。

表 7-1　船首船底補強範囲

$V/\sqrt{L}$　(kt, m)	補強範囲（船首垂線から）
1.4以下	$0.075L \sim 0.20L$
1.4を超え　1.5以下	$0.10L \sim 0.225L$
1.5を超え　1.6以下	$0.125L \sim 0.25L$
1.6を超えるもの	$0.15L \sim 0.275L$

　縦式構造の場合，船首隔壁と船首船底補強部の後方$0.05L$の個所との間には，約2.3m以下の間隔でサイドガーダを増設する。また，船首隔壁と船首船底補強部の後端との間には，実体フロアを倉内フレーム1本おきに設ける。
　横式構造の場合，船首隔壁と船首船底補強部の後方$0.025L$の個所との間には，約2.3m以下の間隔でサイドガーダを設けたうえ，さらにその中間にハーフガーダまたは船底縦フレームを増設する。また，実体フロアは，各フレームの位置に設ける。
　なお，これらの補強範囲の船底外板は，スラミングに備えて増厚しなくて

はならない。

(6) 二重底タンクに対する注意事項
1) 中心線ガーダには，自由水影響を考慮して，原則として孔をあけない。
2) 水密を必要としない内部部材には，交通および通水を考慮して，できるだけマンホール，軽目孔，空気孔およびリンバホールをあける。
3) 内底板に設けるマンホールの数は必要限度にとどめ，鋼製マンホールカバーを備える。主水密区画が，マンホールを介して隣接する主水密区画と通じることのないよう，その配置には注意を要する。
4) 燃料油，潤滑油および清水を積むタンク相互間には，コファダム cofferdam を設ける。コファダムは普通2フレームスペースにわたる空所で，油密構造とし，油が漏れて潤滑油や清水が混合するのを防ぐ。
5) 二重底タンクの水圧試験は，管その他の付属品の取り付けなど，水密に関係するすべての工事が終了したのち，塗装する前に所定の水頭水圧にて実施する。
6) 測深管の下方の底部には厚板を当てて，測深棒によって船底外板が傷つくのを防止する。
7) 内底板上面のビルジ水を排除するため，二重底頂部に二重底の深さの½以内の深さのビルジウエル bilge well を設ける。

7-9 外　板

(1) 目　的
1) 船体の外側を水密に包んで，船に浮力を与える。
2) 船体の縦強度の大部分を受け持つ重要な縦強度材として働く。
3) 船体の横強度および局部強度にも貢献する。

(2) 外板 shell plating の種類
 (a) 舷側厚板　sheer strake
　　強力甲板の舷側に付ける外板をいう。長さが $0.15L$ 以下の船楼のある個所を除き，船側の最上層に配置される外板である。
 (b) 船側外板　side plating
　　舷側厚板を除き，ビルジ上端から乾舷甲板までの船側に付ける外板をいう。

(c) **船底外板** bottom plating

　キールを除き，ビルジ上端までの船底に付ける外板をいう。ただし，方形キールに取り付けるガーボードを除く。

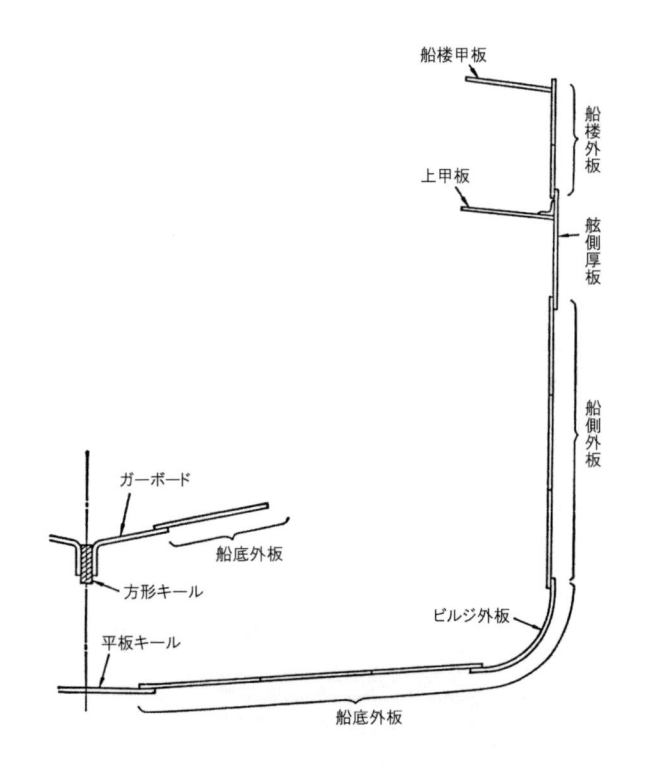

図 7-30　外板の名称

(d) **ビルジ外板**（彎曲部外板） bilge strake

　船底のビルジ部の外板をいう。ビルジ外板は，船底外板の一部であるが，形状が特異なので，このように区別して呼ぶことがある。

(e) **ガーボード**（竜骨翼板） garboard strake

　方形キールに取り付ける外板を，特に名付けてガーボードという。平板キールに取り付ける外板は船底外板であるが，ガーボードは船底外板ではない。

(f) **船楼外板**

舷側厚板を除き，乾舷甲板から船楼甲板までの船側に付ける外板をいい，船楼により，船首楼外板 forecastle side plate，船橋楼外板 bridge side plate，船尾楼外板 poop side plate などと呼ばれる。

(3) **平板キール**（平板竜骨） flat plate keel

船体中心線上の最下部を縦通する1列の鋼板を平板キールという。外板とともに重要な縦強度材であって，隣接する船底外板よりやや厚い鋼板を用いる。小型船には平板キールの代りに方形キール bar keel を用いるものもある（図7-30参照）。

(4) **ビルジキール**（彎曲部竜骨） bilge keel

船の横揺れを軽減するために，ビルジ外板の外側にビルジキールを取り付ける。ビルジキールは，船体中央をはさんで船の長さの¼〜⅓くらいの範囲に縦方向に設け，幅は200〜400 mm 程度とする。

ビルジキールは，船底に突き出ているため損傷を受けやすく，そのためビルジ外板を傷つけたり，海水が船内に侵入したりすることのないような構造とする。図7-31はその一例で，ビルジキールがこじられると，弱いリベット継手が先に切れて外板を傷つけない。

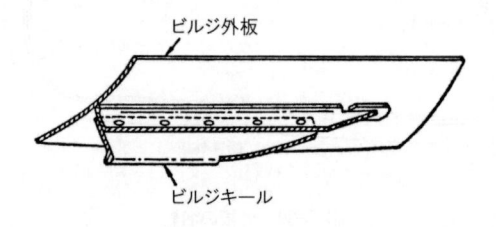

図 7-31 ビルジキール

(5) **外板の張り方**

外板を構成する鋼板は，すべて縦方向に横長に並べて隣接する鋼板と結合する。船の縦方向に平行な継手を縦縁（シーム）seam といい，横方向の継手を横縁（バット）butt という。

現在の溶接構造の船では縦縁を船体の前後方向に，横縁を船体の上下方向に配置し，かつ鋼板の前後上下を揃えて接合する。

(a) 縦　　縁

隣接する外板との縦縁の重ね方には，次の3種がある。

1) 内外張（うちそとばり）　in and out system　隣り合わせの板を交互に内と外に張る方式で，フレームとの取り合わせから図7-32(a)の内外張（外板段付）と，図7-32(b)の内外張（フレーム段付）のいずれかが用いられる。

　外板の厚さが厚い場合は，段付けが困難なのでフレームを段付けし，薄い場合は外板を段付けする。外板段付けは，外板（そといた）のみ行なえばよく，内板（うちいた）は加工を必要としないので最も簡単で，船内各部の構造に広く用いられている。

(a) 内外張
（外板段付）

(b) 内外張
（フレーム段付）

(c) よろい張
（山形材段付）

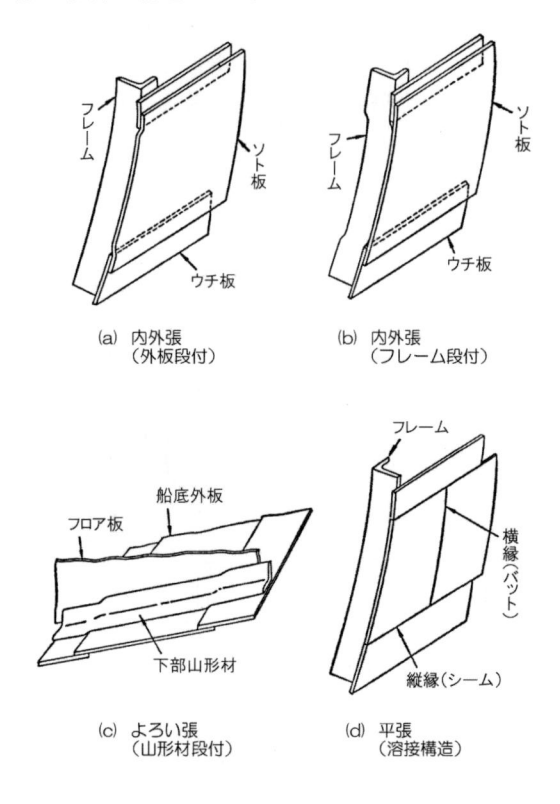

(d) 平張
（溶接構造）

図 7-32　外板の張り方

2) よろい張　clinker system　屋根のかわらのように，隣り合わせの板をつぎつぎと重ねて張る方式である。よろい張のうち外板段付けは，すべての板の加工を必要とするから不経済であるが，図 7-32(c)のように，山形材段付けにして船底外板に用いれば，工事は複雑となるが，タンク底の水はけが良好である。暴露甲板にも同じ理由で用いられる。

3)　平張　flush system　鋼板の端部と端部が付き合わされて接合される方式で，溶接構造においては，図 7-32(d)のように縦縁も横縁もすべて平張とするから，工事は最も簡単で，しかも重量も最も軽くできる。

(b) 横　縁

溶接構造の場合は，溶接継手は母材と同じ程度の強度を持っているから重ね継手や横縁避距の必要はなく，横縁は一直線にそろえたほうがビードの欠陥が生じにくく強度上充分な継手が得られる。

リベット構造において隣接する外板との横縁の重ね方は，フレームとフレームの中間で重ね継手とし，水の抵抗を考慮して，板の後端が外側になるように取り付ける。

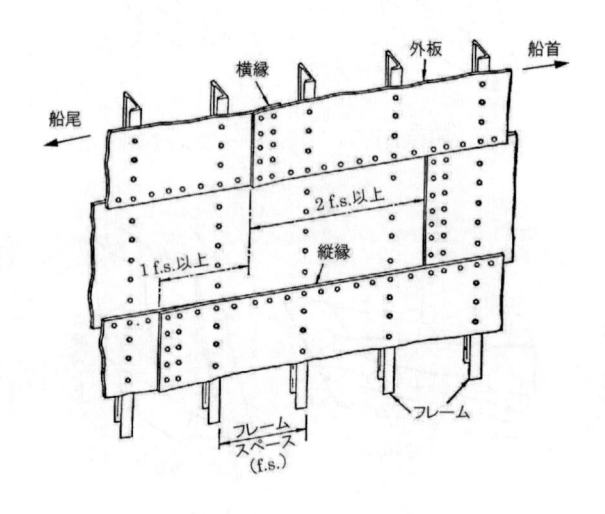

図 7-33　横縁避距

外板はきわめて重要な縦強度材であるから，横縁は充分強く結合しなけ

ればならないが，リベット継手は継目のない個所に比べて強度がかなり劣るから，継手が1個所に集中しないように，次のような横縁避距 shift of butts を行なわなければならない．
1) 上下に隣接する外板の横縁避距はフレームスペースの2倍以上
2) 一条を隔てた外板の横縁避距はフレームスペース以上

隣接する他の縦強度材，たとえば，キール・強力甲板・二重底縁板などの横縁とも適当に避距する必要がある．

また，このような横縁避距は他の縦強度材のうち，強力甲板・有効甲板・内底板の中の横縁相互についても行なわなければならない．

(6) 外板の厚さ

外板の厚さは，縦強度ばかりでなく，水圧や波の衝撃などに対する局部強度，腐食に対する予備厚さなどを考慮して，船の長さ，深さ，満載喫水，フレームスペースなどを基準に定める．

その結果，船の長さの方向には，中央部が厚く船首尾に行くにつれて薄くなる．同一横断面内では，中立軸から遠い舷側厚板が最も厚く，船底外板がこれに次ぎ，中立軸に近い船側外板，縦強度を受け持たない船楼外板や船首尾部外板が最も薄い．ただし，パンチングおよびスラミングに対する補強を行なう範囲の船首船底部および船首尾部の外板は特別に厚さを増している．

(7) 外板の補強

外板は，重要な船体構成部材であるから，局部的に強度が弱まるおそれのある個所には補強を施さなければならない．

(a) 開 口 部

外板には，孔をあけないのが原則であるが，載貨門・係船孔・主機冷却用海水孔などを設けるときは，開口の影響をできるだけ少なくするため，次のような配慮が必要である．
1) 孔の形状　円形または楕円形が好ましい．長方形のときは必ず四隅に充分な丸みをつける．
2) 二重張　孔の周囲にその個所の外板と同じ厚さの二重張板 doubling plate を重ねるか，あるいは，はじめから外板の厚さを2倍とする．

(b) 船楼端部

船楼端部のように，船殻構造の不連続個所には大きな応力が集中するか

ら，この部分の外板は厚さを増し，船楼外板を船楼外へ延長しながら，一段低い舷側厚板へゆるやかな傾斜をつけて連続させる。

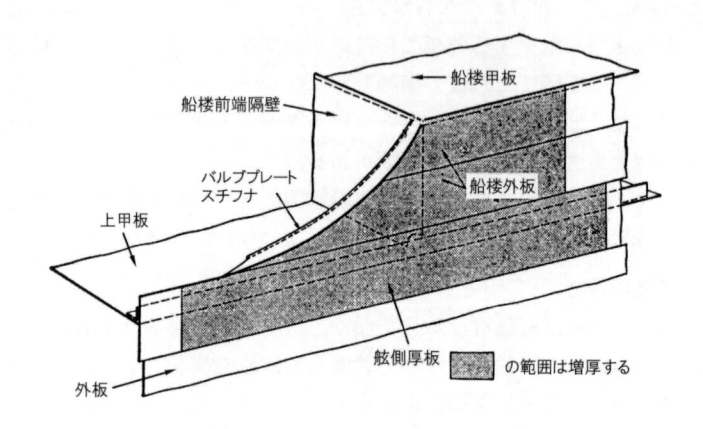

図 7-34 船楼端部の補強

(c) 船首船底部

　船首船底部の外板の厚さは，スラミングに対抗するため特に厚くする。船の速力が大きい船，船首船底部が偏平な船，船尾に機関室と船橋のある船は特にスラミングが大きい。

　スラミング対策としては，単に外板の厚さを増すばかりでなくフレームスペースを短くし，各フレームごとに実体フロアを設け，サイドガーダやハーフガーダを増設するなど，船底構造全体の増強を図ることが大切である。

(d) ホースパイプ付近

　船首端であるから，船の縦横強度にはあまり影響はないが，つねに錨および錨鎖による損傷を受けやすい個所であるから，その付近の外板の厚さを増すか，あるいは二重張を施すなどの対策が必要である。

7-10 フレーム

(1) 目　的

フレーム（肋骨）frame は，横式構造船においては
1) 甲板ビームおよびフロアと結合して枠組みを作り，船の横強度を受け持つ。
2) 甲板およびその上方の重量を支える。
3) 外板のスチフナとして，水圧などの外力に対抗して外板を補強する。

　縦式構造船においては，フレームは特設フレーム以外は船首尾方向に配置されるので，縦フレームと呼ばれる。縦フレームは船側および船底を縦通して船の縦強度を受け持つ。

　横式構造のフレームと同じく，水圧などの外力に対抗して外板を補強する。

(2) フレームスペース

　フレームとフレームの間隔をフレームスペース（肋骨心距）frame space という。

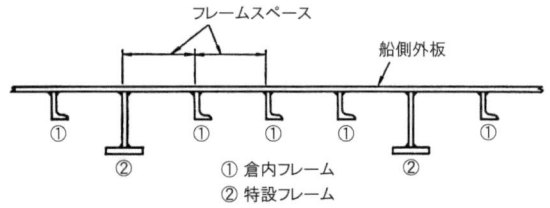

① 倉内フレーム
② 特設フレーム

図 7-35　フレーム

(a) **標準スペース**

　フレームスペースの標準値を標準スペースといい，船の長さによって決まっている。

　構造規則が定める船体各部の寸法は，すべて標準スペースを基礎にしているから，建造上の理由によりスペースを広げる場合には，フレームや甲板ビームばかりでなく，単底部材・二重底部材・外板・甲板などの寸法も増加する必要がある。

(b) **船首尾部のスペース**

　船首尾倉内のフレームスペースは，水の衝撃などを考慮して，船の長さ

の大きな船では，中央部のスペースより小さくする。
(c) **フレーム番号**
横式構造のフレームの位置にはフレーム番号を付ける。船尾垂線（AP）の位置のフレームを0番として前方に向かって順番に付けるのが普通である。

(3) **フレームの構造**
フレームには，単材フレームと組立フレームとがある。
(a) **単材フレーム** single frame
形鋼の単材を用い，リベット構造には溝形鋼・球山形鋼・Z形鋼・不等辺山形鋼が，溶接構造には逆付け山形鋼・球板・平鋼が多く用いられる。
(b) **組立フレーム** built-up frame
2材以上の鋼板あるいは形鋼を組み合わせた，比較的大型で強力なフレームをいう。

(4) **フレームの種類**
(a) **倉内フレーム**（倉内肋骨） hold frame
船首隔壁から船尾隔壁までの間の最下層甲板から下方の船側に設けられる代表的なフレームで，単材フレームが用いられる。
倉内フレームのうち，船首隔壁からその後方で，船首から$0.15L$の個所までの間にあるものをパンチングフレーム（防撓肋骨），それより後方，船首から$0.25L$の個所までの間にあるものを船首部フレーム（船首部肋骨）といい，特に強いものを用いる。
(b) **特設フレーム**（特設肋骨） web frame
倉内フレームのみでは横強度が充分でないと考えられる個所，例えば機関室，重量物を搭載する船倉，長大なハッチを持つ船倉などには，特に強大な特設フレームをフレーム数本おきに配置して補強する。特設フレームには，組立フレームが用いられる。

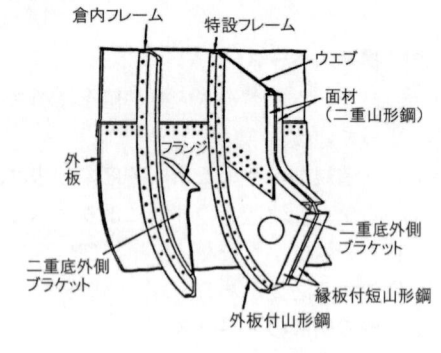

図 7-36 特設フレーム

特設フレームは，同じフレーム位置に設けられる特設ビームと結合して強力な枠組みを形成し，船の横強度を増強する。
(c) その他のフレーム

船首尾部のフレーム peak frame 船首尾倉内に設けられるフレームで，水の衝撃に対抗する船首尾パンチング構造の一部として，特に強力なものを狭いフレームスペースで配置する。

カントフレーム（船尾斜肋骨） cant frame 船尾最後端の丸みに沿って放射状に設けられるフレームで，フレームスペースは，船首尾部のフレームと同一とする。

甲板間フレーム（甲板間肋骨） 'tween deck frame 倉内フレームの延長上部の甲板間に設けられる。倉内フレームと一体となって船底から上甲板までの船側の強度を受け持つのであるから，両者間の強度の連続性に留意する必要がある。

船楼フレーム（船楼肋骨） 船楼外板の内側に各フレームごとに設けられる。船橋楼など中央部の船楼の端部には，船体強度の不連続に基づく応力の集中を生じるから，この前後端の4フレームスペースの部分には特に強いフレームを用いる。

＜上甲板部＞
7-11 甲　　板

(1) 目　　的
1) 上甲板など，船首から船尾まで全通する甲板は，船の縦強度を受け持つ。
2) 最上層の甲板は，船体の上面を水密に保って海水や雨水の侵入を防ぎ，日光をさえぎる「屋根」の役目を持つ。
3) 最上層より下層の甲板は，居住区を作り，貨物や機械の積み込み場所の「床」となる。

(2) 名　　称
(a) 上　甲　板　upper deck
船体の最上層の全通甲板を上甲板という。ただし，全通船楼船においては，最上層の全通甲板のすぐ下の全通甲板が上甲板となる。上甲板は，最

も重要な甲板である。
(b) **第二甲板，第三甲板** second deck, third deck
上甲板より下方へ順々に，第二甲板，第三甲板という。
(c) **船楼甲板** superstructure deck
船楼の天井となる甲板の総称で，船首楼甲板 fore castle deck，船橋楼甲板 bridge deck，船尾楼甲板 poop deck などがある。
(d) **低船首楼甲板，低船尾楼甲板** sunken forecastle deck, raised quater deck
船首部あるいは船尾部の上甲板を約1mくらい段を付けて高くした甲板をいう。これらの甲板は，強度上は上甲板の一部として取り扱われる。
低船尾楼甲板で，その下方に甲板のないものを隆起甲板 raised deck ということがある。
(e) **強力甲板** strength deck
船の長さのある個所において，その個所で外板が達する最上層の甲板をいう。船体縦強度の主力となる甲板である。
上甲板が最上層甲板である個所では上甲板が，船楼甲板が最上層甲板である個所では船楼甲板が強力甲板となる。ただし，低船首楼および低船尾楼を除き長さが$0.15L$以下*の船楼の個所では，船楼甲板の直下の甲板が強力甲板となる（図7-37）。
(f) **有効甲板**
強力甲板の下方にある甲板で，船体縦強度の構成部材となる甲板をいう。上から順々に，有効第二甲板，有効第三甲板という。
(g) **台甲板** platform deck
有効甲板とみなさない下層甲板をいう。
(h) **乾舷甲板** freeboard deck
最上層の全通甲板で，乾舷を測る基準となる甲板をいう。普通，上甲板がこれに当たる。
(i) **隔壁甲板** bulkhead deck
船首隔壁と船尾隔壁を除き，水密横隔壁が達する最上層の甲板をいう。
(j) **暴露甲板**（露天甲板） weather deck
直接風雨にさらされる甲板をいう。

---

*　鋼船構造規程においては$0.15L$未満

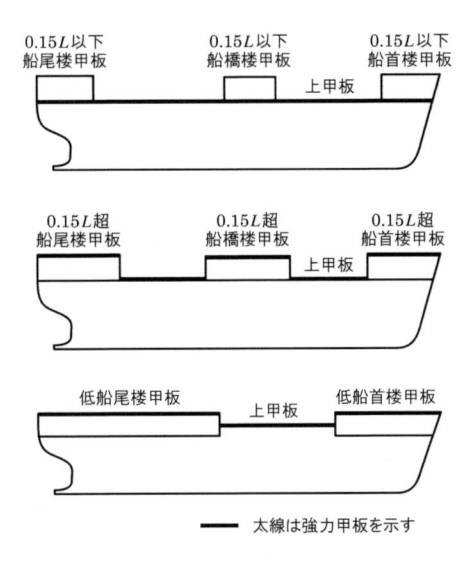

図 7-37　強力甲板の位置

(3) 鋼 甲 板　steel deck

　鋼板が張られた甲板を鋼甲板という。貨物船のように甲板にハッチ（倉口）のある船ではハッチとハッチの間の鋼甲板は前後で分断されていて縦強度を受け持つことはできないから，縦強度はハッチの外側部分の船首から船尾まで全通する部分で受け持つことになる。したがってこの部分の鋼甲板は板厚を増し，鋼板と鋼板の継ぎ目も強固にする必要がある。

(a)　**鋼甲板を必要とする範囲**
　　1)　強力甲板
　　2)　船楼甲板
　　3)　機関室頂部ならびにタンクまたは隔壁階段部となる部分の甲板

(b)　**鋼甲板の張り方**
　　リベット構造の場合，暴露甲板は水はけを考慮してよろい張りとし，甲板ビームを段付けする。暴露しない甲板あるいは上に木甲板を張る鋼甲板は内外張とし，鋼甲板を段付けする。
　　甲板が強力甲板あるいは有効甲板の場合は横縁避距を行なう。
　　溶接構造の場合は，すべて突合せ溶接とし，横縁避距は行なわない。

(c) **デッキストリンガ**（梁上側板） stringer plate

　鋼甲板のうち，舷側に最も近い1列の鋼板をいう。鋼甲板を全面に張りつめる場合はもちろん，一部分に張る場合も，あるいは木甲板の場合も，すべてデッキストリンガだけは全長にわたって取り付ける。

　デッキストリンガは，他の鋼甲板よりも厚い鋼板を用い，これも他の外板より厚い舷側厚板と，それを結合する大型のストリンガ山形材とともに船体上部の縦強度を強め，舷側部の剛性を増すのに役立っている。

(d) **ストリンガ山形材**（舷縁山形材） stringer angle

　強力甲板のデッキストリンガと舷側厚板とを強固に結合する大型の山形鋼で，全長にわたって配置されるので，縦強度材として強度計算に加えられる。

　リベット構造の船だけでなく，溶接構造の船でも，鋼板の一部にクラックを生じたときにその個所で食い止められるようクラックアレスタ（割れ止め crack arrester）としてストリンガ山形材を用いたリベット構造とすることがある。

(e) **丸形ガンネル** round gunwale

　リベット構造にすることが困難な場合には，ストリンガ山形材を用いる代りに，幅広のE級鋼板の丸形ガンネルを用いることにより，隣接する鋼甲板および船側外板との継ぎ目に溶接を採用することがある。

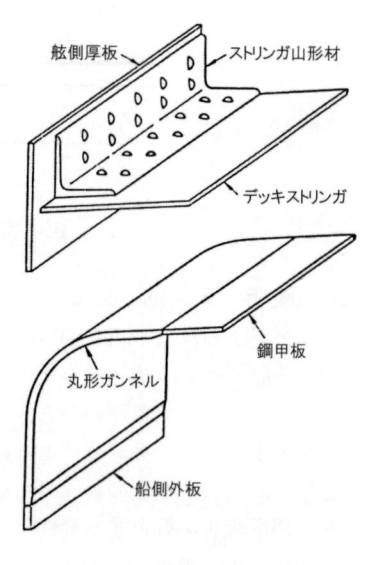

図 7-38　デッキストリンガ

(4) **木甲板** wood deck

(a) 木甲板を張る個所

　1) 強度上，鋼甲板を張りつめる必要のない甲板，たとえば小型船の甲板，大型船のボート甲板など短い上部甲板。

　2) 居住区の天井に当たる暴露甲板あるいは床甲板には，防熱，防音，

歩行の便などのため鋼甲板を張りつめた上に，さらに木甲板を張る。これを被覆甲板 sheathed deck という。
3) 高級貨物を積載する貨物倉の天井に当たる暴露甲板にも，鋼甲板の上にさらに木甲板を張って倉内の発汗防止を図ることがある。

(b) 材　料

木甲板に用いる木材には，堅材 hard wood と軟材（柔材）soft wood とがある。

　　堅材　　チーク，欅(けやき)など
　　軟材　　米松(べいまつ)，杉，桧(ひのき)など

木材は良質で，腐れ・割目・白太および有害な節のない充分乾燥した材料を用い，なるべく幅のせまい，厚さの厚いものがよい。

(c) 木甲板の張り方

鋼甲板を張らない甲板では，デッキストリンガのほかに，甲板ビームの上を縦方向に帯板 tie plate を渡し，その上に木甲板を張る。

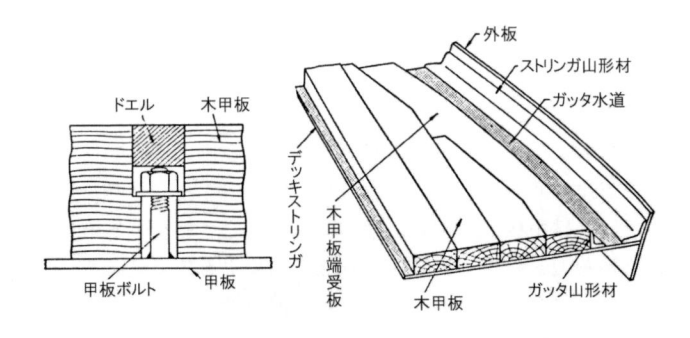

図 7-39　木 甲 板

1) 帯板　帯板は，約300 mm の幅の鋼板で，ハッチなど大きな甲板口の両側，ピラーの位置，甲板下ガーダの上部，甲板室囲壁の下部などの要所に設け，甲板ビームを互いに結び付けて補強する。
2) 配置　木甲板は，船の縦方向に平行に配置し，横縁は突合せとして適当に避距する。

木甲板の周縁にはガッタ山形材（または平鋼）に沿って木甲板端受

板 deck end plate（木甲板縁板 margin plank, boundary plank）を設けて，木甲板の端が直接鋼材に触れないようにする。

端受板には堅材を用い，普通の木甲板よりやや厚くする。

3) 固着　甲板への取り付けには甲板ボルトを用い，ナットで締め付けたのちドエル（木栓）を打ち込んで木甲板上面を平滑にする。

木甲板の横縁および縦縁にはホーコン（古いマニラロープをほぐし軟くしたもの）oakum を打ち込み，その上にパテまたは溶けたピッチを流して水密とする。

(5)　デッキコンポジション　deck composition

暴露甲板にはエポキシ系またはウレタン系デッキコンポジションが用いられ，居住区内の居室や通路には合成ゴム系デッキコンポジションの上にビニールタイルなどを張ることが多い。

木甲板は肌ざわりがよく，居住区には最も適しているが，反面火災の際には燃えやすく，水密の確保にも手がかかるので，最近では，デッキコンポジション，リノリウム，ビニールタイルなどを用いる船が多くなった。

(6)　ブルワーク（舷墻）　bulwark

(a)　配　　置

乾舷甲板および船楼甲板の暴露した部分の舷側には，通行安全のためブルワークまたはオープンレールを設けることになっている。

ブルワークは甲板上の舷側に沿ってブルワーク板を張るので，波浪が甲板へ打ち込むのを防ぎ，実質的に乾舷を高くする効果があるが，いったん打ち込んだ水は容易に船外に排出せず，復原性に悪い影響を与えるから，必ずブルワーク板の下部に放水口を設けなければならない。

一般の船舶では，上甲板にはブルワークを，船楼甲板以上にはオープンレールを設けるのが普通である。

オープンレールは手すりとそれを支える支柱および安全のためのガードロッドのみで構成される簡単な設備である。

(b)　構　　造

ブルワークの高さは1m以上，ブルワーク板の厚さは6mm以上とする。

ブルワークには1.8m を超えない間隔に堅固なブルワークステーを設け，さらにその位置のブルワーク板に山形材スチフナを取り付ける。

第7章 鋼船構造

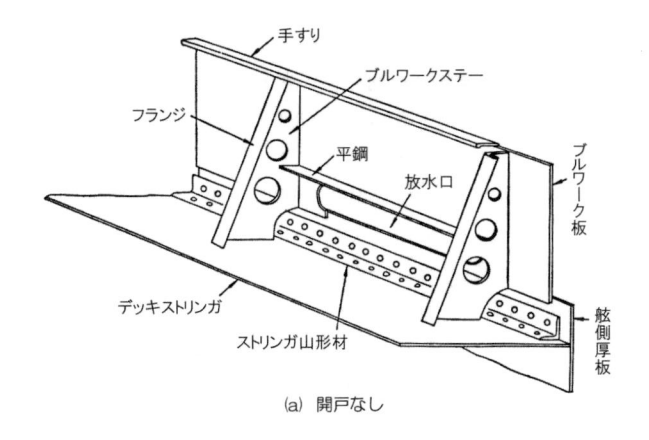

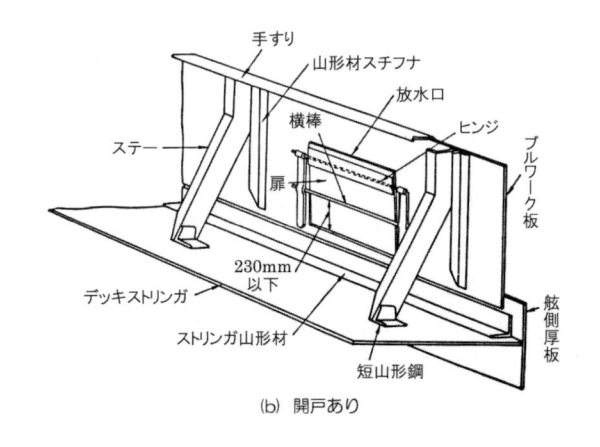

(a) 開戸なし

(b) 開戸あり

図 7-40 ブルワーク

　ブルワーク板の頂部には水平スチフナの役も兼ねて，球山形材などの手すりを設ける。この上にさらに木製手すりをかぶせるものもある。
　船楼端の船楼外板の延長部と上甲板のブルワークとの接合部は，その厚さの差が大きいときはブルワーク板の厚さを増して急激な変化を避ける。また，係留索を通すためのムアリングパイプの取り付け個所も，ブルワーク板を厚くするか，または二重張板を取り付ける。

(c) 放　水　口　freeing port

甲板に打ち込んだ海水を一刻も早く船外に排出するため，ブルワークのなるべく低い位置に数個の放水口を設ける。

全放水口の合計面積は，各舷のブルワークの長さによって決められ，その面積の 2/3 をブルワークの長さのうち舷弧の低い中央寄りの半分に集中して配置する。

放水口には開戸を設けない方がよいが，開戸を設けるときは，甲板上の水を船外へ排出するとき容易に開くよう，ヒンジの軸針は黄銅製としてさび付かないよう常に手入れをしておく必要がある。また，放水口を設ける代りにブルワーク板の下端に連続したスリットをあけておく方法もある。

7-12　ビーム

(1) 目　　的

梁（ビーム）beam は，甲板の下面に配置されて，船側外板におけるフレームと同じような働きをする。

すなわち，横式構造船においては

1) 船の横強度を受け持ち，両舷のフレームを結び付けて，横からの水圧や貨物の内圧を支える。
2) 甲板のスチフナとして，甲板上の荷重を支え，甲板を補強する。

また，縦式構造船においては，縦ビームとして船首尾方向に配置され

1) 船の縦強度を受け持つ。
2) 甲板ビームと同じく甲板上の荷重を支える。

(2) ビームの種類

ビームの構造は，フレームと全く同じで，甲板ビームと縦ビームには単材ビームが，特設ビームには組立ビームが用いられる。

甲板ビームは，原則として，各フレーム位置に設ける。

(a) 甲板ビーム（横置梁）　deck beam

横式構造船の各甲板に設けられる代表的なビームで，その両端は舷側においてビームブラケットにより倉内フレームに結び付けられる。

甲板ビームのうち，倉口や機関室口のような大きな甲板口の両側の短い

ビームを特にハーフビーム（半梁）half beam といい，甲板口のサイドコーミングには短山形材などで取り付けられる。

(b) **特設ビーム**（特設梁） strong beam
　とくに強力を必要とする個所，例えば機関室，重量物を搭載する船倉，長大なハッチを持つ船倉などに，特設フレームと組み合わせて設けられる。

(c) **ハッチ端ビーム**（倉口端梁） hatch end beam
　ハッチの前後端に沿って設けられる特設ビームで，開口部を補強し，ハッチコーミングを支える。

(d) **縦ビーム**（縦通梁） longitudinal beam
　縦式構造船の甲板に縦方向に1m以下の間隔で設けられるビームである。

(3) **ビームブラケット**（梁肘板） beam bracket
　甲板ビームと倉内フレームとは，ビームブラケットで結合して舷側部を固める。ビームブラケットは，ほぼ三角形の鋼板で，その深さおよび厚さはビームの寸法に応じて決められる。
　ビームブラケットの遊縁には座屈を防ぐためにフランジをつけるか，あるいは面材を取り付け，また重量を減らす目的で軽目孔をあけることがある。

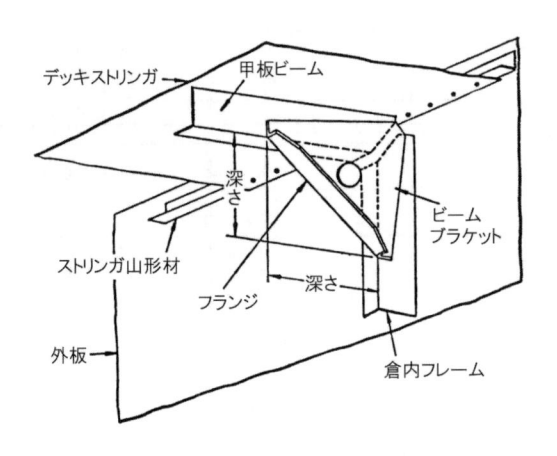

図 7-41　ビームブラケット

7-13 甲板およびビームの補強

(1) ピ ラ ー（梁柱） pillar
  (a) ピラーの配置

　　甲板ビームは，両端を倉内フレームで支えるばかりでなく，その中間を１～２個所，ピラーで支えるのが原則である。

　　ピラーは，甲板ビームのスパンを短くしてビームの深さを減らし，船倉の有効高さを増すとともに，船底部と甲板とを結び付けて船の横の形を保つ横強度材として働き，また船体の剛性を増して振動を防止する。

　　しかし，ビームごとにピラーを設けると，船倉の中に１列または２列のピラーが立ち並んで，貨物の積み付けにも不便であるから，普通はビームランナあるいは甲板下ガーダを縦通させてビームを支え，ピラーの数を減らす方式が用いられている。

　　また，ピラーは甲板の個所で切れるので，倉内ピラーと甲板間ピラーに分けられる。甲板間ピラーは，なるべく倉内ピラーの直上に設けるか，あるいは隔壁やガーダなど強固な構造の直上に設けるのがよい。

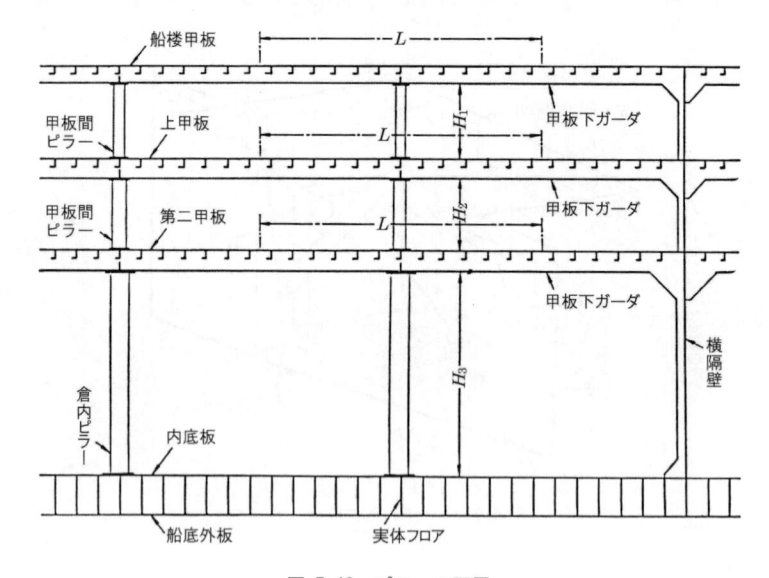

図 7-42　ピラーの配置

(b) ピラーの種類

ピラーには，丸鋼棒製のむくピラー（中実ピラー）solid pillar と，鋼管製の中空ピラー hollow pillar とがある。

ピラーの寸法は，ピラーの受け持つ甲板荷重とピラーの長さによって決まる。したがって，ピラーの径は，その間隔の大きいほど，甲板荷重の大きいほど，また甲板の下部のものほど大きい（図 7-42 参照）。

ピラーの間隔を極端に大きくすると，1本のピラーの受け持つ甲板荷重がきわめて大きくなるので，ピラーは強大なものとなる。これを特設ピラー widely spaced pillar といい，鋼板を溶接した円柱あるいは角柱が用いられる。

（2） ビームランナ（梁下縦材） beam runner

ビーム1本おき，あるいは2～3本おきにピラーを配置する場合には，ビームランナを甲板ビームの下面に取り付けて縦通させる。

この方式は，古い小型船に多く用いられたもので，ビームランナには山形鋼を結合させた二重山形材あるいは二重球山形材を用い，甲板ビームに短山形材をもって固着する。

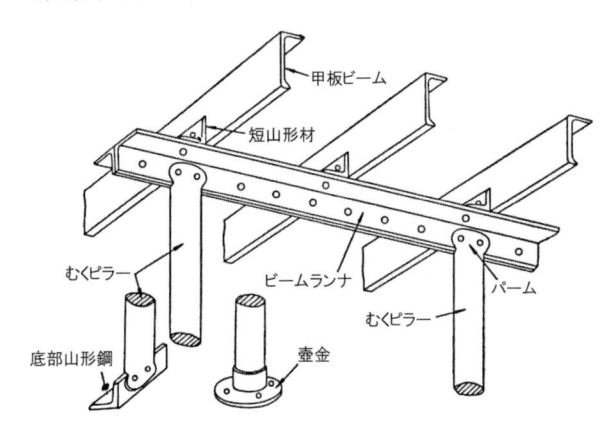

図 7-43 ビームランナ

（3） 甲板下ガーダ（甲板下縦桁） deck girder

ビームランナは，甲板と結び付いていないから強度に限界があり，ピラー

の間隔を大きくすることができない。

しかし，最近の船は，荷役作業に支障のないように，ピラーは，倉内に片舷で1～2本をハッチ周辺に設けるのが普通で，このようにピラーの間隔を極端に大きくする場合は，ビームランナの代りに強力な甲板下ガーダを用いる。

甲板下ガーダは，甲板に固着した切欠き縦通ガーダ（または断切板）と，甲板ビームの下を縦通する面材（またはガーダのフランジ部）とより成る。

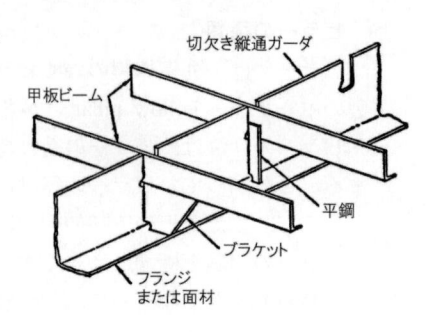

図 7-44 甲板下ガーダ

甲板ビームは，ガーダの切欠き部を貫通し，ガーダとはブラケットまたは山形材（あるいは平鋼）によって固着する。

7-14 ハッチその他の甲板口

（1） 甲 板 口　deck opening

重要な縦強度材である甲板に，ハッチ・機関室口その他の甲板口を設けることは，それだけ船の強度を弱め，また甲板の水密を破るおそれがあるので充分な対策を施さなければならない。

1) 縦強度が著しく弱まるのを防ぐため，甲板口の幅はできるだけ狭くする。
2) 甲板ビームがこの部分で切断されるため横強度が弱まるおそれがあるから，甲板口の前後のビームは特に増強する。
3) 甲板口の四隅に応力が集中するのを防ぐため，四隅には必ず丸みをつけ，また四隅の甲板の厚さを増すかあるいは二重張板を張る。
4) 甲板口の周囲には，適当な高さのコーミングを設けて甲板の補強と，波浪の侵入を防ぐのに役だたせる。また，コーミングの頂部には水密のハッチカバーをかぶせて水密を確保する。

（2） ハ ッ チ（倉口）　hatchway

貨物の出し入れのため，船倉の上部に設ける甲板口をハッチという。ハッチは甲板口のうちで最も大きく，その幅は船幅の $1/3$ あるいはそれ以上で，

長さは幅の2〜3倍くらいのものが多い。
(a) **ハッチコーミング**（倉口縁材） hatch coaming
　　1) 寸法　開口の周囲に設けるハッチコーミングの寸法は次のとおりである。
　　　　　厚さ　長さ L によって決まり，$L \geqq 100\,\mathrm{m}$ のとき11 mm以上
　　　　　甲板上の高さ（暴露甲板）
　　　　　　　位置Ⅰにあるハッチ　600 mm
　　　　　　　位置Ⅱにあるハッチ　450 mm
　　　　ただし位置Ⅰとは乾舷甲板および低船尾楼甲板の暴露部ならびに船首から $0.25L$ 間にある船楼甲板の暴露部，位置Ⅱとは船首から $0.25L$ より後方にある船楼甲板の暴露部である。上記以外の個所のハッチコーミングの高さはその位置に応じて逓減される。
　　　　ハッチコーミングの甲板上の高さは波浪の侵入のおそれの多い個所ほど高く，たとえば乾舷甲板と，船楼甲板の前部 $\frac{1}{4}L$ にある暴露するハッチにおいては最も高い。
　　2) 名称　ハッチコーミングのうち，船の前後方向に平行な部分をハッチ側コーミング hatch side coaming，横方向に平行な部分をハッチ端コーミング hatch end coaming という。
　　3) 構造　ハッチ側コーミングのうち，甲板より下の部分は，甲板下ガーダの一部として前後を甲板下ガーダにブラケットをもって強固に連結して船の縦強度を受け持つ。

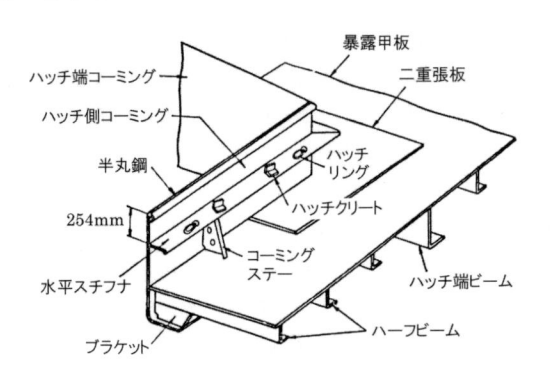

図 7-45　ハッチコーミング

ハッチ端コーミングは，ハッチ端ビームに固着され，暴露甲板では船体中心線で最も高い屋根形の傾斜を持つものが多い。
　ハッチコーミングの上縁には半丸鋼を取り付け，側コーミングの上縁から下方の適当な位置に幅が180 mm 以上の水平スチフナ horizontal stiffener を周囲に巡らし，これに約3 m の間隔でコーミングステー coaming stay を取り付けて支える。

(b) **ハッチビーム**（倉口梁） hatch beam
　ハッチを閉鎖するときは，まずハッチビームを所定の位置に取り付ける。ハッチビームは貨物の出し入れのたびに取り外すのでシフティングビーム shifting beam ともいう。
　ハッチビームの上にハッチボードを敷きつめたとき，上からの海水の打ち込みによる衝撃や貨物の重量を支えることができるだけの充分な強度を持ち，しかもできるだけ軽い構造とするため，I形断面のものが多く用いられる。

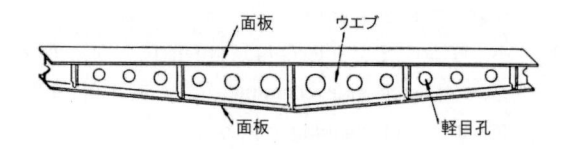

図 7-46　ハッチビーム
（下層甲板のものを示す。暴露甲板のものは上面が屋根形となる）

　なお，長さ100 m 以上の船の船首部 $0.15L$ 間にある暴露するハッチにおいては，海水打ち込みに対する強度を考慮して，ハッチビーム，ハッチボードおよび鋼製ハッチカバーの強さを規定の15％増とする。
　ハッチビームは，ハッチ側コーミングの内側に取り付けたハッチビーム受 hatch beam carrier に両端を落し込み，ボルトで締め付けて脱落を防ぐ。

(c) **ハッチボード**（木製倉口蓋板） hatch board
　ハッチビームの上には，ハッチボードを全面に敷きつめる。
　上からの海水の打ち込みによる衝撃や貨物の重量を支えるのであるから，充分な厚さを持った良質の松材あるいは杉材を用い，両端は帯鋼板で保護し，両端近くに取手を設ける。

(3) ハッチ閉鎖装置
 (a) **ハッチターポリン**（倉口覆布） hatch tarpaulin
  ハッチボードを敷きつめた上に，ターポリンを2枚以上重ねて覆い，ハッチを水密に保つ。
  ターポリンは，ハッチカバー hatch cover ともいい，防水加工した麻または綿，あるいは化学繊維で作った帆布が用いられる。
 (b) **ハッチバッテン** hatch batten
  ターポリンの縁は，折りたたんで取りまとめ，ハッチバッテンを用いて水平スチフナの上の側コーミング板に押しつける。
 (c) **ハッチくさび** hatch wedge
  ハッチバッテンをコーミングに押しつけ固定するのに用いる。
 (d) **ハッチクリート** hatch cleat
  ハッチくさびを固定するハッチクリートを水平スチフナに取り付ける。
 (e) **ハッチバー** hatch bar
  ターポリンの周縁を固定したうえ，上部を締めつける帯鋼板である。ハッチバーの代りに，ロープまたはネットをかけることもある。
 (f) **ハッチリング** hatch ring
  ハッチカバーにかけるロープまたはネットを締めつけるため，水平スチフナの上に設けるリングプレートをいう。

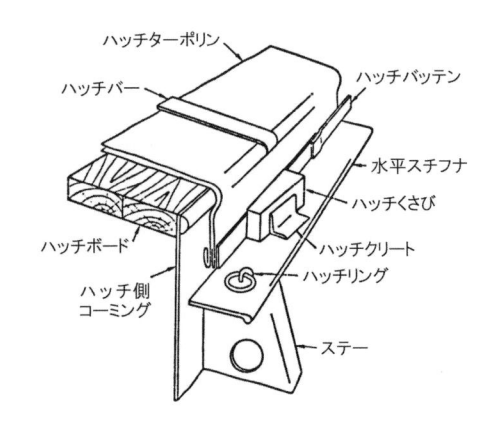

図 7-47 ハッチ閉鎖装置

(4) **鋼製ハッチカバー**（鋼製倉口蓋） steel hatch cover
  ターポリンを用いる在来の閉鎖装置では，水密性が不充分であり，操作も煩雑であるので，鋼製ハッチカバーを用いる船が多い。
  鋼製ハッチカバーは，水密性が確実で，操作も能率的であるが，その開閉

には動力として荷役用ウインチか，専用の電動油圧機あるいは電動機を必要とする。

開閉の方式により，滑動式，反転式，巻取式などがあり，マックグレゴー MacGregor，メージュ Mége，コマラン Comarain，チューチン Tutin など，それぞれ特色のある型式が発表されている。

（5） その他の甲板口

甲板には，ハッチおよび機関室のほかに昇降口 companion，トリミングハッチ trimming hatch，逃げ口 escape hatch，通風筒 ventilator などの甲板口が設けられる。

これらの開口は比較的小さいので，甲板の強度を弱めるおそれは少ないから，二重張板などは省くが，四隅に丸みをつけ，また，できるだけ開口の幅を狭くするため，円よりは楕円，正方形よりは長方形とするほうがよい。

また，小さな開口でも，それが接近して横方向にいくつも並ぶと，甲板の強度に悪い影響を及ぼすから，このような配置は避けるべきである。

甲板口は，なるべく甲板ビームや甲板下ガーダに接近して切りあけ，開口の周囲にはコーミングを取り付け，鋼製の蓋をボルトナットあるいは蝶ナット（バタフライナット）で締め付ける。蓋の裏のコーミングの当たる個所にゴムパッキンを置いて水密とする。

通風筒にはカウルヘッド（キセル）型，マッシュルーム型，グースネック型などがある。

＜船 内 部＞
7-15 水密隔壁

船は，その安全のために，水密横隔壁 watertight bulkhead によって船内をいくつかの水密区画に区分することになっている。

（1） 目 的
1) 万一，船底の損傷により船内に浸水を生じても，それを1区画で食い止める。
2) 船底外板，船側外板および甲板を結び付けて，船の横の形を保つ横強度材として働く。

3) 火災の際には防火壁となる。

(2) 配　　置

すべての船は，船首隔壁，船尾隔壁および機関室隔壁を設けなければならない。また，長さが90 m 以上の船には，その長さに応じて倉内隔壁を適当な間隔で設ける。

(a) **船首隔壁**　collision bulkhead

満載喫水線における船首材の前面から後方へ$0.05L$の個所より，$0.08L$の個所までの間に設け，上部は必ず上甲板あるいは船楼甲板まで達していなければならない。

船首部は，船体のうちで最も損傷を受けやすい部分であるから，浸水を船首隔壁で食い止めるためには，船首隔壁をできるだけ船首から遠ざけて船首隔壁が船首部の部材と同時に損傷するのを防がなければならない。船首材とキールとの継目を必ず船首隔壁より前方に置くのもそのためである。しかし，船首隔壁を後方に置けば，それだけ船倉の容積を減らすことになるので，一般には$0.05L$とし，その距離が10 m を超える場合には10 m としている。船首隔壁には，乾舷甲板下にドア，出入口，マンホール，通風ダクトなどを設けてはならない。

(b) **船尾隔壁**　after-peak bulkhead

船尾隔壁を適当な位置に設けて，船尾部の損傷による浸水を船尾倉内にとどめる。

船尾隔壁の上部は，満載喫水線以上にある甲板を船尾隔壁から船尾まで水密にすれば，この甲板の位置でとどめてもよい。

(c) **機関室隔壁**　engine room bulkhead

機関室の前後端には必ず水密隔壁を設けなければならない。

(d) **倉内隔壁**　hold bulkhead

長さが90 m 以上の船には，上記の隔壁のほかに船の長さに応じて倉内隔壁を増設し，水密隔壁の総数を表7-2に示すもの以上とする。

水密隔壁の間隔については規定はな

表 7-2　水密隔壁の数

船の長さ（m）		水密隔壁の総数
90以上	102未満	5
102	123	6
123	143	7
143	165	8
165	186	9

いが，30 m 以下とすることが望ましく，特に国際航海に従事する旅客船については，隣接する2区画が同時に浸水しても安全なように隔壁の数を増している。（船舶区画規程）

(3) 構　造

水密横隔壁は，隔壁板とスチフナとから成る。

(a) 隔 壁 板　bulkhead plate

1区画が浸水したとき，その水圧を受け止めるための隔壁板であるから，水圧の大きさに応じてその厚さを増減し，鋼板は横張りとする。特に最下部は腐食を考慮して増厚する。

(b) 隔壁スチフナ（隔壁防撓材）　bulkhead stiffener

隔壁板には，スチフナを適当な間隔で垂直に取り付けて，隔壁が水圧のためにたわんだり，水密が破れたりすることを防ぐ。スチフナには平鋼または逆付け山形鋼が用いられる。

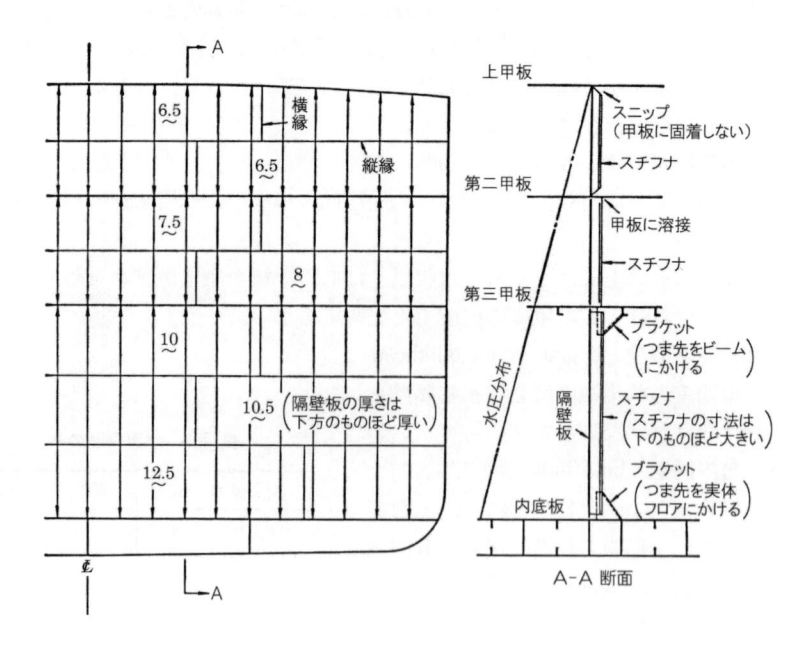

図 7-48　水密隔壁

スチフナの上下端は，水圧が大きくスパンが長いときは，ブラケットで固着するが，水圧が小さくスパンが短い甲板間隔壁などでは，ブラケットの代りに短山形鋼を用いて固着するか，あるいはその固着も省いてスチフナの両端をスニップ（斜めに削り取る）したままとすることもある。

スチフナのスパンが長いときは，中間に水平スチフナ（防撓桁）を設けることがある。

スチフナを省略して工事を簡易にし，重量軽減を図る目的で隔壁板を波形にした波形隔壁 corrugated bulkhead が油タンカーなどに用いられる。これを用いるとタンク洗浄が容易になるという利点もある。

波形は縦方向か水平方向に配置されるが，油タンカーの縦隔壁には水平型が，その他の横隔壁には立て型が多く用いられる。大型ばら積み船などにおいては隔壁の上下にスツール stool を

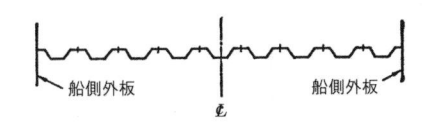

図 7-49　波形隔壁の水平断面

設けて隔壁のスパンを短くするとともに基部の剛性の強化を図るものがある。これは揚荷作業を容易にするという利点もある。

隔壁の構造，すなわち隔壁板の縦縁および横縁継手やスチフナの取り付けは溶接に適し，重量軽減と水密性の確保にも有利であるから，たとえリベット構造の船にあっても，隔壁自体の構造は溶接によることが多い。

横式構造の船では，縦通材は水密横隔壁の個所で切って，ブラケットで固着するのが普通であるが，縦式構造の船では，水密横隔壁にスリット（細い切れ目）をあけて縦通材を貫通させ，あとを溶接でふさぐものが多い。

7-16　ディープタンク

(1)　種　類

ディープタンク（深水槽）deep tank とは，水・油などの液体を積載するために，倉内または甲板間に設ける比較的深いタンクである。ディープタンクには，次のような種類がある。

(a)　倉内ディープタンク　deep tank
　　船の中央部付近の倉内の一部に設ける代表的なディープタンクで，空船

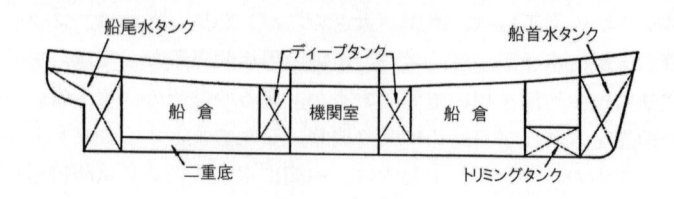

図 7-50 ディープタンク

　航海の際などには，これに水バラストを積んで船の喫水と重心の高さを調節する。

　中央部付近にあるので容量も大きく，ディープタンクといえば普通はこのタンクを指す。

　貨物積載のときは，液体貨物倉として糖蜜や動植物油などを積むのに適するが，液体貨物のないときは，一般貨物を積むこともできるよう一般貨物・液体貨物兼用のハッチを設けるのが普通である。

(b) **舷側タンク** wing tank

　軸路の両側など，舷側に沿って設けるタンクを，特に舷側タンクという。船の横傾斜（ヒール）を調節したり，二重底タンクと同様に燃料油タンク，バラストタンクなどに使用する。

(c) **船首尾水タンク** fore- and after-peak water tank

　船のトリムを調節するために海水を入れたり，または清水タンクとして利用する船首尾倉を，船首水タンク，船尾水タンク，またあわせて船首尾水タンクという。

(d) **トリミングタンク** trimming tank

　船首尾水タンクだけでは容量が不足する場合は，トリムの調整を迅速に行なうため必要であれば，さらに隣接してトリミングタンクを設ける。

(2) **構造および設備**

　ディープタンクの隔壁の構造は，水密隔壁とほぼ同じで，隔壁板と隔壁スチフナとより成るが，水密隔壁が万一の浸水に備えるのに対して，ディープタンクは常時液体を積載するのであるから，液体の流動による隔壁への衝撃をも考慮して，その構造は水密隔壁に比べてやや強いものとすべきで，そのためタンク内には次のような部材を配置する。

(a) **縦通水密仕切壁** longitudinal watertight screen bulkhead
　　積載した液体の自由表面による GM の減少や，液体の流動による隔壁諸材への衝撃を考慮して，タンクを二分する縦通水密仕切壁を設ける。
(b) **制 水 板** wash plate
　　清水タンクや油タンクのように，常時満載に保てないディープタンクには，液体の流動による隔壁諸材への衝撃を最小限にとどめるために，必要に応じてさらに仕切壁を増設するか，または制水板を設ける。
　　制水板は完全な仕切壁ではなく，高さも全高に達せず，中間に軽目孔をあけてもよい。
(c) **水平ガーダ** horizontal girder
　　タンク内のスチフナおよびフレームは，約 3 m の間隔で設けた水平ガーダで支えなければならない。
(d) **支　　材** strut
　　水平ガーダは，タンクを横切る有効な支材で結び付けて補強する。
(e) **タンク内外の設備**
　　タンク内の諸材には，適当なリンバホール（通水孔）および空気孔をあけて，水および空気がタンク内の一部に滞留しないようにする。
　　また，油タンクの周囲で，油もれの恐れのある所には，コファダム・油みぞ・油受けなどを設ける。

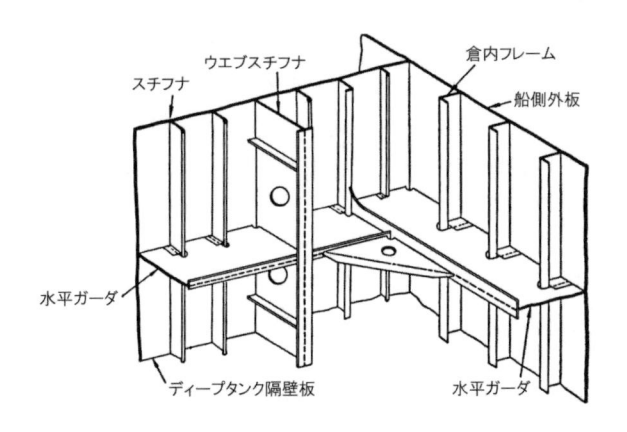

図 7-51　ディープタンク内面の一部

(f) 水密試験

　　ディープタンクはオーバーフロウ管の上端までの高さとタンク頂板上2.4m高さのうちの大きい方の水頭圧力にて水密試験を行なわなければならない。

7-17　機関室および軸路

(1)　機関室　engine room

　　機関室が，船倉その他の個所と異なるため構造上注意しなければならない点は，次のとおりである。
　　1)　主機・補機・発電機・ボイラなど非常に重い機械類が集中している。
　　2)　主機・発電機などは，船体振動の起振力の発生源となる。
　　3)　ボイラ周辺は高温多湿となり，鋼材の腐食を早める。
　　4)　主機ピストンの引き抜き作業などのため，機関室天井甲板の高さを充分に取る必要があるので，機関室内に第二甲板を設けられないことがある。
　　　また，機械配置の関係で，船体構造上必要とする個所にピラーを設けることができない場合もある。
　　このように機械室内は，船倉その他の個所に比べて不利な点が多いので，そのために特別な補強を施す必要がある。

(2)　機関室および周辺の補強

　(a)　機関室下部の二重底内
　　　1)　フロアはすべて実体フロアとする。
　　　2)　サイドガーダを増設し，必要あれば内底板の下面に沿ってハーフガーダまたは縦フレームを縦通させる。
　　　3)　主機室内の内底板・実体フロア・サイドガーダは，増強のためその厚さを増し，ボイラの下部にあたる二重底構造部材は，腐食に対する予備厚さとしてその厚さを増す。

　(b)　機関室内
　　　1)　フレーム5～6本おきに特設フレームおよび特設ビームを設けて機関室全体を強固にする。
　　　2)　船側縦通ガーダを設けて倉内フレームを補強する。

(c) 機 械 台

　　主機・ボイラ・スラスト受は，なるべく厚い内底板に直接ボルト締めし，それらのボルトの主要列の直下にサイドガーダあるいはフロアなどがくるように配置する。

　　内底板に直接取り付けられない場合は，箱形ガーダの主機台・ボイラ台・スラスト受台を設け，その頂部の台板にボルト締めする。

(3) 機関室口　engine opening

　　機関室の上部に機関室口を設ける場合には，機関室と暴露甲板との間は，機関室囲壁 engine casing で囲み，暴露甲板より上部は囲壁を延長して上部に頂板を張り水密構造とする。機関室口は主機やボイラの修理のための出し入れ口とし，また機関室の通風採光に利用しているので，囲壁頂板には機関室天窓 engine room skylight あるいはボイラ室通風ケーシング fiddley casing を設ける。

(4) 軸　　路　shaft tunnel

(a) 配　　置

　　船の中央に機関室のある船では，機関室と船尾隔壁との間の内底板上に軸路を設けて軸系装置を保護し，保守監視を容易にするとともに，船尾管よりの漏水があっても直ちに船倉に浸水しないよう水密構造にしている。

　　この水密区画の前端となる機関室後端隔壁には，機関室との交通のため出入口が設けられているが，浸水や火災などの非常時に乗組員が機関室から退避した後で隔壁甲板上から開閉できる水密すべり戸を備えている。また区画の後端にあたる船尾隔壁に沿って囲壁トランク（逃げ口）を設け非常の際の脱出口とし，隔壁甲板に鋼製ハッチカバーを備える。

　　軸路の後端にトンネルリセス（軸路端室）を設ける。この部分は軸路より天井が高く，しかも頂板が船側から船側まで達する平面となっているので幅も広く，プロペラ軸の引き抜き作業も容易にできる。

(b) 構　　造

　　軸路は1軸の場合はトンネル型とし，2軸の場合は部分甲板によって船倉より仕切る。

　　軸路は，頂板，側板およびスチフナより成り，水密隔壁と見なして隔壁甲板からの深さによって寸法を決めるが，ディープタンク内を通る部分は

ディープタンクと見なして寸法を決める。

　また，倉口の直下の頂板は荷役のときに損傷のおそれがあるので，その部分の頂坂の厚さを厚くするか，または保護のため木材などの内張板で覆う。

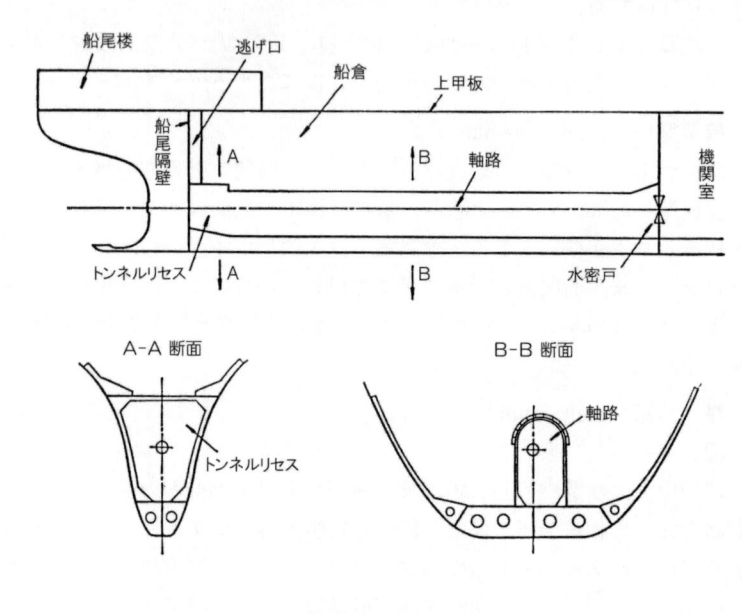

図 7-52　軸　　路

第2編　船体の安定性と動揺

第8章　排　水　量

8-1　浮　力

(1) アルキメデスの原理

　　水面に静かに浮かぶ物体は，その物体が排除した水の重さに等しい上向きの力，すなわち浮力 buoyancy を受ける。これをアルキメデスの原理という。

　　この原理によって，船の浮力の大きさは，その船の水線以下の体積（排水容積）に相当する水の重さから求めることができる。すなわち

$$浮力 = V \times \gamma \quad （絶対単位：浮力 = V \times \gamma \times g） \quad \cdots\cdots (8.1)$$

ただし，V ＝排水容積（m³），γ ＝水の単位体積重量（t/m³），g ＝重力加速度（m/s²）である。

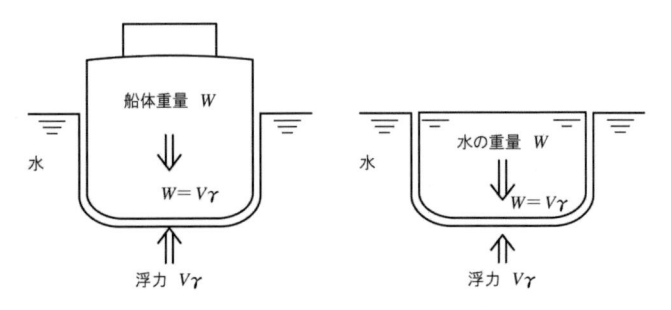

図 8-1　浮　力

(2) 水の重さ

　　密度 density　単位体積の水の質量を密度といい，ρ（g/cm³ または t/m³）で表わす。

　　純粋な水の密度は，標準気圧のもと，温度4℃で1.000（g/cm³）である。

　　比重 specific gravity　ある水の密度と，4℃の純粋な水の密度との比を，その水の比重という。

単位体積重量（比重量）specific weight　単位体積の水の重さであって，γ で表わす。γ の単位は g 重/cm³ または t 重/m³ であるが，これを一般に g/cm³ または t/m³ と省略して表わすことが多い。

　C.G.S.単位で表わすと，ある水の密度と比重と単位体積重量とは同じ数値となるので，密度あるいは比重という言葉が単位体積の水の重さの意味に用いられることが多い。

　本書においても従来の慣例に従って，水の単位体積重量の意味で水の密度という言葉を用い，γ で表わすこととする。

8-2　数値積分法

　船体の外面を形作る曲面は，一般に数学式で表わすことの困難な複雑な形であるから，船体の形によって決まる種々の値，たとえば水線面の面積，船体没水部の浸水表面積，排水容積，浮心の位置，メタセンタの位置などを求めるには，必要とする精度の範囲内において近似的に計算する以外に方法はない。この目的に用いるため，各種の特色ある公式が発表されているが，なかでもシンプソン第1法則が最も広く用いられている。

　また，プラニメータ，インテグレータなどの図形の面積を求める器械も補助的に用いられる。

（1）　**シンプソン第1法則**　Simpson's 1st rule
　　図 8-2 に示す曲線 $y = f(x)$ と，x 軸とに囲まれる $x_0 \sim x_n$ 間の図形の面積を求めようとする。

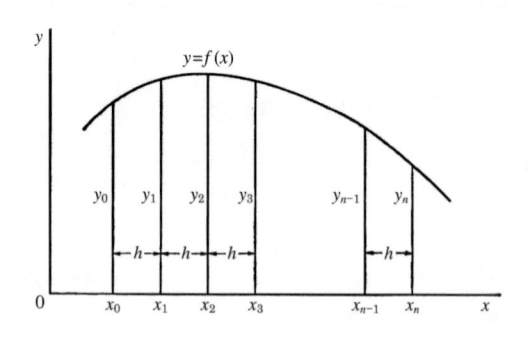

図 8-2　数値積分法

x 軸上において，$x_0 \sim x_n$ 間の長さを n 等分した点をそれぞれ，$x_0, x_1, x_2,$ …… x_n とし，それらの点から x 軸に垂線を立てて曲線までの距離をそれぞれ，$y_0, y_1, y_2,$ …… y_n とすると，求める面積は互いに隣りあわせる縦線 $y = f(x)$ にはさまれる細長い図形の面積の総和に等しい。

いま，互いに隣りあわせる縦線 y の間隔を h とし，図 8-3 に示すように，2 区画，すなわち $x_0 \sim x_2$ 間の曲線を二次式 $y = ax^2 + bx + c$ と置き換えると，その面積は

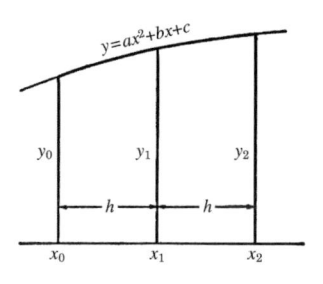

図 8-3 シンプソン第 1 法則

基本式（$x_0 \sim x_2$ 間）

$$A_0 = \int_{x_0}^{x_2} f(x)\,dx = \frac{h}{3}(y_0 + 4y_1 + y_2) \cdots\cdots\cdots (8.2)$$

で求められる。実際の曲線が二次式 $y = ax^2 + bx + c$ とは限らないので，その差だけ誤差を生じるが，h を充分に小さくとれば，実用上支障ない精度が得られる。

図 8-2 のように，$x_0 \sim x_n$ 間の面積は，2 区画ずつの面積を順に加えることによって得られる。すなわち，

一般式 $x_0 \sim x_n$ 間

$$A = \int_{x_0}^{x_n} f(x)\,dx = \frac{h}{3}(y_0 + 4y_1 + 2y_2 + 4y_3 + \cdots\cdots + 4y_{n-1} + y_n) \cdots (8.3)$$

これをシンプソン第 1 法則という。この法則を効果的に使うには，次の点に注意する必要がある。

1) 基線の等分数 n は必ず偶数とする。
2) 曲線が連続でない個所があれば，その点で図形を二分し，別々に面積を求める。

(2) シンプソン第 1 法則の拡張
 (a) 細分割による精度の向上
  曲線の一部が特に変化が大きい場合は，全体の間隔 h はそのままにして，変化の大きい部分だけ間隔をさらに細分することによって精度を上げることができる。

たとえば，図8-4のように，$x_0 \sim x_1$間を4等分，$x_1 \sim x_2$間を2等分して，それぞれの位置に縦線 y を立て，y の係数は2区画ごとに

　　　間隔が $h/4$ の場合　　　1/4　　1　　1/4
　　　間隔が $h/2$ の場合　　　1/2　　2　　1/2
　　　間隔が h の場合　　　　1　　　4　　1

として，順に加えていけば，式8.4を得る。

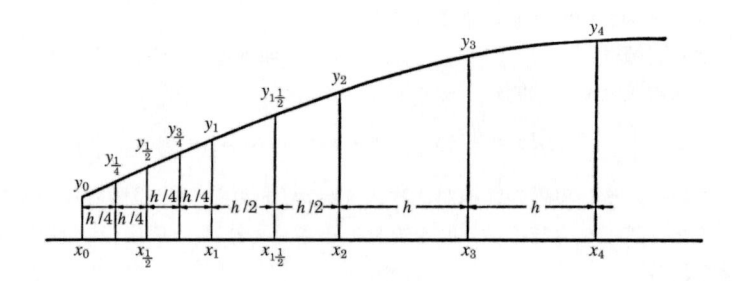

$$A = \frac{h}{3}(¼y_0 + y_{1/4} + ½y_{1/2} + y_{3/4} + ¾y_1 + 2y_{1\frac{1}{2}} \\ + 1½y_2 + 4y_3 + 2y_4 + \cdots\cdots) \quad \cdots\cdots (8.4)$$

図 8-4　間隔 h の細分割

(b)　5-8法則

シンプソン第1法則を適用するとき，等分数 n が奇数の場合は1区画だけ残ってしまう。このようなときは，次の5-8法則を用いて1区画分の面積を求めることができる。
図8-5 において

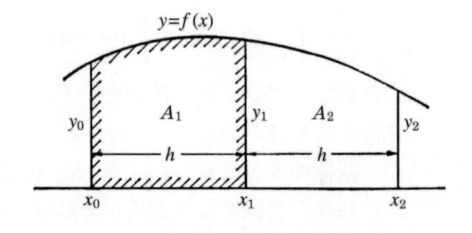

図 8-5　5-8法則

$$A_1 = \int_{x_0}^{x_1} f(x)\,dx = \frac{h}{12}(5y_0 + 8y_1 - y_2) \cdots\cdots (8.5)$$

$$A_2 = \int_{x_1}^{x_2} f(x)\,dx = \frac{h}{12}(-y_0 + 8y_1 + 5y_2) \cdots (8.6)$$

8-3 面積および体積

(1) 水線面の面積

　船の垂線間長さを10等分し，さらに前後端部の変化の大きい部分を細分して，シンプソン第1法則を用いて求める。

　y は片舷の幅（半幅）であるから，このようにして求めた片舷の面積を2倍し，別に求めた船尾垂線より後方の垂線面積を加えて全面積が得られる。

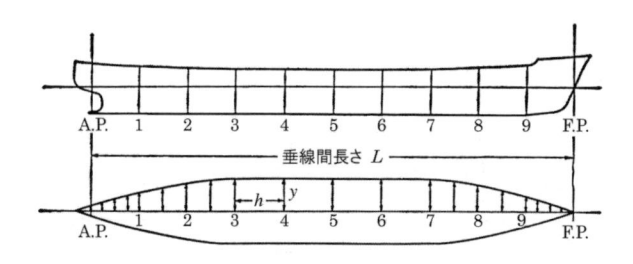

図 8-6　水線面の面積

(2) 船体横断面の面積

　横断面の，ある水線以下の面積を求めるには，船底の基線から等間隔に引かれた水線上の船の半幅を y として，シンプソン第1法則を用いて計算すればよい。

　船底部は曲線の変化が非常に大きいので，この部分はプラニメータなどにより別に計ったほうがよい結果が得られる。

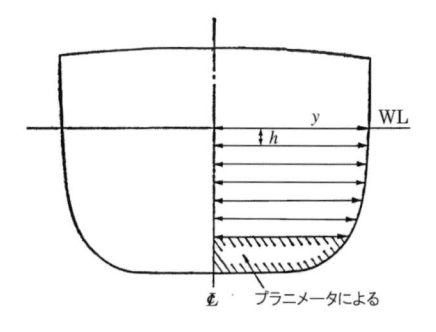

図 8-7　船体横断面の面積

このようにして求めた片舷の面積を2倍して，横断面の全面積が得られる。

(3) 浸水表面積

　水線以下の船体の表面積を浸水表面積という。船体抵抗のうち，摩擦抵抗は浸水表面積に比例する。

これを求めるには，垂線間長さを等分した各スクエアステーション square station において満載喫水線以下のガース長さ girth length（胴周り長さ，船体表面に沿って船底部中心から水線面までの長さ）を測り，これをyとしてシンプソン法則を用いて船の長さの方向に積分し，2倍して全面積を得る。

これは縦方向の曲がりを無視したことになり，実際の面積より1％程度小さいが，普通はこれを使っている。この面積に，ビルジキール，舵，軸ブラケットなどの表面積を加えて浸水表面積が得られる。

図8-8はガース長さ（胴周り長さ）をy軸にして描いた船体の形状だが，このような図は設計の際に外板の配置を示す，外板展開図 shell expansion として用いられる。

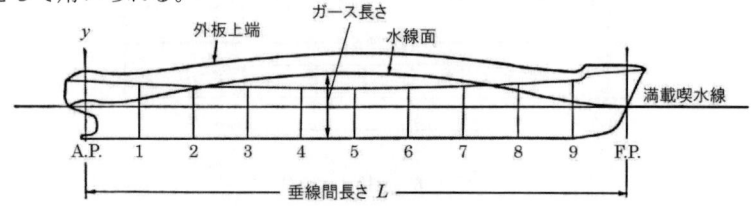

図 8-8 ガース長さにより展開した船体の形状

（4） 排水容積

排水容積すなわち水線以下の船の体積は，シンプソン法則を2度使って求める。

第1法 シンプソン法則によって求めた各スクエアステーションの横断面の面積を，船の長さの方向にシンプソン法則を用いて積分する。

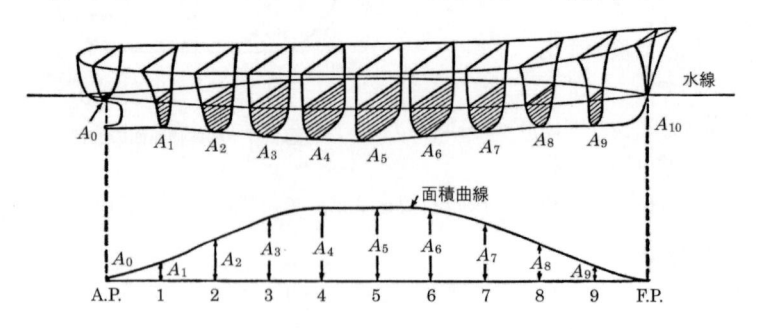

図 8-9 排水容積の計算（第1法）

図8-9において，垂線間長さを10等分したスクエアステーションにおける各横断面の面積をシンプソン法則により求め，それぞれ，$A_0, A_1, A_2, \cdots\cdots A_9, A_{10}$, であったとすると，排水容積$V$は次の式で求められる。

$$V = \frac{h}{3}(A_0 + 4A_1 + 2A_2 + 4A_3 + \cdots\cdots + 4A_9 + A_{10}) \quad \cdots\cdots\cdots(8.7)$$

すなわち，図8-9に示すとおり，Aを縦線とする面積曲線の面積が体積になることを示している。

第2法 シンプソン法則によって求めた各水線面積を，船の喫水方向にシンプソン法則を用いて積分する。

図8-10において，喫水dをn等分した各水線における水線面積を垂直方向にシンプソン法則により求め，それぞれ，$A_{w0}, A_{w1}, A_{w2}, \cdots\cdots, A_{wn}$であったとすると，排水容積$V$は次の式で求められる。

$$V = \frac{h_z}{3}(A_{w0} + 4A_{w1} + 2A_{w2} + 4A_{w3} + \cdots\cdots + 4A_{wn-1} + A_{wn})\cdots(8.8)$$

ここに，h_zは各水線面の間隔で，nは偶数にとり，喫水$d = n \times h_z$の関係から求まる。

第2法においても第1法に用いた船の半幅の値yをそのまま利用できるので，排水量計算には両者を併用して正確を期するのが普通である。

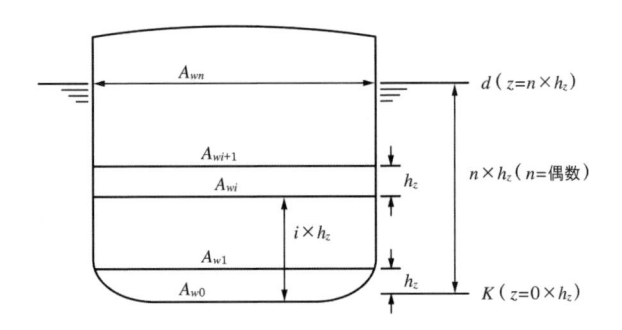

図 8-10 排水容積の計算（水線面積を喫水方向に積分）

8-4 面積の重心,モーメントおよび二次モーメント(慣性モーメント)

(1) 定　義
(a) 面積の重心
　物体に働く重力の作用する質量の中心を重心というのに対して,物体の代りに平面図形を考え,質量の代りに図形の面積を考えたとき,この図形の面積の中心を面積の重心という。

(b) 面積のモーメント
　軸XXに関する平面図形の面積のモーメントは,次の式で与えられる。
$$M = A \cdot r \quad \cdots\cdots\cdots (8.9)$$
ただし,M＝図形の面積のモーメント(m^3),A＝図形の面積(m^2),r＝図形の面積の重心より軸XXに下ろした垂線の長さ(m)で,これをモーメントのテコ lever という。

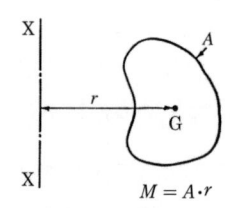

図 8-11　面積のモーメント

(c) 面積の二次モーメント
　軸XXに関する面積の二次モーメントは,次の式で与えられる。
$$I = \Sigma a r^2 \quad \cdots\cdots\cdots (8.10)$$
ただし,I＝図形の面積の二次モーメント(m^4),a＝図形を構成する微小面積(m^2),r＝aの重心より軸XXに下ろした垂線の長さ(m)。各微小面積についての ar^2 を全面積について合計したものが I である。

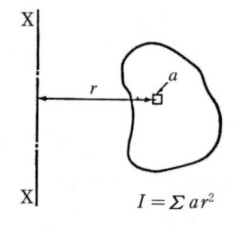

図 8-12　面積の二次モーメント

(2) 平面図形の重心
(a) y軸から重心までの距離
　図 8-13 において,y軸から図形の重心 G までの距離を x_G (m) とすると
$$x_G = \frac{M_y}{A} \quad \cdots\cdots\cdots (8.11)$$
ただし,M_y＝図形の y 軸に関するモーメント(m^3),A＝図形の面積(m^2)である。

第8章 排水量

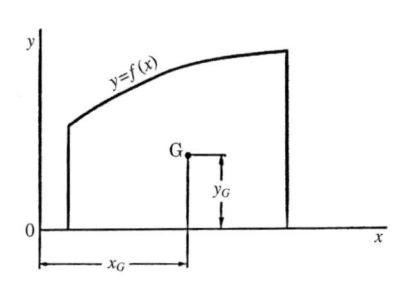

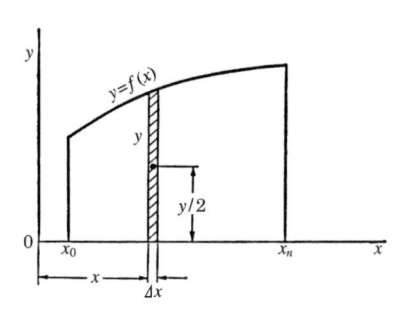

図 8-13 平面図形の重心

図 8-14 平面図形のモーメント

平面図形のモーメント M_y の求め方は次のように考える。

図 8-14 において，原点 O から x だけ離れた点に縦線を立て，曲線までの距離を y とする。次に x にきわめて近い ($x+\Delta x$) の点にもう1本の縦線を立てると，Δx はきわめて小さいのでこの縦線の長さも y と考えてよい。

したがって，この2本の縦線にはさまれた細長い図形は長方形であるから，y 軸に関するモーメントは

$$m_y = y \cdot \Delta x \left(x + \frac{1}{2}\Delta x\right) \fallingdotseq xy \cdot \Delta x$$

図形全体では，このような細長い図形を合計して

$$M_y = \int_{x_0}^{x_n} xy\, dx$$

となる。これをシンプソン第1法則を応用して表わせば

$$M_y = \frac{h}{3}(x_0 y_0 + 4x_1 y_1 + 2x_2 y_2 + \cdots\cdots + 4x_{n-1}y_{n-1} + x_n y_n) \cdots\cdots(8.12)$$

式 8.11 に，式 8.12 および式 8.3 を代入して

$$x_G = \frac{M_y}{A} = \frac{x_0 y_0 + 4x_1 y_1 + 2x_2 y_2 + \cdots + 4x_{n-1}y_{n-1} + x_n y_n}{y_0 + 4y_1 + 2y_2 + \cdots + 4y_{n-1} + y_n} \cdots(8.13)$$

図形の重心 x_G は船の水線面の重心の場合，浮面心 center of floatation と呼ばれ F で表わす。また浮面心前後位置は船体中央座標 ✖ (ミドシップ midship) との距離 ✖F で示す。

例 垂線間長さ50 m の船のある水線面における各スクエアステー

ションでの半幅座標は，船尾垂線（AP）より順に船首垂線（FP）まで，1.7，4.8，6.9，8.1，8.7，8.9，8.5，7.3，5.1，2.4，0.7 m である。
水線面積およびその中央座標⊗に対する重心の位置を求めよ。

水線面積は式 8.3 により，重心の位置は式 8.13 により求めるのであるが，表 8-1 のような計算表を用いると計算しやすく，また間違いも起こりにくい。

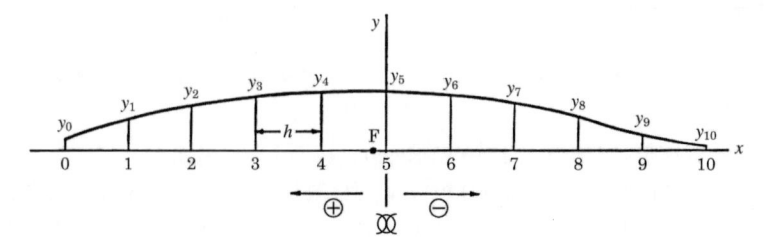

図 8-15　水線面の半幅座標

計算にあたっては図 8-15 のように，水線面の半幅座標を y とし，y 軸を船体中央座標⊗に置き，x および M_y の符号は⊗より船尾側を正，船首側を負とする。

表 8-1　シンプソン第 1 法則の計算表

① y の位置	② y の長さ	③ シンプソン 係数	④＝②×③ $\int y$	⑤ 間隔数 x/h	⑥＝④×⑤ $\int xy/h$
0 (AP)	1.7	1	1.7	5	8.5
1	4.8	4	19.2	4	76.8
2	6.9	2	13.8	3	41.4
3	8.1	4	32.4	2	64.8
4	8.7	2	17.4	1	17.4
5 (⊗)	8.9	4	35.6	小計	208.9
6	8.5	2	17.0	−1	−17.0
7	7.3	4	29.2	−2	−58.4
8	5.1	2	10.2	−3	−30.6
9	2.4	4	9.6	−4	−38.4
10 (FP)	0.7	1	0.7	−5	− 3.5
		合計	186.8	小計	−147.9

第8章 排　水　量

中央座標⊗における⑥の値はつねに0であるから，この欄を利用して水線面後半部の⑥の小計を記入し，最下欄の水線面前半部の⑥の小計を引くと全水線面の⑥が求まる。座標間隔 $h =$ Lpp$/10=5$（m）である。

浮面心は船体中央座標⊗より前方のことも，後方のこともあるため，⊗Fは何mという距離を示すとともに船首側か船尾側かを必ず書き加える。

$$水線面積（両舷）= \frac{5}{3} \times 186.8 \times 2 = \underline{623 \text{ m}^2}$$

$$浮面心前後位置 ⊗\text{F} = \frac{5 \times (208.9 - 147.9)}{186.8} = \underline{1.6 \text{ m}（船尾側）}$$

(b) **x 軸から重心までの距離**

図8-13において，x 軸からGまでの距離を y_G（m）とすると

$$y_G = \frac{M_x}{A} \quad \cdots\cdots\cdots\cdots\cdots\cdots\cdots\cdots (8.14)$$

ただし，$M_x =$ 図形の x 軸に関するモーメント（m³），$A =$ 図形の面積（m²）である。

図8-14の斜線を施した細長い長方形の x 軸に関するモーメントは

$$m_x = y \cdot \Delta x \cdot \frac{y}{2} = \frac{1}{2} y^2 \cdot \Delta x$$

したがって図形全体では

$$M_x = \int_{x_0}^{x_n} \frac{1}{2} y^2 dx$$

となる。これをシンプソン第1法則を応用して表わせば

$$M_x = \frac{1}{2} \cdot \frac{h}{3}(y_0^2 + 4y_1^2 + 2y_2^2 + \cdots\cdots + 4y_{n-1}^2 + y_n^2) \quad \cdots\cdots (8.15)$$

これより

$$y_G = \frac{M_x}{A} = \frac{\frac{1}{2}(y_0^2 + 4y_1^2 + 2y_2^2 + \cdots\cdots + 4y_{n-1}^2 + y_n^2)}{y_0 + 4y_1 + 2y_2 + \cdots\cdots + 4y_{n-1} + y_n} \quad \cdots\cdots (8.16)$$

(3) **平面図形の二次モーメント**

(a) **二次モーメントに関する公式**

1）二次モーメントの大きさは，軸の取り方によって異なり，重心を通る軸に関するものが最小である。

$$I = I_G + A \cdot d^2 \quad \cdots\cdots\cdots\cdots\cdots\cdots (8.17)$$

ただし，I_G ＝重心を通る軸XXに関する二次モーメント (m⁴)，I ＝XX に平行な軸X′X′に関する二次モーメント (m⁴)，A ＝図形の面積 (m²)，d ＝軸XXと軸X′X′との間の距離 (m) である（表8-2長方形参照）。

2) 図形がいくつかの部分から成るとき，ある軸に関する二次モーメント I はそれぞれの部分の二次モーメント I_i の和に等しい。

$$I = \sum I_i \quad \cdots\cdots\cdots\cdots\cdots\cdots (8.18)$$

たとえば，水線面の船体中心線に関する二次モーメントは，片舷について求めたのち2倍すれば両舷のものが得られる。

3) 図8-16において，X軸，Y軸を平面上で互いに直交する2軸，Z軸を2軸の交点において平面に垂直な軸とすると

$$I_Z = I_X + I_Y \quad \cdots\cdots\cdots\cdots (8.19)$$

ただし，I_X, I_Y, I_Z はそれぞれX，Y，Z軸に関する平面図形の二次モーメントである。

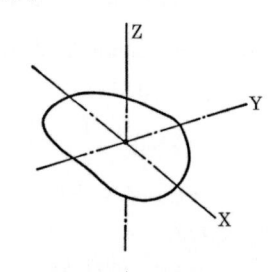

たとえば，円の中心を通るZ軸に関する二次モーメントは

図 8-16　平面に垂直な軸まわりの二次モーメント

$$I_Z = I_X + I_Y = \frac{\pi}{64}D^4 + \frac{\pi}{64}D^4 = \frac{\pi}{32}D^4$$

である（表8-2参照）。

(b)　**特定の図形の二次モーメント**

表8-2は，円や長方形など特定の平面図形の二次モーメントを示したものである。

(c)　**曲線図形の x 軸に関する二次モーメント**

図8-14において，斜線を施した細長い長方形の x 軸に関する二次モーメントは，表8-2より l を Δx，b を y とおいて

$$i_x = \frac{1}{3} y^3 \Delta x$$

したがって図形全体では

$$I_x = \int_{x_0}^{x_n} \frac{1}{3} y^3 dx \quad \cdots\cdots\cdots\cdots\cdots\cdots (8.20)$$

となる。これをシンプソン第1法則を応用して表わせば

第8章 排　水　量

$$I_x = \frac{1}{3} \cdot \frac{h}{3}(y_0^3 + 4y_1^3 + 2y_2^3 + \cdots\cdots + 4y_{n-1}^3 + y_n^3) \quad \cdots\cdots (8.21)$$

船の水線面の船体中心線に関する二次モーメントを求めるには，式8.21によって片舷の I_x を求め，これを2倍すればよい。この値は横メタセンタの計算に必要である。

表 8-2　特定の図形の二次モーメント

平面図形	軸の位置	二次モーメント
円	XX	$I_G = \dfrac{\pi}{64} D^4$
長方形	XX	$I_G = \dfrac{1}{12} lb^3$
	X'X'	$I_G = \dfrac{1}{3} lb^3$
	X''X''	$I = \dfrac{1}{12} lb^3 + s^2 lb$
三角形	XX	$I_G = \dfrac{1}{48} lb^3$
台形	XX	$I_G = \dfrac{1}{48} l(b_1^3 + b_1^2 b_2 + b_1 b_2^2 + b_2^3)$

(d)　曲線図形の y 軸に関する二次モーメント

図8-14において，斜線を施した細長い長方形の y 軸に関する二次モーメントは，表8-2および式8.17により l を y，b を Δx とおいて

$$i_y = \frac{1}{12} y(\Delta x)^3 + y \cdot \Delta x \left(x + \frac{1}{2}\Delta x\right)^2 \fallingdotseq x^2 y \cdot \Delta x$$

したがって図形全体では

$$I_y = \int_{x_0}^{x_n} x^2 y \, dx \quad \cdots\cdots\cdots\cdots\cdots\cdots\cdots (8.22)$$

となる。これをシンプソン第1法則を応用して表わせば

$$I_y = \frac{h}{3}(x_0^2 y_0 + 4x_1^2 y_1 + 2x_2^2 y_2 + \cdots + 4x_{n-1}^2 y_{n-1} + x_n^2 y_n) \quad \cdots (8.23)$$

船の水線面の場合には，y 軸を ⊗ に置いて式 8.23 によって片舷の I_y を求め，これを 2 倍して $I_⊗$ を得る。

船のトリム計算に必要な縦メタセンタには I_F が使われる。F は浮面心といい，水線面の重心であるから，I_F と $I_⊗$ との関係は式 8.17 により次のようになる。

$$I_F = I_⊗ - (⊗F)^2 \cdot A \quad \cdots\cdots\cdots\cdots\cdots\cdots (8.24)$$

ただし，$I_F =$ F を通る y 軸に関する水線面の二次モーメント（m⁴），$I_⊗ = ⊗$ を通る y 軸に関する水線面の二次モーメント（m⁴），⊗F＝浮面心 F から ⊗ までの水平距離（m），$A =$ 水線面積（m²）である。

(e) 水線面の二次モーメント

いま，船の水線面が長方形あるいは菱形であるとすると，その船体中心線および ⊗ を通る y 軸に関する二次モーメントは，表 8-2 を参照して

$$\text{長方形} \begin{cases} \text{横二次モーメント} & I_x = \dfrac{1}{12} LB^3 \\ \text{縦二次モーメント} & I_y = \dfrac{1}{12} L^3 B \end{cases}$$

$$\text{菱 形} \begin{cases} \text{横二次モーメント} & I_x = \dfrac{1}{48} LB^3 \\ \text{縦二次モーメント} & I_y = \dfrac{1}{48} L^3 B \end{cases}$$

であるから，これを次のような一般式で表わすことができる。

$$\left. \begin{array}{l} I_x = nLB^3 \\ I_y = n' L^3 B \end{array} \right\} \quad \cdots\cdots\cdots\cdots\cdots\cdots\cdots\cdots (8.25)$$

長方形のとき　　$n = n' = \dfrac{1}{12} = 0.0833$

菱形のとき　　　$n = n' = \dfrac{1}{48} = 0.0208$

普通の船の水線面は，長方形と菱形の中間にあると考えられるから，その場合の n および n' の概略値を調べてみると，大体次のとおりである（n' は F を通る y 軸に対するものとする）。

やせ形船　　$n = 0.045$　　$n' = 0.035$
普通形船　　$n = 0.055$　　$n' = 0.045$
肥え形船　　$n = 0.065$　　$n' = 0.055$

8-5 ファインネス係数

　水線以下の船体の形が，肥えているかやせているか，その程度を係数で表わしたものがファインネス係数（肥瘠係数） coefficient of fineness である。

　ファインネス係数は，同じ船でも喫水が変わればその値も変わるが，特に断わらないかぎり，満載喫水線のときの値である。

　L ＝垂線間長さ (m)，B ＝船の型幅 (m)，d ＝型喫水 (m)，V ＝型排水容積 (m³)，A_m ＝中央横断面積 (m²)，A_w ＝水線面積 (m²) とすると，ファインネス係数は次のように定義される。

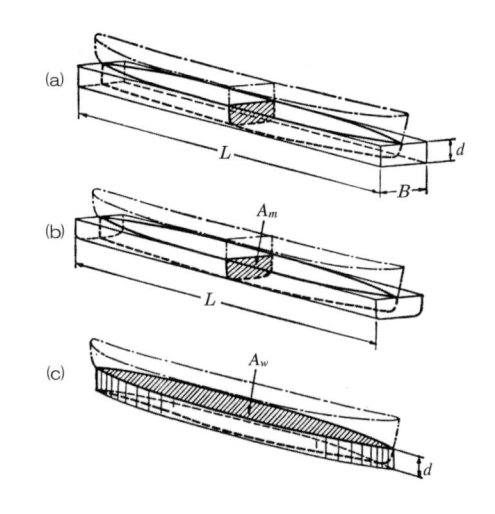

図 8-17　ファインネス係数 (1)

（1）方形係数　C_b　block coefficient

$$C_b = \frac{V}{L \cdot B \cdot d} \quad \cdots\cdots\cdots\cdots\cdots\cdots (8.26)$$

　図 8-17(a)に示すとおり，水線以下の船体の体積 V と，これを包む直方体の体積 $L \cdot B \cdot d$ との比であって，その値は船の種類によって異なる。概略値は客船で0.55～0.65，貨物船で0.65～0.80程度である。

（2）柱形係数　C_p　prismatic coefficient

$$C_p = \frac{V}{L \cdot A_m} \quad \cdots\cdots\cdots\cdots\cdots\cdots (8.27)$$

　図 8-17(b)に示すとおり，水線以下の船体の体積 V と，断面および長さがそれぞれ船の中央横断面および垂線間長さに等しい柱体の体積 $L \cdot A_m$ との比であって，その値は特に船の前後部のやせ方を表わし，造波抵抗に大きく影響する。概略値は，客船で0.60～0.70，貨物船で0.75～0.85程度である。

（3）立て柱形係数　C_v　vertical prismatic coefficient

$$C_v = \frac{V}{A_w \cdot d} \quad \cdots\cdots\cdots\cdots\cdots\cdots\cdots (8.28)$$

図 8-17(c)に示すとおり，水線以下の船体の体積 V と，底面および高さがそれぞれ船の水線面および喫水と等しい柱体の体積 $A_w \cdot d$ との比である。概略値は，客船で0.80～0.90，貨物船で0.80～0.95程度である。

（4）中央横断面係数　C_m　midship coefficient

$$C_m = \frac{A_m}{B \cdot d} \quad \cdots\cdots\cdots\cdots\cdots\cdots\cdots (8.29)$$

図 8-18(a)に示すとおり，船の中央横断面の水線以下の面積 A_m と，これを囲む長方形の面積 $B \cdot d$ との比で，この値も造波抵抗に影響する。概略値は，客船で0.80～0.90，貨物船で0.90～0.98程度である。

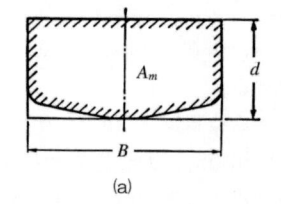

（5）水線面積係数　C_w

water plane coefficient

$$C_w = \frac{A_w}{L \cdot B} \quad \cdots\cdots\cdots (8.30)$$

図8-18(b)に示すとおり，水線面積 A_w と，水線面を囲む長方形の面積 $L \cdot B$ との比である。概略値は，客船で0.65～0.75，貨物船で0.75～0.89程度である。

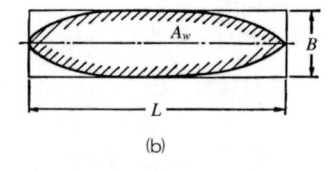

図 8-18　ファインネス係数 (2)

（6）係数相互間の関係

ファインネス係数相互間に，次のような関係がある。

$$C_b = C_p \cdot C_m \quad \cdots\cdots\cdots\cdots\cdots\cdots\cdots (8.31)$$
$$C_b = C_w \cdot C_v \quad \cdots\cdots\cdots\cdots\cdots\cdots\cdots (8.32)$$

したがって，各式において3個の係数のうち2個が与えられると，残りの1個は自然に決まってくる。

8-6 排 水 量

(1) 排 水 量

船の重さは，その船が排除する水の重さに等しいので，これを排水量 displacement あるいは排水トン数 displacement tonnage という。すなわち

$$W = V \cdot \gamma \quad \cdots\cdots\cdots\cdots\cdots\cdots\cdots\cdots (8.33)$$

ただし，W＝排水量（t），V＝水線以下の船の体積（m^3），γ＝水の密度（水の単位体積重量）（t/m^3）である。

水線以下の船の体積 V は，排水容積 volume of displacement という。排水容積は船の線図から各スクエアステーションの半幅座標の数値を用い，シンプソン第1法則を用いて式8.7により求められる。

水の密度 γ は，表8-3に示す標準値を用い，特に断わらないかぎり，海水標準密度 $1.025\ t/m^3$ が用いられる。

排水量（排水容積）の計算には型寸法を用いているので，このようにして求めた排水量を型排水量 molded displacement あるいは裸排水量 naked displacement といい，これに外板と，ビルジキール・舵・プロペラ・軸ブラケットなどの船体付加部の排水量を加えて実際の船の排水量が得られる。

表 8-3 水の密度の標準値

単 位	排 水 量	排水容積	海 水 密 度	清 水 密 度
メートル単位	t（メートルトン）	m^3	1.025（t/m^3）	1.000（t/m^3）
英 国 単 位	LT（ロングトン）	ft^3	1/35（LT/ft^3）	1/36（LT/ft^3）

＊ $1/LT = 2240\ \ell$ b $= 1.016$ t

(2) 排水量曲線 displacement curve

喫水を変えてそれぞれの喫水に対する排水量を求め，これを曲線に表わしたものが排水量曲線である。普通，型排水量と，外板および船体付加部を含めた排水量とを並べて記入してあるが，実際の船の排水量にはもちろん後者を使う。

排水量曲線には，喫水によって変化する諸値を表わすいろいろの曲線を併せて記入するのが普通で，これを排水量等曲線図 hydrostatic curves といって，各船に必ず備えられている。

排水量曲線を用いて現在の船の状態における排水量を求めるには，平均喫水と海水の現場密度を測定すればよい。排水量曲線に示される喫水は型喫水，すなわち基線K（base line）から測った値になっていることが多い。

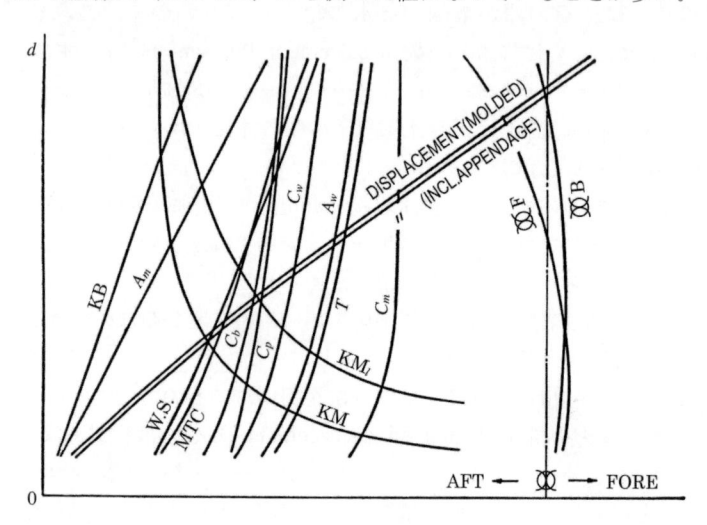

図 8-19 排水量等曲線図

(a) 平均喫水　mean draft

船首および船尾において水線を喫水標で読み，左右両舷の読みをそれぞれ平均して船首喫水および船尾喫水とすれば，この両者の平均値が平均喫水である。

すなわち，

$$船首喫水 = \frac{船首右舷喫水 + 船首左舷喫水}{2}$$

$$船尾喫水 = \frac{船尾右舷喫水 + 船尾左舷喫水}{2}$$

$$平均喫水 = \frac{船首喫水 + 船尾喫水}{2}$$

である。

この平均喫水に対応する排水量を排水量曲線から求めれば，標準密度 1.025 t/m^3 のときの排水量 W_0 が得られる。

喫水標により読み取った喫水は船体の最低点からの値なので排水量曲線に示された喫水とは異なることがある。そこで喫水標から求めた平均喫水を平均型喫水などに修正して排水量曲線図を読まなければならない。

(b) **比重修正**

船の周囲の海水をくみ上げて比重計を用いて比重を測定して現場密度を得る。

海水は，なるべく両舷から，喫水の半分くらいの水深のものを採取するとよい。

海水の現場密度を γ とすると，実際の排水量 W は

$$W = W_0 \times \frac{\gamma}{1.025} \quad \cdots\cdots\cdots\cdots (8.34)$$

である。これを比重修正という。

（3）**排水量の修正**

排水量の値は，比重修正のほかに，次の修正を行なえば，さらにその精度を上げることができる。

(a) **船首修正**

傾斜船首の場合には，喫水標が船首垂線上にないため，正しい船首喫水 d_f' を得るためには次の修正が必要である。

$$\pm \Delta d = l \cdot \tan \theta = l \cdot \frac{d_a - d_f}{L - l} \quad \cdots\cdots (8.35)$$

ただし，Δd ＝船首喫水修正量（m），d_f ＝喫水標による船首喫水（m），d_a ＝船尾喫水（m），L ＝垂線間長さ（m），l ＝ KK′ の長さ（m）で図面から求める。

符号は，船尾トリムのとき，および船首トリムで $d_f > d_l$ のとき負，船首トリムで $d_f < d_l$ のとき正とする。

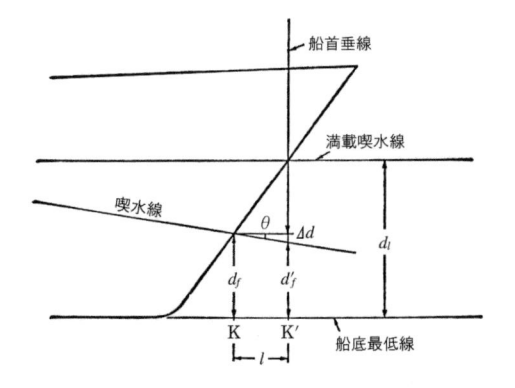

図 8-20 船首修正

(b) **トリム修正**

船首喫水と船尾喫水の差（トリムという）が大きいときは，平均喫水より求めた排水量には次のトリム修正を行なう必要がある。

船が排水量一定のままトリムを変えるときは，もとの水線と新しい水線とはつねに浮面心 F を通って交わるが，この F が必ずしも ⊗ と一致しないからである。

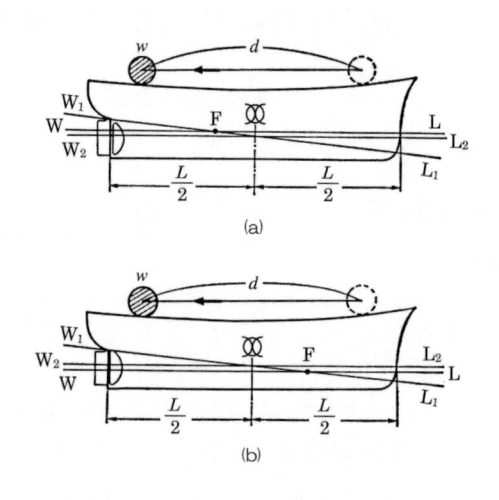

図 8-21 トリム修正

図 8-21(a)において，トリムしたときの水線 W_1L_1 を等喫水に直せば，新しい水線は F を通って WL となる。ところが，水線 W_1L_1 の船首尾喫水より求めた平均喫水は水線 W_2L_2 であるから，水線 WL と水線 W_2L_2 の間に挟まれた排水量だけ不足することになる。

図 8-21(b)においては，(a)と反対に，F が ⊗ より船首寄りにあるため，水線 W_2L_2 では排水量は多すぎることになる。

トリム修正は，次のようにして行なう。

水線 WL と W_2L_2 との間隔 Δd (m)

$$\pm \Delta d = \text{⊗F} \cdot \tan\theta = \text{⊗F} \cdot \frac{\tau}{L} \quad \cdots\cdots\cdots (8.36)$$

水線 WL と W_2L_2 との間の排水量 ΔW (t)

第8章 排　水　量

$$\pm \Delta W = \pm \Delta d \cdot 100 \text{TPC}$$
$$= \frac{100 \cdot \text{⊗F} \cdot \tau \cdot \text{TPC}}{L} \quad \cdots\cdots\cdots (8.37)$$

ただし，⊗F＝⊗よりFまでの水平距離 (m)，τ＝トリム (m)，L＝垂線間長さ (m)，TPC ＝毎センチ排水トン数 (t/cm) で，符号のとりかたは次の表による。

符　号	トリムしている側	⊗より見てFのある側
＋	船　首	船　首
	船　尾	船　尾
－	船　首	船　尾
	船　尾	船　首

(c)　ホグサグ修正

　図8-22(a)は船体がホギングしているとき，(b)はサギングしているときを表わしている。このような状態の船で，船首および船尾の喫水から平均喫水を出して排水量を求めると，水線 $W_1 L_1$（点線）以下の排水量を求めたことになって，実際の水線 WL 以下の排水量よりも，(a)のホギングでは多すぎ，(b)のサギングでは少なすぎることになる。

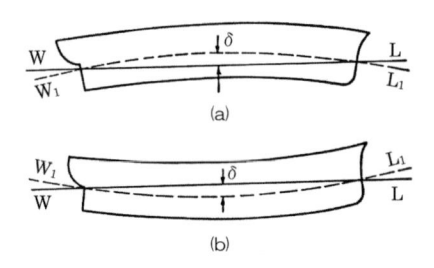

図 8-22　ホグサグ修正

　このような場合には，つぎのホグサグ修正を行なう。

$$\pm \Delta W = \frac{2}{3}(1 + C_w - C_w^2) \cdot \delta \cdot \text{TPC} \quad \cdots\cdots (8.38)$$

ただし，ΔW ＝水線 WL と $W_1 L_1$ との間の排水量 (t)，δ ＝⊗における両水線までの喫水差 (cm)．TPC ＝毎センチ排水トン数 (t/cm)，C_w ＝水線面積係数で，符号のとりかたは，ホギングのときに負，サギングのときに正とする。

(4) ボンジャン曲線　Bonjean's curves
　排水量曲線の代りにボンジャン曲線を使えば，トリム修正やホグサグ修正を行なうことなく，直接に排水量を求めることができる。

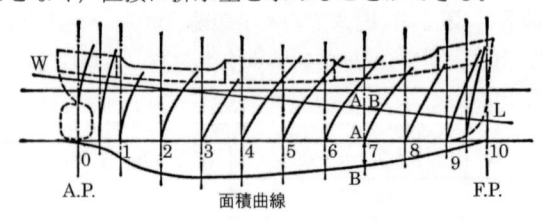

図 8-23　ボンジャン曲線

　図 8-23 はボンジャン曲線の一例であって，垂線間長さを等分した各スクエアエアステーションの位置に，喫水に対する断面の面積曲線を記入してある（図 8-24 参照）。
　ボンジャン曲線に船の水線 WL を書き入れて，各スクエアエアステーションにおける水線以下の断面積 $\overline{AB}$ を求め，図 8-23 の下端に表わすような面積曲線を作れば，この曲線の囲む面積がこの船の排水容積であり，

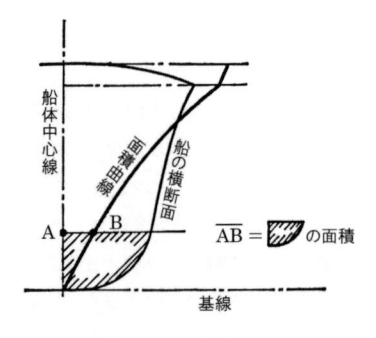

図 8-24　面積曲線

この図形の重心の位置が浮心の前後位置である。
　これらの計算は，式 8.7 および式 8.13 を参照してシンプソン法則により行なえばよい。

(5) 毎センチ排水トン数　tons per centimeter immersion
　船の喫水を，もとの水線に平行に 1 cm だけ増減するのに要する重量を毎センチ排水トン数という。
　A_w＝水線面積 (m^2)，γ＝水の密度 (t/m^3)，C_w＝水線面積係数とすると，1 cm＝1/100 m であるから毎センチ排水トン数 TPC は

$$\text{TPC} = \frac{A_w \cdot \gamma}{100} = \frac{L \cdot B \cdot C_w \cdot \gamma}{100} \qquad \cdots\cdots\cdots (8.39)$$

となる。

　TPC は喫水によって変わる値であって，排水量等曲線図あるいは容積図の載貨尺度 deadweight scale のなかに，標準密度の場合の値が喫水に対応して示されている。

　また，C_w が船の種類によってほぼ一定であるとみなせば

$$\text{TPC} = \frac{L \cdot B}{K} \quad \cdots\cdots\cdots\cdots\cdots\cdots\cdots\cdots (8.40)$$

として，K の値を推定することにより毎センチ排水トン数の近似値を得ることができる。K の値は，貨客船で140，高速貨物船で125，低速貨物船で115，小型漁船で120くらいである。

(6)　船が海から河川にはいる場合の喫水の変化

　船が海から河川にはいると，水の密度が変化するので，その喫水は増加する。

　いま，船がもとの水線に平行に沈下したとして，その沈下量を s (cm) とすると，新旧両水線間にはさまれた排水容積 v は

$$v = \frac{s \cdot \text{TPC}}{\gamma} \quad \cdots\cdots\cdots\cdots\cdots\cdots\cdots (8.41)$$

ただし，TPC＝海水中における毎センチ排水トン数 (t/cm)，γ＝海水の密度 (t/m^3)。

　ところが一方，式8.33により

$$\text{海水中における排水容積} = \frac{W}{\gamma}$$

$$\text{河水中における排水容積} = \frac{W}{\gamma_0}$$

ただし，γ_0＝河水の密度 (t/m^3)。

　したがって，新旧両水線間の排水容積は

$$v = W \left(\frac{1}{\gamma_0} - \frac{1}{\gamma} \right)$$

この v は式8.41と同じものであるから

$$W \left(\frac{1}{\gamma_0} - \frac{1}{\gamma} \right) = \frac{s \cdot \text{TPC}}{\gamma}$$

$$\therefore \ s = \frac{W}{\text{TPC}} \left(\frac{\gamma}{\gamma_0} - 1 \right) \quad \cdots\cdots\cdots\cdots (8.42)$$

いま，水の密度として，表8-3による標準値を用いれば
$$s = \frac{W}{\text{TPC}}\left(\frac{1.025}{1.000}-1\right) = \frac{W}{40\text{TPC}} \quad \cdots\cdots (8.43)$$
ここでは平行沈下量 s を求めたが，一般には喫水が変化すると浮心が前後に移動するから，船は喫水が変わるとともにトリムも変わるのが普通である。(220頁 11-3(2)参照)

第9章 復 原 力

9-1 船が水に浮かぶための条件

(1) 重力と浮力の釣り合い

船が静かな水面に浮かんで静止するためには、船体に働く重力と浮力とが釣り合うことが必要である。すなわち
○ 重力と浮力とは、大きさが等しい。
○ 重力と浮力の作用線は、同一鉛直線内にあって、その方向は反対である。

図9-1は、この条件を図示したもので、重力の着力点 G が重心、浮力の着力点 B が浮心である。

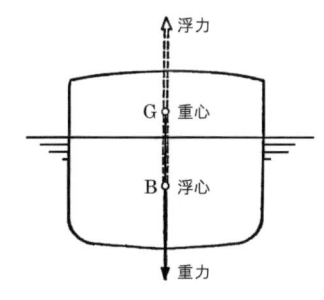

図 9-1 重力と浮力の釣り合い

(2) 釣り合いの安定性

力の釣り合いには、安定・不安定・中立の3種類があるが、船の場合は、つねに安定釣り合いでなければならない。

釣り合いが安定であるかどうかを調べるには、図9-2のように、船を釣り合いの位置からごくわずか傾けてみればすぐわかる。

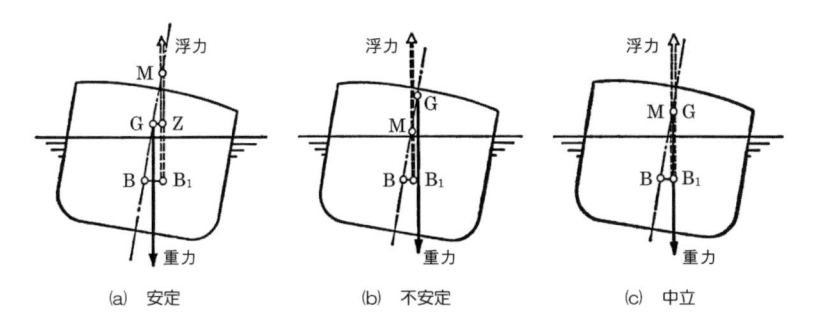

(a) 安定　　(b) 不安定　　(c) 中立

図 9-2 釣り合いの安定性

図9-2の(a)の場合は，重力と浮力の形作る偶力が船をもとの位置にもどす方向に働くから釣り合いは安定である。これに対して(b)の場合は不安定，(c)の場合は中立である。

そこで，第3の条件が必要となる。

○ 船を釣り合いの位置からごくわずか傾けたとき，つねにもとの位置にもどろうとする傾向を生じること。

この性質を復原性 stability といって，どんな船でも持っていなければならない重要な性質である。

いま，図9-2において，直立のときの浮力の作用線と傾いたときの浮力の作用線との交点すなわちメタセンタ metacenter を M とすると，安定・不安定・中立の判別は次のように表わすことができる。

○ M が G より上にあるとき………安定
○ M が G より下にあるとき………不安定
○ M が G と一致するとき ………中立

このように，船の復原性は，浮心 B，重心 G およびメタセンタ M の3点の相互位置によって決まるので，次にこれら3点の位置の求めかたについて述べることにする。

9-2 浮　心

(1) 浮　心　center of buoyancy

船体に働く浮力は，水線以下の船体の体積の重心を通って鉛直上方に向かう。この浮力の作用中心を浮心という。

浮心は水線以下の船体の体積の重心にあるから，船が傾けば浮心は直ちに新しい位置に移動する。図9-3において，(a)は横傾斜の場合，(b)は縦傾斜の場合を表わしている。

このように，船が任意の方向に傾きを変えれば，それにつれて浮心は前後左右あるいは斜めの方向に移動し，その軌跡は一つの傾斜方向に対し放物線を描くが，全体としては図9-3の(c)のように船の前後方向に長く横方向に短い楕円体の表面に似た形となる。

第9章 復原力

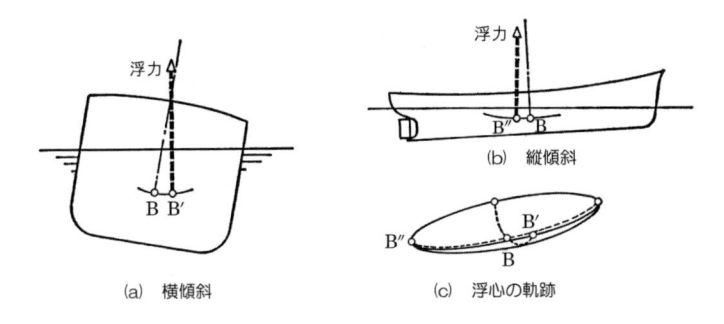

(a) 横傾斜

(b) 縦傾斜

(c) 浮心の軌跡

図 9-3 船体の傾斜と浮心の移動

(2) 浮心の位置

浮心の位置は，排水容積の中心なので，上下・前後・左右の3方向の位置によって決まる。

浮心の前後位置は各スクエアステーションの断面積を使って次のように求められる（図8-9参照）。

$$⊗B = \frac{M_A}{V}$$

ここに，M_A は各スクエアステーションにおける断面積 A_0, A_1, A_2, A_3, ……, A_9, A_{10} のモーメント，V は各スクエアステーションにおける断面積を積分した排水容積で，スクエアステーションの間隔を h とすれば，それぞれ次式で求めることができる。

$$M_A = \frac{h}{3} \times (A_0 x_0 + 4A_1 x_1 + 2A_2 x_2 + 4A_3 x_3 + \cdots\cdots + 4A_9 x_9 + A_{10} x_{10})$$

$$V = \frac{h}{3} \times (A_0 + 4A_1 + 2A_2 + 4A_3 + \cdots\cdots + 4A_9 + A_{10})$$

浮心の上下位置は基線からの各水線における水平面積から次のように求めることができる（図8-10参照）。

$$KB = \frac{M_{Aw}}{V}$$

ここに，M_{Aw} は基線に対する水線面 A_{w0}, A_{w1}, A_{w2}, A_{w3}, ……, A_{wn-1}, A_{wn} のモーメント，V は水線面の積分による排水容積で，水線面の間隔を h_z とすれば，それぞれ次式で求めることができる。

$$M_{Aw} = \frac{h_z}{3} \times (A_{w0}z_0 + 4A_{w1}z_1 + 2A_{w2}z_2 + 4A_{w3}z_3 +$$
$$\cdots\cdots + 4A_{wn-1}z_{n-1} + A_{wn}z_n)$$
$$V = \frac{h_z}{3} \times (A_{w0} + 4A_{w1} + 2A_{w2} + 4A_{w3} + \cdots\cdots + 4A_{wn-1} + A_{wn})$$

ただし，喫水 $d = z_n$ で，$z_n = n \times h_z$，n は偶数である。

(a) 船体が直立している場合

浮心は船体中心線上にあるから，上下・前後の位置がわかればよい。そのときの平均喫水がわかれば，上記の計算により求められた船底の基線から浮心までの垂直距離 KB と，船体中央座標 ⊗ から浮心までの水平距離 ⊗B とが排水量等曲線図により与えられる。

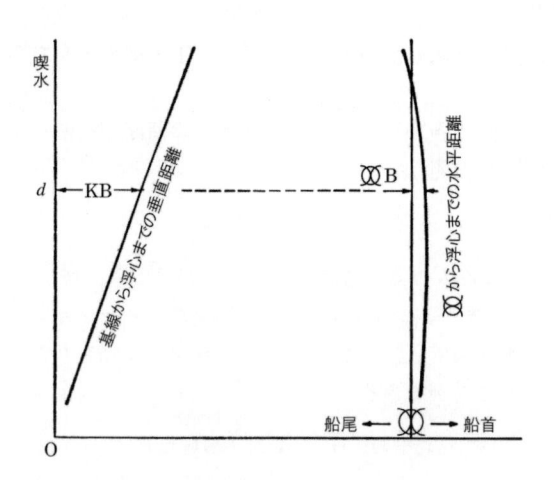

図 9-4 排水量等曲線図による浮心の位置の求め方

(b) 船体が傾斜している場合

船が傾斜したとき，浮心 B がどの方向にどれだけ移動するかを調べる手がかりとして，図 9-5 に示す図形の重心の移動を考えてみる。

図形 ABCDEF（面積を A，重心を G とする）の一部 BCDE（面積を a，重心を g とする）を切り離して FEJK の位置（重心を g′ とする）に移動させると，図形は ABEJKF となり，重心は G から G′ に移動する。

ABEFの重心をOとすると，G, G′ はそれぞれ Og, Og′ の線上にあり，またOに対する面積のモーメントを考えると次の関係が成立する。

$$\frac{OG}{Og} = \frac{a}{A}, \quad \frac{OG'}{Og'} = \frac{a}{A}$$

したがって，△OGG′ および △Ogg′ は相似であるから

$$\frac{OG}{Og} = \frac{OG'}{Og'} = \frac{GG'}{gg'} = \frac{a}{A}$$

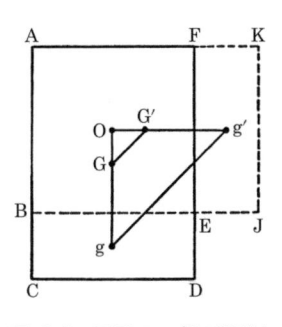

図 9-5 図形の一部の移動による重心の移動

すなわち，重心Gは一部分の重心の移動 gg′ に平行に $GG' = \dfrac{gg' \times a}{A}$ だけ移動する。

面積 A の代りに容積 V または重量 W を考えるとき，容積 V 中の一部容積 v または重量 W 中の一部重量 w の重心の移動 gg′ による浮心 B または重心 G の移動についても全く同じ関係が成立する。すなわち

1) 浮心の移動

$$BB' /\!/ gg', \quad BB' = gg' \times \frac{v}{V} \quad \cdots\cdots (9.1)$$

2) 重心の移動

$$GG' /\!/ gg', \quad GG' = gg' \times \frac{w}{W} \quad \cdots\cdots (9.2)$$

図 9-6 において，WL をはじめの水線，W′L′ をごくわずか傾斜したのちの水線とすると，はじめ排水容積 V の一部であったくさび形容積 WOW′ は水線上に露出し，代りに LOL′ が没入して排水容積の一部となる。

傾斜の前後において排水容積に変化はないから露出部 WOW′ と没入部 LOL′ の容積は等しく，これを v とすれば，排水容積 V の一部 v が g から g′ に移動したことになり，式 9.1 を適用して傾斜したときの浮心 B′ の位置を求めることができる。

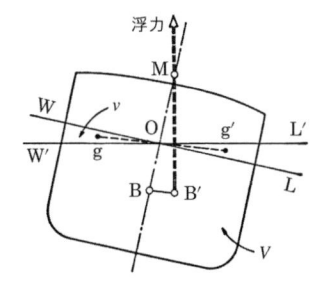

図 9-6 傾斜時の浮心の位置

(3) 浮心の上下位置の近似式

浮心の上下位置については普通の商船・艦艇・漁船の船型に対して，次のような近似式が発表されている。

(a) モーリッシュの式

喫水線より浮心までの垂直距離 OB は

$$\mathrm{OB} = \frac{1}{3}\left(\frac{d}{2} + \frac{V}{A_w}\right) = \frac{d}{3}\left(\frac{1}{2} + \frac{C_b}{C_w}\right) \quad \cdots (9.3)$$

ただし，d =喫水 (m)，v =排水容積 (m³)，A_w =水線面積 (m²)，C_b =方形係数，C_w =水線面積係数である。

浮心の上下位置は基線からの垂直距離 KB で表わすことも多いから，式 9.3 を書きなおせば

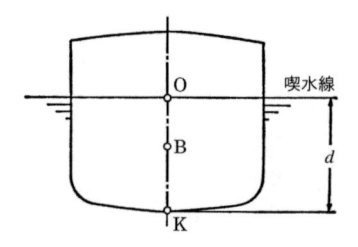

図 9-7 浮心の上下位置

$$\mathrm{KB} = d - \mathrm{OB} = \frac{1}{3}\left(\frac{5}{2}d - \frac{V}{A_w}\right)$$

$$= \frac{d}{3}\left(\frac{5}{2} - \frac{C_b}{C_w}\right) \quad \cdots\cdots\cdots (9.4)$$

(b) 早瀬の式

$$\mathrm{KB} = \frac{C_w}{C_b + C_w} \cdot d \quad \cdots\cdots\cdots\cdots\cdots (9.5)$$

(c) 大串の式

$$\mathrm{KB} = \frac{C_w}{C_v + 0.900} \cdot d \quad \cdots\cdots\cdots\cdots\cdots (9.6)$$

9-3 重　心

(1) 重　心　center of gravity

船体に働く重力は，つねに船の重心を通って鉛直下方に向かう。船の重心の位置を求めるには，船体が完成したときに軽荷重量（船の自重，すなわち船体・艤装・機関など船固有の重量）の重心を後述の傾斜試験によって求めておき，それに貨物・燃料・水などをどこにどれだけ積むかによって，そのつど計算によって重心の移動量を求めていく。

（2） 重心の移動

浮心は船が傾くと移動するが，重心は船が傾いただけでは動かない。船内の重量物を移動したり，新しく重量物を積んだり降ろしたりすれば，重心は移動する。

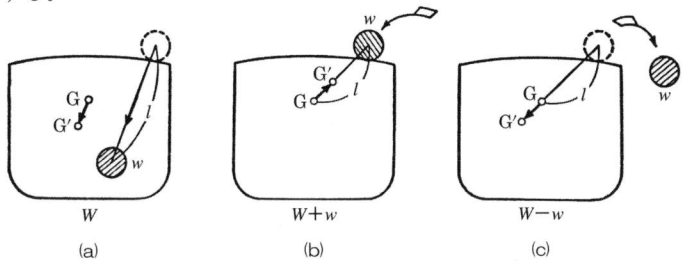

図 9-8　重心の移動

(a) 船内で重量物を移動したとき

図 9-8(a)において，重量物を任意の方向に移動したときの船の重心 G の移動は式 9.2 により

　　重心の移動する方向　　重量物の移動した方向に平行

　　重心の移動する距離　　$GG' = \dfrac{w \cdot l}{W}$　……(9.7)

ただし，W =船の排水量（t），w =移動した重量物の重さ（t），l =重量物の移動した距離（m）とすれば GG'（m）として求められる。

(b) 重量物を新しく積み込んだとき

　　重心の移動する方向　　積み込んだ重量物の重心の方向

　　重心の移動する距離　　$GG' = \dfrac{w \cdot l}{W+w}$　……(9.8)

はじめに，船の重心 G の位置に重量物 w を積み込んだと考えると，排水量が $(W+w)$ となるだけで，船の重心の位置は動かない。次に w を図 9-8(b)に示す位置まで移動したと考えれば，(a)の場合と同じことになる。

(c) 重量物を船外へ降ろしたとき

　　重心の移動する方向　　降ろした重量物の重心と反対方向

　　重心の移動する距離　　$GG' = \dfrac{w \cdot l}{W-w}$　……(9.9)

式 9.8 において, w のかわりに $-w$ とおけば, 自動的に GG′ は負となり, 移動距離が積み込んだときと反対方向の値として示される。

(3) 重量物の移動による船の傾斜

船内の重量物が移動すると, たとえば図 9-9(a)のように横方向に移動すると重心は G から G′ に移動するので, 重力と浮力との釣り合いが破れて偶力が発生する。

偶力が働けば船は傾斜し, その結果, 浮心は B から B′ に移動して重心の真下にきて止まり, 再び重力と浮力とが釣り合って, 偶力が発生しない状態になる。

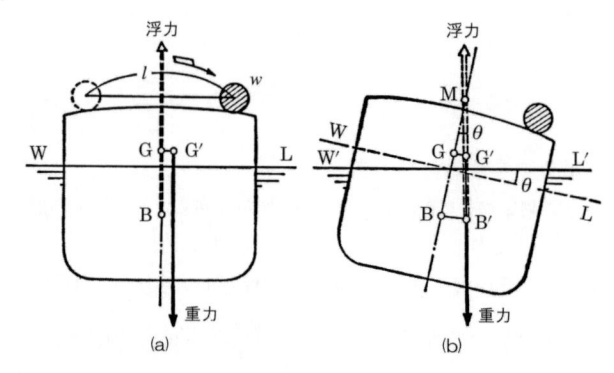

図 9-9　重量物の移動による船の傾斜

図 9-9(b)において, はじめの水線 WL と傾斜した後の水線 W′L′ とのなす角を θ とすると, はじめの浮力の作用線と傾斜した後の浮力の作用線とのなす角も θ である。

いま 2 つの作用線の交点を M とすると, 三角形 GMG′ は直角三角形であるから, 式 9.7 によって

$$\tan \theta = \frac{GG'}{GM} = \frac{w \cdot l}{W \cdot GM} \quad \cdots\cdots\cdots (9.10)$$

例 排水量 10,000 トンの船の甲板上で, 50 トンの重量物を横方向に 12 m 移動したときの船の横傾斜角を求めよ。ただし, この船の GM を 0.8 m とする。

第9章 復　原　力

$$\tan\theta = \frac{50 \times 12}{10,000 \times 0.8} = 0.075$$

三角関数表などにより

$$\theta = 4°17'$$

(4) **重量物の片積みによる船の傾斜**

　重量物を船の片舷のみに積載すれば，船は傾斜する。この場合はまず重量物を船体中心線上に積み，次に所定の位置にまで移動したと考えれば，船の傾斜角は式9.10を応用して求めることができる。

　すなわち，排水量 W の船の船体中心線上に重量物 w を積載すれば，排水量は $(W+w)$ となり，喫水は $(d+\Delta d)$ となり，重心は G から G′ に移動し，横メタセンタ M は喫水の増加により M′ に移動する。

　したがって，船の傾斜角は

$$\tan\theta = \frac{w \cdot l}{(W+w) \cdot \mathrm{G'M'}} \quad \cdots\cdots\cdots\cdots (9.11)$$

により求められる。

　片舷の重量物を船外へ降ろす場合は，式9.11において w の代わりに $-w$ とおけばよい。

(5) **傾斜試験**　inclining experiment

　船が完成したときには，傾斜試験を行なって重心の上下位置を確認する*。すなわち甲板上で重さのわかっている重量物を横方向に一定の距離移動し，その結果生じた船の傾斜角を測定して横メタセンタ高さ GM を求める。GM は式9.10を変形して

$$\mathrm{GM} = \frac{w \cdot l}{W \cdot \tan\theta} \quad \cdots\cdots (9.12)$$

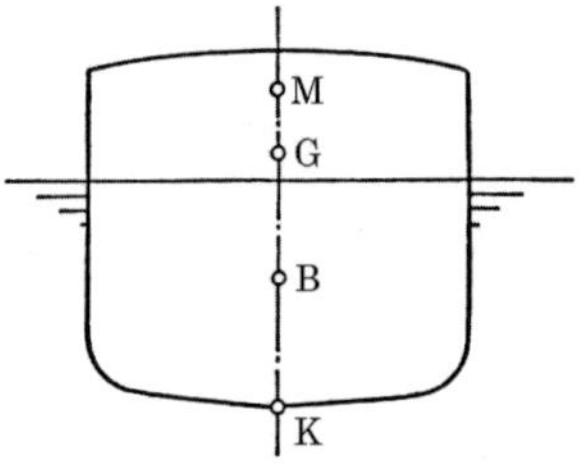

図 9-10　重心の上下位置

　基線より G までの垂直距離 KG は，図9-10のとおり，次式により求めることができる。

$$\mathrm{KG} = \mathrm{KM} - \mathrm{GM} = \mathrm{KB} + \mathrm{BM} - \mathrm{GM} \quad \cdots\cdots (9.13)$$

＊　船舶復原性規則により完成時に行なう復原力試験には，傾斜試験のほかに動揺試験がある。動揺試験については228頁を参照のこと。

このように考え方はきわめて簡単であるが，よい結果を得るには次のような細心の準備と注意が必要である。

(a) 準　備

搭載物の現状調査　傾斜試験は，実際には完成より少し前に実施することが多いので，あらかじめ試験時と完成時との相違をよく調べておく必要がある。

すなわち，完成時には搭載される予定だが試験時には未搭載の物，あるいは完成時には撤去するが工事などの必要から試験時に仮搭載されている物（たとえば工具・足場板・傾斜試験用具など）について，その重量および重心の位置を記録して後日修正計算を行なうときの資料とする。

また各タンクを点検して空であることを確認し，やむを得ず水や油を残す場合は測深によりその量を調べ，これも後日修正する。

移動重量の設定　甲板上なるべく中央部に左右両舷に重量を移動しやすい場所を選び，移動重量を置く位置を正確に甲板にマークし，移動距離を実測する。移動距離 l はなるべく大きく取るのがよい。

移動重量 w は移動による船の傾斜が $2°〜3°$ くらいになるように決める。正確に計量した移動重量を2組用意して，図9-11のように，両舷のAおよびBに置く。

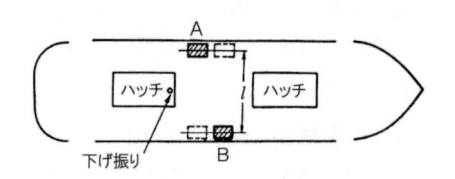

図 9-11　移動重量の設定

下げ振りの設定　船の傾斜角を計るには，下げ振りが最も簡単で正確である。

下げ振りは長いほど精度がよいので，なるべく長くとれる適当な場所を選んで糸を垂らし，先端に錘をつける。錘の振れを早く止めるには，錘を水を張った水槽に浸すとよい。水槽の上縁に物差を取り付けて，下げ振りの移動量を読む。

下げ振りの上端から物差までの距離を h (m)，移動量を s (m) とすると，船の傾斜角 θ は

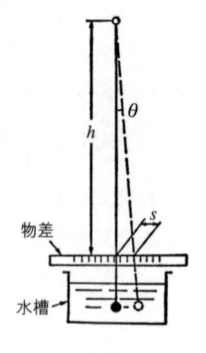

図 9-12　下げ振り

$$\tan \theta = \frac{s}{h} \quad \cdots\cdots\cdots\cdots\cdots\cdots\cdots\cdots\cdots\cdots\cdots\cdots \quad (9.14)$$

　下げ振りは，大きな船では前・中・後部の3か所に，小さな船では2か所または1か所に設ける。

　排水量の測定　試験実施の直前に，排水量をできるだけ正確に測定する。喫水および海水の比重を測定し，比重修正のほか各種の修正を行なう（165頁参照）。

(b)　**実　　施**

　傾斜試験は次の順序で実施する。

1) 重量を移動する前に下げ振りの位置を物差の上で読む。
2) 重量Aを左舷より右舷に移し，船の横揺れの止まるのを待って下げ振りの位置を物差の上で読み，移動量 s_1 を求める。
3) 重量Aを右舷より左舷のもとの位置にもどし，前回と同様にして下げ振り移動量 s_2 を求める。
4) 重量Bを右舷より左舷に移し，下げ振り移動量 s_3 を求める。
5) 重量Bを左舷より右舷のもとの位置にもどし，下げ振り移動量 s_4 を求める。

　以上4回の試験で得た4個の s の平均値を用い，式9.12および式9.14により GM を得る。前・中・後部から求めたそれぞれの GM を平均して本船の GM とする。

(c)　**注意事項**

　傾斜試験は重量 w の移動による傾斜モーメントだけが船を傾斜させたとして計算しているから，試験中に w 以外のものが傾斜を変えることのないよう，次のような注意が必要である（船舶復原性規則第6条参照）。

1) 風や雨の日を避けること。
2) 波や潮流の影響のない場所を選ぶこと。
3) 係船索は緩めるか，あるいは船首尾方向に取って，船の傾斜を束縛しないようにすること。
4) 移動しやすい遊動物は固縛し，タンクの中の水や油は空にするかまたは満載にすること。ビルジ水は，きれいに取り除くこと。
5) 計画トリム以外のトリムをなるべく少なくすること。
6) 試験に関係のない人員は，なるべく船外に退去させ，やむを得ず残

留する者は，試験中その居所を動かぬようにすること。

9-4　メタセンタ

(1) 横メタセンタ　transverse metacenter

図9-13において，船が直立して釣り合っているときの浮力の作用線と，横方向にごくわずか傾けたときの浮力の作用線との交点 M を横メタセンタあるいは単にメタセンタという。

傾斜角 θ が約 $0°$ 〜 $10°$（船によっては $15°$）の小傾斜の範囲では，浮力の作用線は傾斜角に関係なくつねに M 点を通る性質がある。

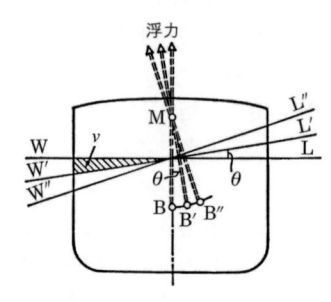

図 9-13　横メタセンタ

メタセンタは傾斜時の中心という意味をもち，18世紀中頃にフランス人のピエールブーゲ（Pierre Bouguer）によって考え出された。

(2) 横メタセンタの上下位置

(a) BM

浮心 B から横メタセンタ M までの垂直距離は，水線以下の船の形によって決まり，式9.16によって計算することができる。

図9-13において θ は微少角であるから三角形 BMB′ および式9.1より

$$\mathrm{BM} = \frac{\mathrm{BB}'}{\theta} = \left(\mathrm{gg}' \times \frac{v}{V}\right)\frac{1}{\theta}$$

$\mathrm{gg}' \times v$ は，水線 WL と水線 W′L′ とにはさまれたくさび形容積 v の移動モーメントであって，いま図9-14について，船の長さの方向の任意の位置における微小長さ dx の間のくさび形微小容積 dv の移動モーメントを考えると，

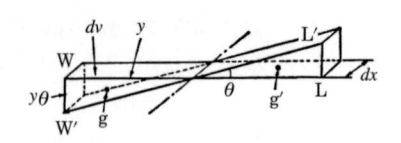

図 9-14　dv の移動モーメント

$$gg' \times dv = \left(2 \times \frac{2y}{3}\right) \times \left(\frac{y \cdot y\theta \cdot dx}{2}\right)$$

くさび形全体については，これを船の長さの方向に積分して

$$gg' \times v = \frac{2\theta}{3} \cdot \int y^3 dx$$

ところが式 8.20 によれば，水線面の船体中心線に関する二次モーメント I_x は

$$I_x = \frac{2}{3} \int y^3 dx$$

であるから，上の式に代入すれば

$$gg' \times v = \theta \cdot I_x \quad \cdots\cdots\cdots\cdots\cdots\cdots (9.15)$$

$$\therefore \quad BM = \frac{I_x}{V} \quad \cdots\cdots\cdots\cdots\cdots\cdots (9.16)$$

(b) **BM の近似式**

式 9.16 に式 8.25 および式 8.26 を代入すると

$$BM = \frac{I_x}{V} = \frac{nLB^3}{C_b \cdot LBd} = \frac{n}{C_b} \cdot \frac{B^2}{d} = a \cdot \frac{B^2}{d} \quad \cdots\cdots (9.17)$$

ここで，$a = n/C_b$ は船によって決まる係数であって，普通の商船船型では0.08～0.09のくらいで，一般には0.08がよく用いられる。なお箱形船の場合は $a = 1/12$ である。

式 9.17 は BM が B^2 に比例し，d に反比例することを示していて，特に船の幅 B が横メタセンタの高さ，すなわち復原性に非常に大きな影響を持つことがわかる。

(3) **縦メタセンタ** longitudinal metacenter

船内で重量物を前後方向に移動すると，船体は縦に傾斜しトリムを変える。このとき，はじめの浮力の作用線と，トリムを変えたのちの浮力の作用線との交点 M_l を縦メタセンタという。

図 9-15 に示すように，縦メタセンタ M_l と横メタセンタ M とは全く別の点で，M_l は M よりはるかに高い位置にある。ある船のある喫水のときの浮心 B と縦メタセンタ M_l との垂直距離 BM_l は

$$BM_l = \frac{I_y}{V} \quad \cdots\cdots\cdots\cdots\cdots\cdots\cdots\cdots (9.18)$$

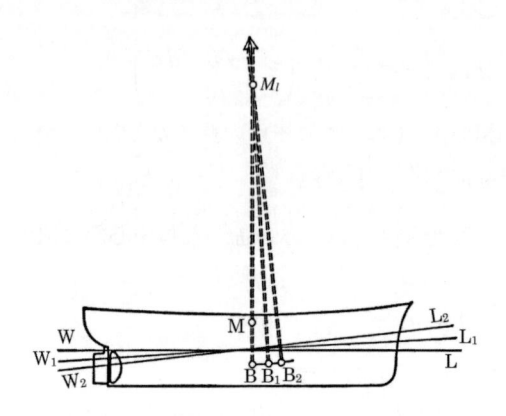

図 9-15　縦メタセンタ

ただし，I_y＝浮面心 F を通る y 軸に関する水線面二次モーメント（m⁴），V＝排水容積（m³）である。

式 9.18 に，式 8.25 および式 8.26 を代入すると

$$\mathrm{BM}_l = \frac{I_y}{V} = \frac{n'L^3 B}{C_b \cdot LBd} = \frac{n'}{C_b} \cdot \frac{L^2}{d} = b \cdot \frac{L^2}{d} \quad \cdots\cdots (9.19)$$

ここで，$b = n'/C_b$ は船によって決まる係数であって，普通の商船船型では0.065くらいであり，箱形船の場合は1/12である。

式 9.19 は，BM_l が L^2 に比例し，d に反比例することを示している。

（4）**メタセンタ図表**　metacentric diagram

重心 G と横メタセンタ M との垂直距離を横メタセンタ高さ transverse metacentric height あるいは単にメタセンタ高さ，あるいは記号のまま GM という。

GM は船の復原力，特に初期復原力に大きな影響をもつ値で，貨物・燃料・水などの出し入れによって変動するのはもちろん，航海中にも燃料や水の消費によってしだいに減っていくから，つねに正確に知っておくことが，船の安全にとって必要である。

図 9-16 は種々のコンディションにおける GM の値を簡単に読み取るために利用されるメタセンタ図表である。この中で，B と M とは計算値を用い，G の位置は貨物や燃料などの積み付け状態から実際に求めて記入する。

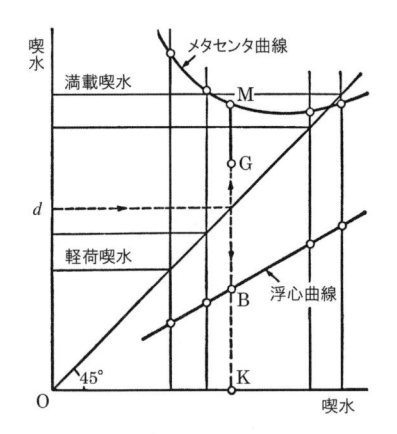

図 9-16 メタセンタ図表

重心 G と縦メタセンタ M_l との垂直距離を縦メタセンタ高さあるいは縦の GM という。この値はトリム計算などに用いられる。

9-5 復原力

(1) 初期復原力 initial stability

この章のはじめに述べたように,船はすべて復原性を持っているが,その大きさは船によって違うので,復原性の大小すなわち復原力を表わすのに復原の偶力(モーメント)を用いている。この復原モーメントのことを復原力と呼んでいる。

図 9-17 において,船がごくわずか傾いたときの重力と浮力との形作る偶力 S は

$$S = W \cdot GZ \quad \cdots\cdots\cdots (9.20)$$

で求められ,S の値が大きいほど復原性が強いことを示す。GZ は偶力のてこであって,復原梃 righting lever あるいは記号のまま GZ と呼ぶ。

GZ は,船の傾斜角 θ の関数であって,その変化の状態を表わした GZ-θ 曲線

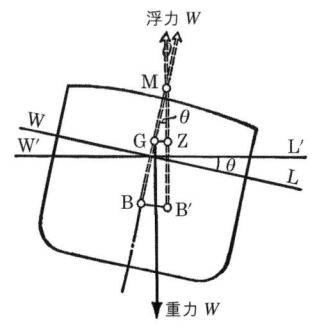

図 9-17 初期復原力

は復原力曲線といって，復原力の判定にはなくてならない重要な曲線である（図9-19参照）。

いま船の傾斜角を約0°〜10°（船によっては15°）の小傾斜の範囲とすると，浮力の作用線はつねにメタセンタ M を通るから，図9-17において直角三角形 MGZ より

$$GZ = GM \cdot \sin\theta \quad \cdots\cdots\cdots\cdots\cdots\cdots (9.21)$$

これを式 9.20 に代入して

$$S = W \cdot GM \cdot \sin\theta \quad \cdots\cdots\cdots\cdots\cdots\cdots (9.22)$$

復原力をこの式の形で表わしうる範囲，すなわち傾斜角が10°あるいは15°くらいまでの範囲の復原力を初期復原力という。

式9.22 はある船がある喫水で浮かんでいるとき，ある角度傾いたときの初期復原力は GM に比例することを示している。すなわち GM は初期復原力の大小を計る目安となる重要な量である。

（2） **復原力曲線** stability curve

船の傾斜角が10°あるいは15°よりもさらに大きくなると，浮力の作用線はもはや横メタセンタ M を通らなくなり，GZ を求めるのに式 9.21 を使うことができなくなる。

このような大傾斜角の GZ の計算には，インテグレータ（積分器）を使うのが最も簡単であるが，次の式を使って求めることができる。

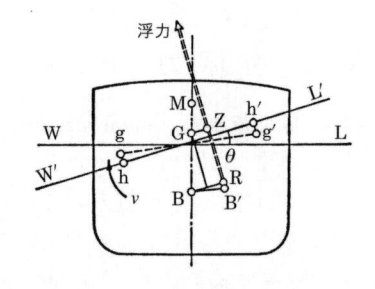

図 9-18 大傾斜角の復原力

図9-18において，傾斜後の浮心 B′ に対する浮力の作用線に B から下ろした垂線の足を R とすれば

$$GZ = BR - BG \cdot \sin\theta = \frac{v \times hh'}{V} - BG \cdot \sin\theta \quad \cdots\cdots (9.23)$$

ただし，h および h' は，それぞれくさび形容積 v の重心 g および g′ から水線 W′L′ に下ろした垂線の足である。

傾斜角を変えて，たとえば10°あるいは15°おきに求めた復原梃 GZ を静的復原力または単に復原力といい，これを GZ-θ 曲線として横軸に横傾斜角，

第9章 復原力

縦軸に復原挺として表わしたものを静的復原力曲線あるいは単に復原力曲線という。

図 9-19 はその一例であって，このように GZ は傾斜が増すにつれてしだいに大きくなり，やがて GZ の最大値である最大復原挺 GZ_{max} に達し

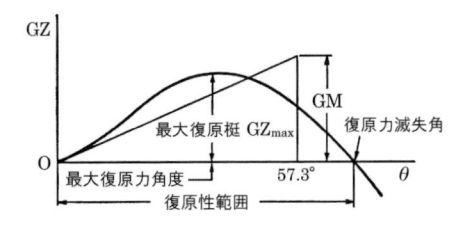

図 9-19　復原力曲線

たのち，しだいに減って0になる。復原力が0になるときの傾斜角を復原力滅失角 vanishing point of stability といい，原点からこの角度までを復原性範囲 range of stability という。

また，θ を微小角とすると，$\sin\theta = \theta$ と近似できるので，式9.21は

$$GZ = GM \cdot \theta$$

とすることができ，式の形を変えて

$$\frac{GZ}{\theta} = \frac{GM}{1} \quad\cdots\cdots\cdots\cdots\cdots\cdots\cdots\cdots (9 \cdot 24)$$

この式は，$\theta = 57.3°$（1 rad.）のところに縦線を立ててその長さを GM に等しく取り，原点Oと結んだ直線が，復原力曲線の原点付近における接線と一致することを示している。

すなわち，GM の大きな船ほど，復原力曲線の原点付近の傾斜（立ち上がり）が大きく，船がごくわずか傾いたときでも起きかえる力が強いことになる。

このように GM の値は初期復原力にとって重要なため復原力曲線を描くときには図中に，1ラジアンにおける GM の値と原点とを結ぶ直線でつくられる三角形を必ず記入する。

なお，復原力曲線の作成にあたっては，船の重心 G は動かないものとしているので，実際には船の傾斜が45°以上にもなれば，船内で重量物の転落や移動が起こり，あるいは海水流入角に達することにより海水の侵入を許すなどして，復原性能は急速に低下するから，復原力曲線が実状と合致するのは，最大復原挺 GZ_{max} 付近までと考えるべきであって，それより先は他船との比較のための参考資料と心得るのが無難である。

海水流入角とは，船舶の直立状態から，強度及び水密性について有効と認められる閉鎖装置のない開口部の下縁が，水面に達する横傾斜角をいう。

(3) 単純断面形状船の復原力曲線
(a) 箱船の復原力曲線

図 9-20 のように船幅 B, 深さ D の箱船が喫水 d, 乾舷 f で浮いている状態を考える。このとき, 浮心 B は喫水の1/2であり,

$$KB = \frac{d}{2}, \quad BM = \frac{B^3/12}{Bd}$$

より

$$KM = KB + BM = \frac{d}{2} + \frac{B^2}{12d}$$

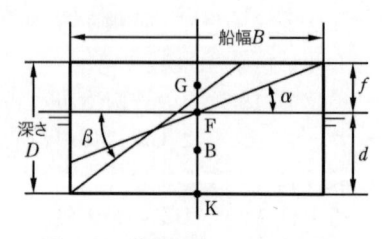

図 9-20 箱船の重心と浮心の関係

このとき，横傾斜角 θ の増加に対して，喫水線は傾斜するが水面上に露出する部分と水面下に没する部分が等しいので，浮面心 F は移動せず，もし $f < d$ ならば舷端没水角 α に達するまで浮面心は船体中心線上にある。したがって復原力曲線 GZ は，B と G の距離を l_{BG} とすると

$$GZ = \frac{1}{12} \cdot \frac{B^2}{d} \left(1 + \frac{1}{2}\tan^2\theta\right)\sin\theta - l_{BG}\sin\theta$$

$d < f$ のときの船底露出角までの復原力もこの式と同じである。傾斜角が α からさらに傾斜して β に達するまでの間は浮面心 F が移動する。

ここに，α, β は次式で求められる。

$$\tan\alpha = \frac{2f}{B} \qquad \tan\beta = \frac{D^2}{2Bf}$$

いま，$B = 2d$, $d = f$, $KG = KB$ とすると，$GM = d/3$ となり，舷端没水角 α までの復原力曲線は図 9-21 のようになる。

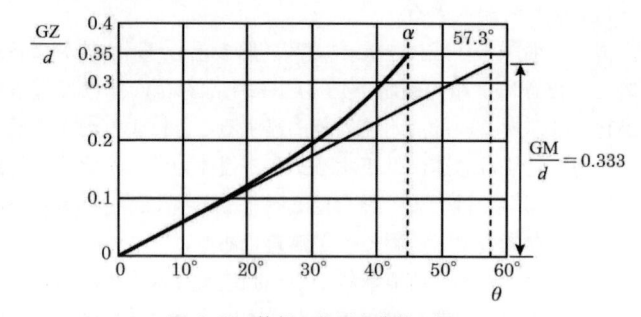

図 9-21 箱船の復原力曲線の例

(b) 半没円柱船の復原力曲線

図 9-22 のように，半径 r の円柱が喫水 r で浮いている状態を考える。

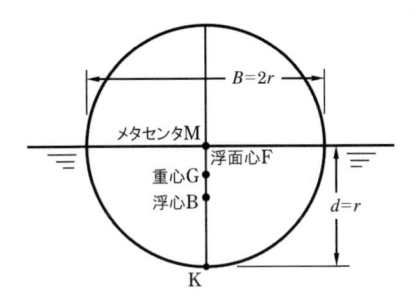

図 9-22　半没円柱船の重心と浮心の関係

このとき，浮心上下位置は，船幅 $B=2r$，喫水 $d=r$ なので

$$KB = r - \frac{4r}{3\pi}$$

$$BM = \frac{B^3/12}{\pi r^2/2} = \frac{4r}{3\pi}$$

よって，KM $=r$ となりメタセンタ M は浮面心 F に一致する。

横傾斜角 θ に対する復原力曲線 GZ は次式によって求められる。

$$GZ = GM \sin \theta$$

よって，GZ に対し G の位置のみが影響する。

もし，KG $=$ KB とすれば，GM $=$ BM $=(4r/3\pi)$ で，GZ $=(4r/3\pi) \sin \theta$ となり，復原力曲線は図 9-23 のようになる。

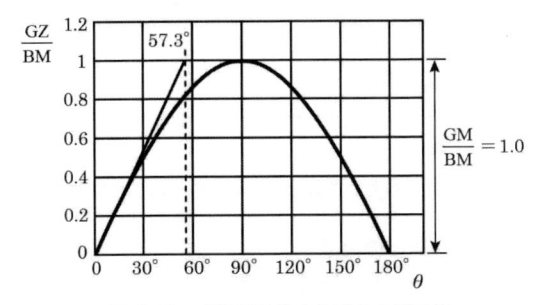

図 9-23　半没円柱船の復原力曲線の例

（4） 復原力曲線と重心の位置との関係

GZ の計算には，そのときの船の排水量と重心の位置とが必要で，復原力曲線には必ずこれらの値を付記しておかなければならない。

船に備えてある復原力曲線図には，本船の満載状態・軽荷状態など二三の特別な状態に対する GZ 曲線が示してあるが，これらはそれぞれの状態のときの排水量を取り，重心の位置は適当に定めたものであるから，実際の重心の位置と違うときは修正が必要である。

排水量が同じで，重心の位置が違う場合の修正は，次のようにして行なう。

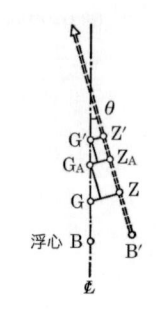

図 9-24　重心位置の影響

計算に使った仮定の重心を G_A，実際の重心を G，仮定の GZ を $G_A Z_A$，実際の GZ を GZ とすると

$$GZ = G_A Z_A \pm GG_A \cdot \sin\theta \quad \cdots\cdots\cdots\cdots (9.25)$$

符号は，G が G_A より下のとき正，上のとき負とする。

図 9-25 のように復原力曲線は，同じ排水量でも G の位置によってそれぞれ違った曲線となる。

船体上部に重量物を搭載したり，船内に海水が入ることによる自由水の影響などで重心が非常に高くなったときは，0°から右舷側と左舷側の大きな範囲で復原力が小さいかまたはマイナスの領域が生じる。この状態で左右に大きく傾斜することはロル loll と呼ばれ，転覆に至ることがある。

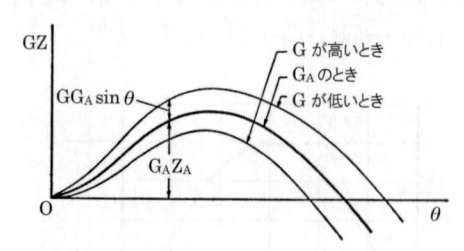

図 9-25　復原力曲線に及ぼす重心の位置の影響

（5） 復原力曲線と排水量との関係

復原力曲線図に表わされていない任意のコンディションのときの GZ-θ 曲線を作るには，復原力交差曲線（復原力クロスカーブ）を利用する。

図 9-26 はクロスカーブの一例で，横軸に排水量を取り，縦軸に GZ を傾斜角 θ をパラメータとして表わす。計算に使った仮定の重心の位置も付記しておく。

クロスカーブを使ってある排水量のときの復原力曲線を作るには，その排水量に相当する点を横軸の上に求めて縦線を引き，各曲線と交わらせると，横軸からその曲線までの距離が各曲線の傾斜角に対する GZ であるから，それらの値を使って GZ-θ 曲線を作図すればよい。

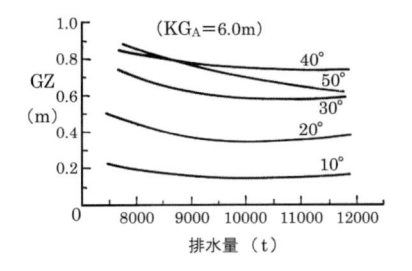

図 9-26 復原力交差曲線

クロスカーブの重心が実際と違う場合にはさらに式 9.25 を用いて修正する。

(6) **動的復原力** dynamical stability

船を直立の位置からある角度まで傾けるのに要する仕事を，その傾斜角における動的復原力という。これに対して偶力としての復原力を静的復原力という。

船を直立の位置からある角度 θ まで傾けるのに要する仕事量を求めるには，船に働く復原力 $W \cdot GZ$ を θ について積分すればよい。いま，動的復原力を S_d とすれば

$$S_d = \int_0^\theta W \cdot GZ d\theta \quad \cdots\cdots\cdots\cdots\cdots\cdots (9.26)$$

これをいいかえれば，ある角度における動的復原力は，その角度までの $W \cdot GZ$ 曲線の下に囲まれる面積に等しい。

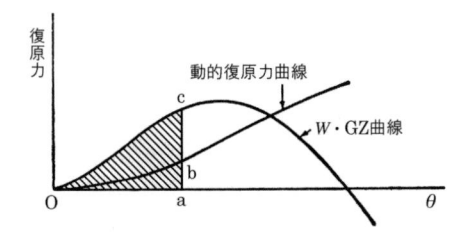

図 9-27 動的復原力

すなわち,図9-27において,W・GZ曲線の囲む面積Oacは,動的復原力曲線までの距離abで表わされる値に等しい。

突風などのように,急激に船を傾ける力が加わったときの船の傾斜角は,動的復原力によって説明することができる。

またごく小角度の傾斜においては,GZ = GM・θ とおけるから

$$S_d = \frac{1}{2} \cdot W \cdot GM \cdot \theta^2 \quad \cdots\cdots\cdots\cdots\cdots (9.27)$$

例 排水量8000トン,GM = 0.85 m の船が3°傾斜したときの動的復原力を求めよ。

式9.27により

$$S_d = \frac{1}{2} \cdot W \cdot GM \cdot \theta^2 = \frac{1}{2} \times 8000 \times 0.85 \times \left(3 \times \frac{\pi}{180}\right)^2 = 9.32 (\text{t·m})$$

(7) 帆船の傾斜

動的復原力の応用例として,横方向から風を受ける帆船の傾斜について考えてみよう。

(a) 定常風を受ける場合

帆に風を受けて船体が傾く場合は,風による傾斜モーメントと船の復原モーメントとが等しくなる角度で釣り合う。

いま,図9-28において横方向からの単位面積あたりの風圧力を p (kg/m^2),帆の側面積を A_s (m^2),船体の側面積を A_h (m^2),水面下の横圧力中心より帆の風圧中心までの垂直距離を H_s (m),水面下の横圧力中心より船体の風圧中心までの垂直距離を H_h (m) とし,釣り合いの状態において船の傾斜角を θ とすると

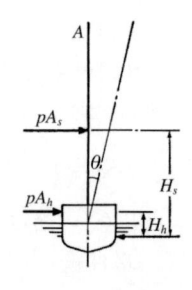

図 9-28 帆船の傾斜

傾斜モーメント=帆に受けた風による傾斜モーメント+船体に受けた風による傾斜モーメント

$$= pA_s H_s \cos^2\theta + pA_h H_h \cos^2\theta \quad \cdots\cdots (9.28)$$

復原モーメント = W・GZ

この両モーメントが等しくなる傾斜角 θ を求めればよい。

図 9-29において，両モーメントの曲線の交わる角度 θ_1 がその角度で，θ_1 を定傾斜角 angle of steady heel といい，船はこの傾きを保ちながら航走する。

なお，単位面積あたりの風圧力 p は風速 v に対し次の式で表わされる（206頁「10-4(3)(a)風圧による傾斜モーメント」参照）。

$$p = 0.076 \times v^2$$

ただし，p ＝単位面積あたりの風圧力 (kg/m²)，v ＝定常風の風速 (m/s) である。

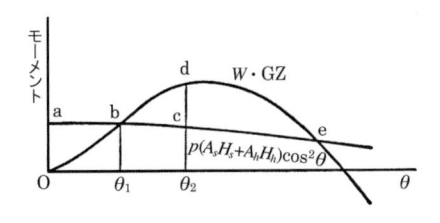

図 9-29　風による傾斜モーメント

(b) 突風を受ける場合

直立している船が突風を受けると，たとえ強さが定常風と同じであっても，船は θ_1 を超えて大きく傾斜する。したがって定常風を受けて航走するときよりも，突風を受けるほうが転覆の危険が大きい。

この場合は，風が船に対してなした仕事と船の動的復原力とが等しくなる角度まで傾斜する。これを図 9-29 においてみれば，両モーメントの曲線のそれぞれが囲む面積が等しくなる θ_2 まで傾くことになる。すなわち

　　　　面積 $O\theta_2 ca$ ＝面積 $O\theta_2 d$

両面積の共通部分を取り除けば

　　　　面積 Oba ＝面積 bcd

θ_2 まで傾くと船は止まるので，こんどは静的釣り合いにおいて復原モーメントが傾斜モーメントより大きくなるから，船体はもとの位置へ戻ってくる。そのとき突風がやんでいれば直立までもどり，風がそのまま定常風として吹き続ければ θ_1 までもどる。

(c) 傾斜側より突風を受ける場合

図 9-30 において船が横揺れなどにより風上側に θ_0 だけ傾斜しているときに突風を受けると，風による傾斜角は θ_2 よりもさらに大きく θ_3 まで傾く。

この場合の θ_3 は，両モーメントの曲線の囲む面積が次のように等しくなる傾斜角である。

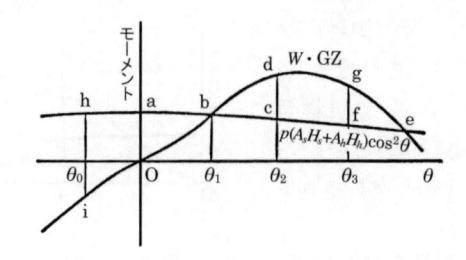

図 9-30 傾斜側より突風を受ける場合

　　　面積 bahiOb ＝面積 bcfgdb

帆船は，この場合に転覆の危険が最も大きい。

(d) **予備動的復原力**　reserve of dynamical stability

　　復原モーメント曲線の囲む面積が，傾斜モーメント曲線の囲む面積よりも大きいあいだは，船は決して転覆しない。

　　帆船が定常風を受けて，定傾斜角にて航走中に，さらに突風などを受ける場合は，図 9-30 において，面積 bcfegdb が大きいほど安全である。面積 bcfegdb を予備動的復原力という。

第10章　復原性の確保

10-1　GMの確保

(1) 適度のGM

　メタセンタ高さ，すなわち GM の値は，初期復原力ばかりでなく，大傾斜の場合にも，船の復原性に非常に重要な影響を及ぼすから，貨物や燃料の取り扱いの際はもちろん，航海中にもドック中にも，つねにその変動に気を配って，船の安全のために最適な GM を保持するよう対策を講じる必要がある。

　GM を大きくすると
1) 初期復原力が大きくなるばかりでなく，最大復原梃 GZ_{max} も大きくなる。
2) 風や波を横から受けるとき，船が旋回するとき，船内で重量物や大ぜいの旅客が横方向に移動するときなど，船が傾斜モーメントを受けても傾斜しにくく，たとえ傾斜してもすぐもとに戻る。
3) 船の横揺れ周期が小さくなって，乗り心地の悪い船となり，貨物に荷ずれなどの悪い影響を生じる。

　したがって，GM は大き過ぎもせず小さ過ぎもせず，適度の値であることが望ましい。適度の値は，その船の種類・航路・載貨状態などによって変わるから，一概に決めることはできないが，表10-1 はその概略の範囲を示している。

　また，横揺れ周期の点からみて，適度と考えられる多数の実船の航海経験をまとめて，満載時の GM は船の幅の 4〜5％の範囲がよいといわれている。

　航海中は，燃料や清水などの消費によって，GM はしだいに減るのが普通であるから，どんな場合でも入港時にマイナスとならぬよう，出港時には航海中に生じる GM の減少を考慮してあらかじめ GM を増しておくことが必要である。

表 10-1　GM の範囲

種　類	総トン数	状　態	KG/D	GM/B
客船, 貨物船	3,000〜 5,000	空　船	0.68〜0.95	0.084〜0.111
		満　載	0.72〜0.98	0.052〜0.064
カーフェリー	8,000〜 10,000	空　船	0.93〜0.97	0.056〜0.058
		満　載	0.99〜1.03	0.049〜0.062
貨　物　船	5,000〜 10,000	空　船	0.59〜0.73	0.088〜0.167
		満　載	0.60〜0.70	0.057〜0.092
	10,000〜 20,000	空　船	0.55〜0.57	0.101〜0.181
		満　載	0.54〜0.61	0.077〜0.092
タンカー	100,000〜140,000	空　船	0.46〜0.50	0.321〜0.325
		満　載	0.51〜0.53	0.161〜0.167
ばら積貨物船	5,000〜 7,000	空　船	0.49〜0.63	0.141〜0.194
		満　載	0.50〜0.68	0.069〜0.110
鉱油兼用船	40,000〜100,000	空　船	0.51〜0.59	0.228〜0.285
		満　載	0.54〜0.56	0.090〜0.149
コンテナ船	3,000〜 10,000	空　船	0.58〜0.83	0.093〜0.155
		満　載	0.65〜0.84	0.023〜0.045
	20,000〜 40,000	空　船	0.56〜0.61	0.094〜0.150
		満　載	0.70〜0.76	0.007〜0.029
木材運搬船	5,000〜 10,000	空　船	0.57〜0.64	0.171〜0.224
		満　載	0.61〜0.68	0.076〜0.078
トロール漁船	3,000〜 6,000	空　船	0.57〜0.61	0.057〜0.072
		満　載	0.54〜0.62	0.050〜0.090

(D =型深さ, B =型幅)

(2)　GM の判定

　現在の GM の値がどれだけあるかを知っておくことは, 船の安全のためきわめて重要なことである.

　現在の GM の値を判定するには, 次のような方法がある.

　1)　傾斜試験を実施する. 最も正確な値が得られるが, 就航中の船では実施困難である.

　2)　計算により KG を求め, 排水量等曲線図により現在の平均喫水に対応する KM を得れば

$$GM = KM - KG$$

この場合，図9-16のメタセンタ図表を用いれば，さらに簡便である。

任意の載貨状態における KG を求めるには，重量重心計算書によって，まず標準状態における KG を知り，それより搭載すべきもの，あるいは取り除くべきものについての修正を行なえばよい。

3) GM の値を計算する余裕のないときは，次のいずれかの方法によって，その大小を判断することができる。

(イ) あらかじめ，GM が適度で良好な状態と思われるときの横揺れ周期を記録しておき，現在の状態の周期と比較する。

(ロ) 船の旋回中の傾斜角を，適度の GM を有するときのそれと比較する。

(ハ) 荷役中，デリックブームを船外に振り出したり，重量物を横方向に移動したりしたときの船の傾斜角を，適度の GM を有するときのそれと比較する。

いずれの場合でも横揺れ周期が長くなり，船体がいつもより不安定で，大きく傾くときは，GM が小さいのである。

(3) GM の調整

GM が不足する場合の調整には，次のような方法がある。

1) 重心を下げる方法

(イ) **上部にある重量を減らす** たとえば，操舵室・煙突・救命艇など，上部構造物や艤装品を軽合金製にすれば，鋼製に比べて重量が減り，船の重心は下がる。

また，上部にある重量物を出港前に陸揚げするか，航海中ならば海中に投げ荷すれば，船の重心は下がる。

(ロ) **上部にある重量を下部に移す** たとえば，甲板上あるいは甲板間の貨物を船倉に移せば，船の重心は下がる。

(ハ) **下部に重量を搭載する** 二重底内のバラストタンクに海水を入れたり，船底に固定バラストを搭載したりすれば，重心は下がる。固定バラストとしては，銑鉄・鉛・セメントブロック・鋼滓・砂利などが使われる。

このうち(ハ)は船の大切な重量を重心を下げるだけのために使うことに

なって不利であるが，最も手っ取り早いので広く用いられている。(イ)は有利な方法であるが実施する範囲に限りがある。(ロ)はその中間で，たとえば荷役のときに，重い貨物を船倉に軽い貨物を甲板間に積むという具合に，工夫すればかなり有効である。

重心を下げると図9-21のように復原力曲線の形が大きくなって，復原性を増すばかりでなく，旋回中の船の傾斜角も小さくなるなど，同じGMの大きさであっても，Gを下げるほうが次に述べるメタセンタを上げるよりも優れている。

2) メタセンタを上げる方法

メタセンタを上げるには船の幅を増せばよい。就航中の船では実施困難であるが，どうしても必要とあれば，入渠して現在の外板の外側にバルジ bulge をつければよい。

この目的のために商船に取り付けられるバルジは船体の傾斜角を20°くらいまでの範囲とするのが普通である。

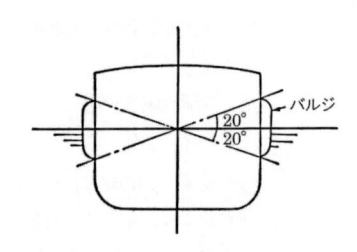

図 10-1 バルジ

10-2 乾舷の確保

(1) 乾 舷

乾舷は満載喫水線から上甲板までの高さを表わすから（14頁参照），この値が大きいと，(イ)予備浮力が大きく，(ロ)凌波性にすぐれ，(ハ)復原性に対してもきわめてよい影響がある。

図10-2は，船の幅，喫水および基線上の重心の高さが同一で，乾舷のみが異なる二つの船の復原力曲線である。

この図で明らかなように，傾斜角θがある角度までは両曲線は一致しているが，それ以上になると乾舷の

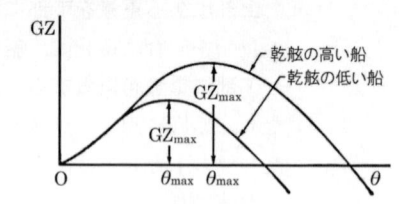

図 10-2 乾舷の高さと復原力

高い船の曲線はさらに増大して，乾舷の低い船に比べて GZ の最大値 GZ_{max} も大きく，またそれに対応する θ_{max} も大きくなり，復原性範囲も増大して船の復原性は向上する。

　このように，乾舷を確保することは，船の安全上きわめて重要な意味を持つので，荷物を積み過ぎて乾舷を減らすことのないように，満載喫水線規則によって船ごとに満載状態における乾舷の高さを指定し，その位置は ⊗ の両舷側にフリーボードマークによって示すことになっている（図1-12参照）。
　乾舷の決定には，次のような項目が考慮される（満載喫水線規則参照）。
1)　船の形状　船の長さ，深さ，船楼長さ，舷弧，船首高さ，方形係数など，その船の形状を考慮して決定する。
2)　水密構造　ハッチカバーの材質と強度，損傷区画が浸水に耐える安全性を持っているかどうかなどを考慮する。
3)　帯域（区域）および季節世界の海面の帯域と季節とによって，海の荒れる所ほど乾舷を高くする。
　　　船の両舷側中央に標示する満載喫水線の種類は次のとおりである。

　　　　　夏期満載喫水線　　　　　S
　　　　　冬期満載喫水線　　　　　W
　　　　　冬期北大西洋満載喫水線　WNA
　　　　　熱帯満載喫水線　　　　　T
　　　　　夏期淡水満載喫水線　　　F
　　　　　熱帯淡水満載喫水線　　　TF

4)　甲板積木材　木材の浮力が乾舷を高める方向に働くことを考慮して，前記の満載喫水線より喫水を増加させ，乾舷を減らすことを認め，前記のそれぞれの記号の頭にLを付けてLS，LW，……とし，図1-12のように満載喫水線標識の船尾側に標示する。
5)　液体貨物　液体貨物を積むタンカーは，構造および設備が一般の船に比べて安全性を確保しやすくなっているので，低い乾舷が許される。このような船をA型船舶といい，その他の船をB型船舶という。

(2)　ブルワーク
　ブルワークを上甲板あるいは船楼甲板の舷側に設けることは，船内作業や通行の安全を確保するばかりでなく，船の復原性にも大きな貢献をする。ブ

ルワークは波が甲板に打ち込むのを防ぐとともに，船が大きく傾斜した場合，乾舷が高くなったのと同様の効果がある。

しかしその反面，いったん打ち込んだ海水は，甲板上に滞留して船の重心を上げるばかりでなく，自由水影響によってさらに見掛け上重心を上げることになるので，復原性にきわめて悪い影響がある。

甲板上に海水が滞留するのを防ぐため，ブルワークのなるべく低い位置に多くの放水口を設けて，一刻も早く海水を船外に排水するよう規定されている（128頁参照）。

10-3　重心の見掛けの上昇

（1）自由水影響　free water effect

二重底内のタンク，タンカーの油タンクなどの中の液体は，船の動揺につれてタンクの中を移動し，船の復原性を著しく悪くする。このように船の動揺に伴って移動する液体を自由水という。

船内に自由水があると，船の復原性に対してはちょうど船の重心を見掛け上，図10-3に示す GG' だけ上げることになる。このような効果を自由水影響という。

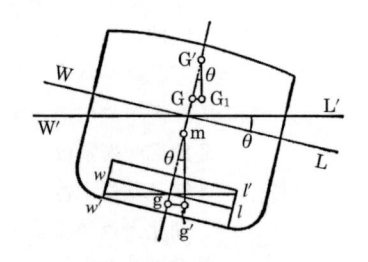

図 10-3　自由水影響

図10-3において，水線WLで浮かぶ船が，ごくわずか傾斜して水線 $W'L'$ になったとき，船内のタンクの中の液面も wl から $w'l'$ になったとする。

船体が傾斜したために，タンクの中の液体の重心が g から g' に移動したとすると，船全体の重心は gg' に平行に G から G_1 に移る。

$$GG_1 = gg' \times \frac{w}{W} = gg' \times \frac{v\,\gamma'}{V\,\gamma} \quad \cdots\cdots\cdots\cdots (10.1)$$

ただし，w ＝タンクの中の液体の重量（t），W ＝排水量（t），γ ＝船の周囲の海水の密度（t/m^3），γ' ＝タンクの中の液体の密度（t/m^3），v ＝タンクの中の液体の容積（m^3），V ＝排水容積（m^3）である。

船の傾斜角 θ はごく小さいから

$$GG' = \frac{GG_1}{\theta} = gg' \times \frac{v\,\gamma'}{V\,\gamma\,\theta} \quad \cdots\cdots\cdots\cdots (10.2)$$

式9.15によりgg′×v=iθであるから

$$\mathrm{GG}' = \frac{i\,\gamma'}{V\,\gamma} \quad\cdots\cdots\cdots\cdots\cdots\cdots\cdots\cdots\cdots\cdots (10.3)$$

ただし，i ＝自由面の重心を通る縦軸（船体中心線に平行な軸）に関する二次モーメント（m⁴）である。タンクの中の液体が，船の周囲の海水と同じものであれば，式10.3において $\gamma = \gamma'$ として

$$\mathrm{GG}' = \frac{i}{V} \quad\cdots\cdots\cdots\cdots\cdots\cdots\cdots\cdots\cdots\cdots (10.4)$$

i の値は，自由面の形によって決まり，シンプソン法則により数値計算される。特定の図形については，表8-2を参照すればよい。

式10.3で明らかなとおり，自由水影響は i に比例し，液体の容積 v には無関係であるから，自由水影響を小さくするには次のようにすればよい。

1) タンクは，なるべく幅の狭いものがよい。図10-4(a)のタンクを(b)のように縦に ½ に仕切ると，船の重心の見掛けの上昇は ¼ に減る。一般にタンクを縦に n 等分すると，見掛けの上昇は，$1/n^2$ に減少する。

    油タンカーが縦隔壁を(c)または(d)のように設けるのも同じ目的のためである。この考え方をさらに押し広げて，ディープタンクの中に設ける制水板 wash plate のように，軽目孔があいていても，あるいはタンクの下端まで届いていなくても，自由水影響をある程度減らすことができる。

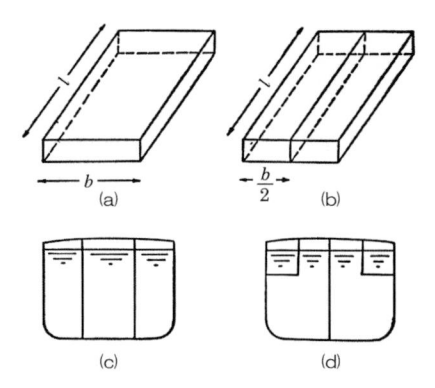

図 10-4　縦隔壁による自由水影響の軽減

2) 重心の見掛けの上昇は，液体の容積vには無関係である。上甲板に打ち込んだ海水は，船倉への浸水よりも悪い影響を及ぼすから，小量だからといって油断は禁物である。

（2） 遊動物の影響

救命艇をダビットでつり下げたときなどのように，船内に船の動揺につれて揺れ動く重量すなわち遊動物があると，自由水影響によく似た現象が起こって，見掛け上は船の重心を上げることになる。

図10-5において，遊動物wがgからg′に移動した結果，船の重心はGからG_1に移ったとすると，その距離は式10.1および式10.2にならって

$$GG_1 = gg' \times \frac{w}{W}$$

$$GG' = \frac{GG_1}{\theta} = \frac{gg' \times w}{\theta \cdot W} = gm \times \frac{w}{W} \quad \cdots\cdots (10.5)$$

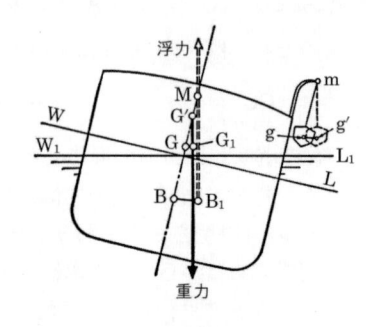

図 10-5　遊動物の移動による重心の見掛けの上昇

いま，仮にwをダビットの先端mまで上げたと考えると，船の重心の上昇GG′は式9.7により

$$GG' = gm \times \frac{w}{W}$$

となって，式10.5と全く一致する。

このように，船内に遊動物があるときは，いつでもその重量をつり索の上端まで移動させたと見なして，重心の見掛けの上昇量を計算すればよい。

デリックブームで船底にある荷物をつり上げると，わずか1 cmでも底から離れれば，たちまち荷物がブームの先端まで上がったのと同じだけ重心の見掛けの上昇を生じGMが減少するから，荷物を持ち上げたとたんに船体がぐらつくことがある。

（3） ばら積貨物

小麦などの穀類や，セメントなどを倉内にばら積みしたときは，船の動揺

につれて液体に似た移動をするから,船の重心の見掛けの上昇が起こる。
　これを防ぐには,常時ばら積みを主とする船では倉内船体中心線上に縦隔壁を設け,一般貨物船ではばら積みするときは船体中心線上に木製のシフティングボードをそのつど取り付ける。また,この両者の中間として,ハッチの下のみシフティングボードとし,その前後は鋼製の仕切隔壁を常設する場合もある。

(4) 対　　策
　1) 自由水影響は,液体がタンクの中途まではいっているときに起こるから,タンクはできるだけ,空か満載かどちらかにする。
　2) タンクは,できるだけ幅を狭くする。幅の広いタンクには制水板を設ける。
　3) 遊動物はなるべく固縛する。

10-4　復原力の減少

(1) 入渠するとき
　　船をドックに入れて海水を排出すると,水面はしだいに下がり,まず船尾下端がキールブロックに接触し,船の重量の一部はこの部分で支えられる。
　　さらに排水を続けると,船の重量を支える力はキールが一様にキールブロックに乗る直前に最大となって船の復原性を弱め,転覆のおそれさえもある。この現象は,ドック作業を終えて船を浮かべる際にも起こるから,係船索の操作などには注意を要する。
　　不安定を生じないようにするには,あらかじめ船のトリムを調節して,できるだけ船全体が同時にキールブロックに乗るようにすればよい。そのうえで,図10-6のような力の関係から安定の条件を求めてみよう。
　　図の(a)は船が自由に浮かんでいる状態で,船をごくわずか傾けてみたときの力の関係を示している。図の(b)は,船の重量の一部がキールブロックに支えられた状態で,船をごくわずか傾けてみたときのもので,水線は $W_2 L_2$ まで下がって,失われた浮力の代りに船底の w が上向きに働いている。
　　いま水線 $W_2 L_2$ のときの横メタセンタを M_1 とすると,このときの復原力は

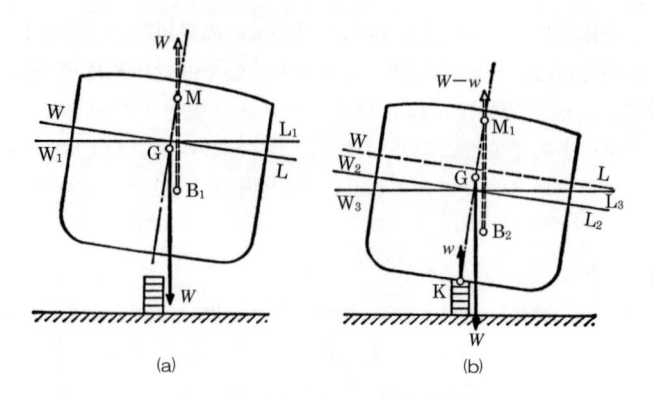

図 10-6　入渠するときの船の復原力

$$S = (W - w)\text{GM}_1 \sin\theta - w\text{KG}\sin\theta$$
$$= \{W\cdot\text{GM}_1 - w(\text{KG} + \text{GM}_1)\}\sin\theta$$
$$= W(\text{GM}_1 - \frac{w}{W}\text{KM}_1)\sin\theta \quad \cdots\cdots\cdots\cdots (10.6)$$

船が安定であるためには，S＞0でなければならない．すなわち

$$\text{GM}_1 > \frac{w}{W}\text{KM}_1 \quad \cdots\cdots\cdots\cdots\cdots\cdots\cdots\cdots\cdots (10.7)$$

例　ある船がドックにはいって，キールがキールブロックに一様に接したときの平均喫水は4.95 m で排水量は8,000トンである．ドック内の水を排出して，喫水がいくらになったらこの船は不安定となるか．ただし，毎センチ排水トン数は22.7トン，GMは0.52 m，基線上重心までの高さは8.50 m で，喫水の変化による横メタセンタの位置の変化はないものとする．

喫水の変化による横メタセンタの位置の変化がないので，図 10-6 の M と M_1 は一致する．そこで，式 10.7 より船が不安定となり始めるのは

$$\text{GM} = \frac{w}{W} \times \text{KM}$$

これより w を求めれば

$$w = \frac{W \times \text{GM}}{\text{KM}} = \frac{8000 \times 0.52}{8.50 \times 0.52} = 461\ (\text{t})$$

したがって

$$\text{喫水の減少} = \frac{w}{\text{TPC}} = \frac{461}{22.7} = 20 \text{ cm}$$

不安定となり始める喫水＝4.95−0.20＝4.75 m

（2） 旋回するとき

　直進中の船が舵をとった直後には，舵板にかかる水圧力のために船体が旋回の内側にわずかに傾斜する。この状態を内方傾斜とよぶ。

　しばらくして，船が定常旋回をはじめると船の重心に遠心力が働いて船体を旋回の外側に傾ける。船体が傾くと復原力を生じるから，ある傾斜角で傾斜モーメントと釣り合って，そのまま外方に傾斜して旋回を続ける。この状態を外方傾斜とよぶ。

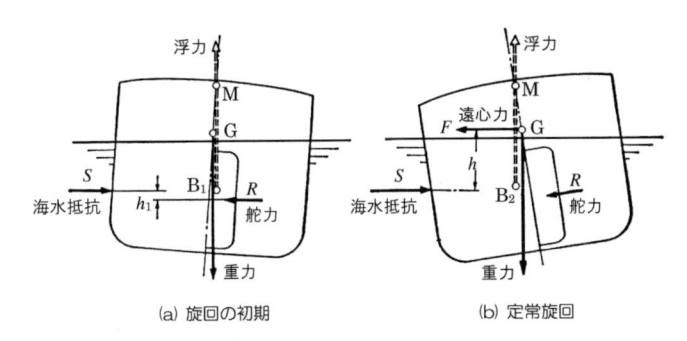

図 10-7　旋回中の船体の傾斜

　図10-7(a)において，海水抵抗 S は舵力（舵に働く直圧力）R のやや上に作用している。このため旋回円の内側への傾斜モーメントが発生し，船体は内側に傾く。海水抵抗 S が舵に働く直圧力の横方向成分 $R\cos\delta$ に釣り合ってモーメントを形成し，内方傾斜モーメント $h_1 \cdot R\cos\delta$ と，内方傾斜角の最大値 θ における復原モーメント $W \cdot \text{GM} \cdot \sin\theta$ が等しくなり

$$h_1 \cdot R\cos\delta = W \cdot \text{GM} \cdot \sin\theta$$

よって

$$\sin\theta = \frac{h_1 \cdot R\cos\delta}{W \cdot \text{GM}} \quad \cdots\cdots\cdots\cdots\cdots\cdots (10.8)$$

ただし，R =舵に働く直圧力（舵角に対し直角方向に働く力），h_1=水面下の海水抵抗の中心と舵に働く力の垂直距離，δ =舵角である。

図10-7(b)において，重心 G に遠心力 F が働くと，その反力として水面下の船体に側圧 S を生じ，F と S とが外方傾斜モーメントを形成する。

$$遠心力 F = \frac{mv^2}{r} = \frac{W}{g} \cdot \frac{v^2}{r}$$

ただし，W =排水量（t），v =旋回中の船の速度（m/s），r =旋回半径（m），g =重力の加速度（m/s²）である。

ここで，1 m/s =1.944 knot，g =9.80 m/s² とすると，傾斜モーメントは

$$F \cdot h = \frac{W \cdot V^2 \cdot h}{37r}$$

ただし，V =旋回中の船の速度（knot），h =海水抵抗の側圧中心と船の重心との垂直距離（m）である。

このため，船は θ だけ傾斜して復原モーメントと釣り合う。いま舵に働く直圧力 R と海水抵抗 S とで形作るモーメントは，無視できるほど小さいとすると

$$W \cdot GM \cdot \sin\theta = \frac{W \cdot V^2 \cdot h}{37r}$$

よって

$$\sin\theta = \frac{V^2 h}{37r\,GM} \quad \cdots\cdots\cdots\cdots\cdots\cdots (10.9)$$

この式は，旋回中の船の速度が大きいほど，重心の位置が高いほど，また GM と旋回半径が小さいほど，旋回中の船の傾斜が大きいことを示している。

船体に傾斜モーメントが加わっていることは，それだけ復原力を弱めているのであるから，荒天の際に舵をとるときは，慎重に時機を選ぶことが肝要である。

(3) 横風を受けるとき

(a) 風圧による傾斜モーメント

船が側面から風を受けると，水面から上の船体に風圧力 F が働き，その反力としての水面下の側圧 S との間に傾斜モーメントが形成される。すなわち

$$F \cdot h = p \cdot A \cdot h = \frac{1}{2} \rho\, C_A A v^2 h \quad \cdots\cdots (10.10)$$

ただし，A ＝水面上の船体側面積（m^2），p ＝単位面積あたりの風圧力の強さ（t/m^2），h ＝水面上の船体の風圧中心と水面下の側圧中心との垂直距離（m），v ＝風速（m/s），ρ ＝空気密度（$t \cdot s^2/m^4$），C_A ＝空気抵抗係数である。

なお，この式で傾斜モーメントを pAh として，式9.28のように $pAh\cos^2\theta$ としないのは，帆船とちがって汽船の場合は，船が傾くと風を受ける水面上の舷側部の面積が増えるなど，詳細に検討するとむしろ pAh としたほうが実状に近いからである。

いま，$\rho = 1.25 \times 10^{-4}$，$C_A = 1.22$（実船の資料による）とすると，式10.10は

$$pAh = 0.76 \times 10^{-4} Av^2 h \text{ （t·m）} \quad \cdots\cdots\cdots(10.11)$$

風速 v が不明のときは，表10-2に示す船舶復原性規則による標準風速を用いるとよい。

表 10-2 標準風速

航行区域	風の種類	風 速 v	$0.76 \times 10^{-4} v^2$
限定沿海*	前線風	15 m/sec	0.0171
沿　　海	低気圧風	19	0.0274
近海以上	台　風	26	0.0514

＊ 瀬戸内海のみの区域及び沿海区域で航行予定時間が2時間未満の区域

(b) **小傾斜の場合**

船が横風を受けて傾斜すると復原モーメントを生じる。このときの傾斜角は，傾斜モーメントと復原モーメントが釣り合ったとして次式で求められる。

$$\sin\theta = \frac{0.76 \times 10^{-4} Av^2 h}{W \cdot GM} \quad \cdots\cdots\cdots\cdots(10.12)$$

この風が吹いている間，船はこの定傾斜角を持ち続けることになる。

(c) **大傾斜の場合**

風による傾斜モーメントが非常に大きいか，あるいは船の復原モーメントが小さいときは，船の傾斜角は10°以上となって，式10.12は使えない。また，そのように大きく傾くと，突風を受けて転覆するおそれも出てくる。

定常風を受けて船が大傾斜する場合は，傾斜モーメントと復原モーメントとが等しいとおいて，次の式が成り立つ。

$$W \cdot GZ = p \cdot A \cdot h \quad \cdots\cdots\cdots\cdots\cdots (10.13)$$

この式から傾斜角を求めるには，図 10-8(a)のように図解によるのが簡単である。

両曲線の交点 b に相当する傾斜角 θ_1 が，傾斜モーメントと復原モーメントとが釣り合う定傾斜角である。

突風を受けるときは，船は定傾斜角 θ_1 を超えて，さらに大きく θ_2 まで傾く。

θ_2 を求めるには，動的復原力を考えて，両曲線の囲む面積が等しくなる点を図において求めればよい（193頁参照）。

簡単のために，突風の強さを，前の定常風と同じ p であるとすると，図10-8 において

　　　　面積 Oba ＝面積 bcd

に相当する θ_2 が突風を受けた場合の最大傾斜角である。

突風によって θ_2 まで傾いた船は，まもなく θ_1 までもどり，風がやめば O までもどる。

図 10-8(b)は復原性のよくない船，すなわち予備動的復原力の小さい船では定常風のときには辛うじて定傾斜角 θ_1 で直立を保てるが，突風を受けると転覆する危険のあることを示している。

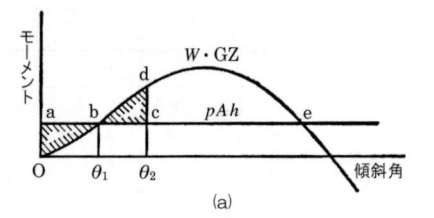

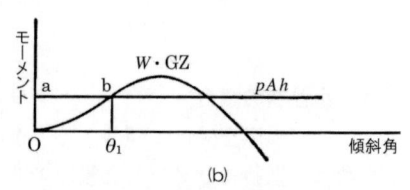

図 10-8　横風を受ける船の傾斜角

(4) 横揺れ中に突風を受けるとき

これまでは船の横揺れを考えなかったが，実際に突風を伴う強風下では必ず波を生じ，そのために船は横揺れする。

図 10-9 において定傾斜角 θ_1 を中心に，左右にそれぞれ θ_0，θ_0' の横揺れをしながら航行する船が，風上に θ_0 だけ傾いた瞬間に $1.5p$ の突風を受け

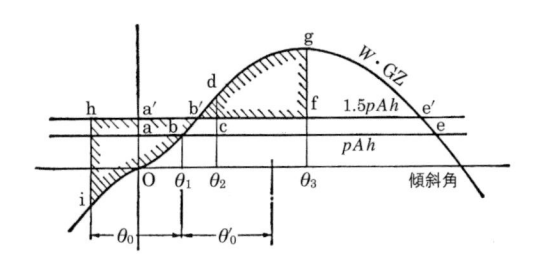

図 10-9　横揺れ中に突風を受ける船の傾斜角

たすると，船は風下に最も大きく傾斜させられる。
　このときの傾斜角を θ_3 とすると，
　　面積 hib′＝面積 b′fg
　したがって，船が安全であるための条件は
　　面積 hib′＜面積 b′e′g
　船舶復原性規則第11条は，この考え方で定められている。

(5) **傾斜モーメントが重複するとき**
　これまで，いろいろな傾斜モーメントが加わったときの船体の傾斜について述べてきたが，船を傾斜させる原因である定常風，突風，横揺れ，操舵，甲板への海水の打ち込み，旅客あるいは船内重量物の横移動などが形成する傾斜モーメントがいくつか重複して加わると，船の傾斜はさらに大きくなって危険状態となりかねない（236頁 12-5(5)参照）。
　これらの原因から船を安全に守るために，船舶復原性規則は，特に旅客船についてきめ細かく，精度の高い基準によって明確にその船が必要とする復原力の限界値を指示し，しかもその値を喫水と GM との関係だけで判定できるようにしている。
　これは操船者にとっても使いやすい資料で，旅客船ばかりでなく貨物船についても詳細な図表として造船所より各船に提出される「船長のための復原性資料」の中に載せられているから，大いに活用すべきである。
　また，貨物船において特に注意を要するのは，このように傾斜が大きくなったことが原因で，倉内の貨物が荷くずれを起こすことである。荷くずれも傾斜モーメントを追加することとなり，その量も大きいので，それまでやっと

持ちこたえていた予備動的復原力が消滅して，いわばとどめを刺されることになる危険が大きい。

また，近年特に問題になっているものに小型客船の復原性がある。船舶復原性規則はこの点を重視して，旅客が片舷に密集したときの重心の移動による傾斜モーメントを，風圧による傾斜モーメントに加算することを要求している（船舶復原性規則第14条あるいは第21条参照）。

端艇などの小型舟艇に旅客を収容する場合は，旅客の復原性に及ぼす影響はきわめて大きいから，次の点を特に注意しなければならない。

1) 旅客定員を厳守すること。
2) 旅客が片舷に片寄らぬよう指導すること。
3) 旅客はできるだけ座席に腰を下ろすよう指導すること。波浪のため艇が動揺したときなど，旅客が立ち上がり移動して艇の復原性を著しく弱めることが多い。

(6) 船内の一部に浸水したとき

外板の損傷によって船内の一部に海水が侵入すると，船は横傾斜とトリムを生じ，復原性に変化が起こる。浸水は原則として復原性に悪影響を及ぼし，その程度がひどくなると大事に至る危険があるから，有効な応急処置によって排水に努めなければならない。

(a) 一区画に満水したとき

区画に満水したのちは，破孔を通じて海水の出入りがないから，計算のうえでは，破孔を考えずに区画に海水を搭載したとしても同じことになる。このような計算方法を付加重量法 added weight method という。

1) 喫水の増加

$$\Delta d = \frac{w}{\text{TPC}} = \frac{v\gamma}{\text{TPC}}$$

ただし，Δd ＝喫水の平均増加量（cm），v ＝区画の容積（m^3），γ ＝海水の密度（t/m^3），TPC ＝毎センチ排水トン数（t/cm）である。

2) GM の変化　侵入した海水を搭載重量と考えるのであるから，船の重心は移動し，浮心は喫水の増加によってやや上昇し，横メタセンタもいくらか移動する。

浸水は多くの場合，船体の下部に生じるから，重心は下降するが，

横メタセンタはその割には変わらないので，GM はかえって増加する場合が多い。しかし船は横傾斜やトリムを生じ，予備浮力も減少しているので，初期復原力が少々増えたからといって安心できない。

3) **横傾斜およびトリムの変化** 横傾斜角の計算には，式 9.11 を，トリムの変化の計算には式 11.5 を用いるが，これらの式に使う GM および毎センチトリムモーメント MTC は浸水後の新しいコンディションに対するものを使うべきである。

(b) **区画の一部に浸水したとき**

区画の一部に浸水して，浸水面が外の海面と通じているときは，船が傾斜を変えると海水が破孔より出たり入ったりして，浸水区画には浮力を生じない。このように浸水量が変動する場合は，この区画全体が浮力を失ったとして計算する減少浮力法 lost buoyancy method を用いるのが普通である。

この場合は重量には変化がないから，GM の変化は横メタセンタの移動だけである。

浸水区画が浮力を失ったため喫水が増加するので，浮心は B から B′ に，横メタセンタは M から M′ に移動する。式 9.16 により

$$B'M' = \frac{I_x'}{V} \quad \cdots\cdots\cdots\cdots\cdots\cdots (10.14)$$

ただし，V は排水容積で，浸水の前後において変化はない。I_x' は浸水後の水線 W′L′ の水線面のうち，浸水区画を除いた部分の面積の重心を通って船体中心線に平行な軸 X′X′ に関する二次モーメントである。

いま，図 10-10 において，A および I_x を，それぞれ水線面 W′L′ の破孔を生じる前の面積および船体中心線 XX に関する二次モーメントとし，

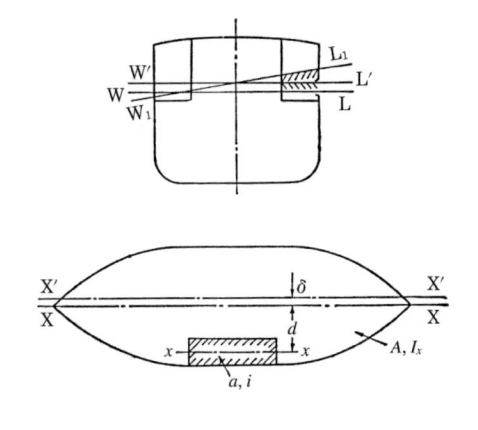

図 10-10 船内一部の浸水

a および i を，それぞれ浸水面の面積およびその重心を通る船体中心線に平行な軸 xx に関する二次モーメントとすれば，

$$I_x' = I_x - ad^2 - i - (A-a)\delta^2 \quad \cdots\cdots (10.15)$$

ここに

$$\delta = \frac{a}{A-a} \cdot d$$

であって，I_x' は I_x にくらべて明らかに小さいから，横メタセンタの降下は相当大きく，したがって GM の減少は著しいから最も危険な浸水といえる。

第11章 縦 傾 斜

11-1 トリム

(1) トリムの種類

船首喫水と船尾喫水の差をトリム trim という。

船体の縦傾斜量は横傾斜に比べ傾斜角が小さいので，船首尾の喫水の差であるトリムで示す。

船尾喫水の大きい場合を船尾トリム trim by stern，船首喫水の大きい場合を船首トリム trim by head，船首尾喫水の等しい場合を等喫水 even keel という。

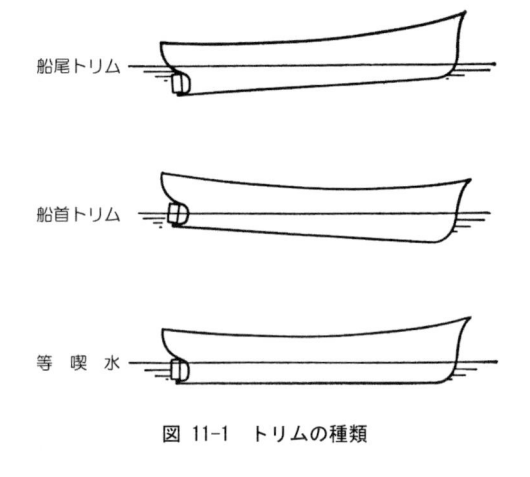

図 11-1 トリムの種類

(2) 浮面心 center of floatation

船内の重量物を前後方向に移動すると，船は排水量を変えずにトリムだけが変わる。

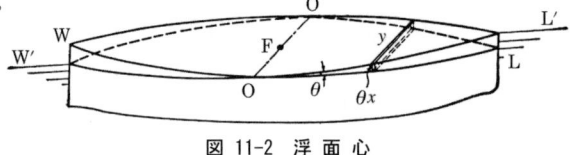

図 11-2 浮面心

図 11-2 において，もとの水線面を WL，新しい水線面を W'L' とすると，両水線面はつねに水線面 WL の重心 F を通って交わる。この水線面の重心 F を浮面心という。

船がトリムを変える前後において，排水量に変化がないから，図 11-2 において

$$\text{体積 WW'OO} = \text{体積 LL'OO} = v$$

$$v = \int \theta\, xy\, dx = \theta \int xy\, dx$$

$\int xy\,dx$ は，OO 軸に関する水線面 WL の前半部あるいは後半部のモーメントであって，これが OO 軸の両側で等しいので，水線面 WL の重心 F は OO 軸上にある。

浮面心には次のような性質がある。
1) 浮面心は水線面 WL の重心である。
2) 船が排水量一定のままトリムを変えるときは，もとの水線面と新しい水線面とはつねに浮面心を通って交わる。
3) 浮面心の位置はほぼミドシップ ⊗ 付近にあるが，一般に喫水が変わると前後に移動する。
4) 浮面心の真上に少量の重量物を積載すると，船はトリムを変えずにもとの水線に平行に沈下する。

(3) トリムと船首尾喫水の変化量

図 11-3 において，排水量を変えずに船首にトリムすれば，船首喫水は LL′ だけ増加し，船尾喫水は WW′ だけ減少する。いまこのときのトリムの変化量を τ とすれば，船首尾喫水の変化量との間に次の関係式が成り立つ。

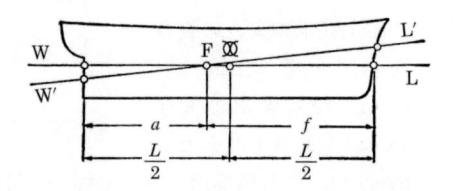

図 11-3 浮面心と船首尾喫水の変化

$$\left. \begin{array}{l} \tau = \mathrm{LL'} + \mathrm{WW'} \\[4pt] \dfrac{\mathrm{LL'}}{\mathrm{WW'}} = \dfrac{f}{a} = \dfrac{\dfrac{L}{2} + \otimes \mathrm{F}}{\dfrac{L}{2} - \otimes \mathrm{F}} \\[10pt] \mathrm{LL'} = \tau \cdot \dfrac{f}{L} = \dfrac{\tau}{L}\left(\dfrac{L}{2} + \otimes \mathrm{F}\right) \\[10pt] \mathrm{WW'} = \tau \cdot \dfrac{a}{L} = \dfrac{\tau}{L}\left(\dfrac{L}{2} - \otimes \mathrm{F}\right) \end{array} \right\} \quad \cdots\cdots (11.1)$$

⊗ F は浮面心 F が ⊗ より船尾側にある場合には ⊗ F は＋の値とし式 11.1 がそのまま計算でき，F が ⊗ より船首側にある場合には ⊗ F にーの符号をつける。

第11章 縦傾斜

（4）縦メタセンタ高さ　longitudinal metacentric height

　トリムは縦傾斜のことであるから，本質的には横傾斜の場合と異なるところはない。船内の重量物を前後方向に移動したときに生じる縦傾斜は，式9.10において，横メタセンタ高さ GM の代りに縦メタセンタ高さ GM_l を使うだけで，式の形は同じでよい。

$$\tan\theta = \frac{w \cdot l}{GM_l \cdot W} \quad \cdots\cdots\cdots\cdots\cdots\cdots\cdots\cdots (11.2)$$

　ところが，縦傾斜の場合は GM_l が非常に大きいために傾斜角がきわめて小さいので，傾斜角で表わすよりもトリムすなわち船首尾喫水の差で表わしたほうが便利なのである。

　そこで船の長さを L，トリムを τ とすると，$\tan\theta = \tau/L$ であるから，これを式11.2に代入して，τ は

$$\tau = \frac{w \cdot l \cdot L}{GM_l \cdot W} \quad \cdots\cdots\cdots\cdots\cdots\cdots\cdots\cdots (11.3)$$

により求める。

（5）毎センチトリムモーメント　moment to change trim 1 centimeter

　トリムを1cm変えるのに必要なモーメントを毎センチトリムモーメントという。

　式11.3に $\tau = 1/100$ m を代入して書き直すと，毎センチトリムモーメントMTCは

$$MTC = w \cdot l = \frac{GM_l \cdot W}{100 L} \quad \cdots\cdots\cdots\cdots\cdots\cdots (11.4)$$

　GM_l は重心の位置によって値が変わるので不便であるから，代わりに BM_l を用いることが多い。そのときは，式11.4の右辺は喫水によって決まる値であって，排水量等曲線図に記入することができるから求めやすく，多少の誤差はあるがよく用いられる。

11-2　トリムの変化

（1）船内の重量物の移動によるトリムの変化

　船内で重量物 w が前後方向に l だけ移動すると，船には wl のトリミングモーメント trimming moment が働くことになり，トリムの変化 τ を生じる。

式11.4あるいは排水量等曲線図により MTC を得れば，トリムの変化 τ は

$$\tau = \frac{w \cdot l}{\mathrm{MTC}} \quad \cdots\cdots\cdots\cdots\cdots\cdots\cdots\cdots\cdots (11.5)$$

このように毎センチトリムモーメント MTC を使えば式11.3よりも簡単であるが，式11.5で求めたトリム τ の単位は（cm）であることに注意する必要がある。

（2）　少量の重量物の積載によるトリムの変化

船内の任意の位置に重量物を積載すると，積載重量による喫水の変化と，トリミングモーメントによるトリムの変化とが重複して複雑な喫水の変化を生じる。このような場合には次の2段階に分けて考えるとよい。

1）　まず重量物を浮面心の真上に積載して船を平行沈下させたと考える。

$$s = \frac{w}{\mathrm{TPC}} \quad \cdots\cdots\cdots\cdots\cdots\cdots\cdots\cdots\cdots (11.6)$$

ただし，s ＝平行沈下量（cm），w ＝積載重量（t），TPC ＝毎センチ排水トン数（t/cm）である。

2）　次に重量物を浮面心の位置から所定の位置まで前後に移動したと考えるとトリムの変化は式11.5により求められる。

したがって，少量の重量物を任意の位置に積載したときの船首尾の喫水の変化は，式11.1，11.5，および式11.6により，

$$\left.\begin{array}{l} 船首喫水の変化 \Delta d_f \text{（cm）} = \dfrac{w}{\mathrm{TPC}} + \dfrac{w \cdot l \cdot f}{\mathrm{MTC} \cdot L} \\[2mm] 船尾喫水の変化 \Delta d_a \text{（cm）} = \dfrac{w}{\mathrm{TPC}} - \dfrac{w \cdot l \cdot a}{\mathrm{MTC} \cdot L} \end{array}\right\} \cdots\cdots (11.7)$$

符号は w を F より前方に積載した場合に l を正とし，w を F より後方に積載した場合に l を負とする。

例1　ある船が船首喫水3.75 m，船尾喫水4.42 m で浮かんでいる。30トンの重量物を船首垂線（FP）から6.0 m のところに積載した後の船首尾の喫水はいくらになるか。ただし，毎センチ排水トン数は8.0トン，船の長さは90 m，浮面心は ⊗ の後方4.0 m，毎センチトリムモーメントは36 t-m である。

式11.7に数値を代入して

$$\text{船首喫水の変化} = \frac{30}{8} + \frac{30 \times (45-6+4) \times (45+4)}{36 \times 90} = 23.3 \text{ cm}$$

$$\text{船尾喫水の変化} = \frac{30}{8} - \frac{30 \times (45-6+4) \times (45-4)}{36 \times 90} = -12.6 \text{ cm}$$

したがって,新しい船首尾喫水は
　　船首喫水＝3.75＋0.23＝3.98 m
　　船尾喫水＝4.42－0.13＝4.29 m

例2　ある船が船首喫水4.75 m,船尾喫水5.25 m で浮かんでいる。毎センチトリムモーメントは60 t-m,浮面心は⊗の後方1.0 m のところにある。この船を等喫水 even keel にするためには,60トンの重量物をどこに積載したらよいか。

本船の現在のトリムは
　　5.25－4.75＝0.50 m ＝50 cm（船尾トリム）

60トンの重量物をはじめに浮面心の上に積載し,次に船首の方向に l m だけ移動したとすると,式11.5により

$$50 = \frac{60 \times l}{60} \qquad \therefore \quad l = 50 \text{ m}$$

すなわち,船の中央（⊗）より船首側49 m のところに積載すればよい。

重量物を陸揚げする場合は,積載の場合と反対に,まず浮面心の位置まで船内移動し,次に陸揚げするものと考えて,式11.7の中の w の代りに $-w$ とおけばよい。

（3）　大量の重量物の積載によるトリムの変化

積載する重量物が大きい場合には,積載の前後で喫水の差が大きいため,計算に使う毎センチ排水トン数,浮面心の前後位置,毎センチトリムモーメントなどの値が積載前の値をそのまま使うことができなくなる。

その場合にはまず,毎センチ排水トン数をもとの水線に対する値を TPC とし,式11.6により求めた w/TPC だけ沈下したのちの水線に対する値を TPC' とすると,求める平行沈下量 s (cm) は

$$s = \frac{w}{\dfrac{\text{TPC} + \text{TPC}'}{2}} = \frac{2w}{\text{TPC} + \text{TPC}'} \quad \cdots\cdots(11.8)$$

次に浮面心の前後位置は喫水の変化とともに前後に移動するから，もとの水線に対するものでは正確でない。

近似的には図 11-4(a)のように，もとの水線面 WL の浮面心 F と，平行沈下した後の水線面 $W_1 L_1$ の浮面心 F_1 とを結ぶ線の中点 F_2 を用いてよい。

しかし，両喫水の差が非常に大きい場合には，次のようにして求めるほうがより正確である。図 11-4(b)において，B は水線 WL に対する浮心，B_1 は $W_1 L_1$ に対する浮心，B′ は B_1 を B を通る横断面に投影した点，b は両水線間の排水容積部分の中心，b′ は b を B を通る横断面に投影した点，W′ は重量物積載後の排水量とすれば

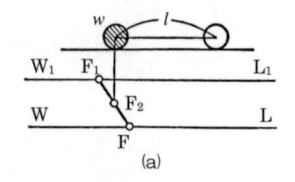

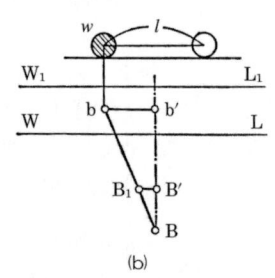

図 11-4　喫水の変化による浮面心の移動

$$\text{bb}' = \frac{B_1 B' \cdot W'}{w} \quad \cdots\cdots\cdots\cdots\cdots\cdots\cdots\cdots\cdots\cdots(11.9)$$

したがって，重量物積載前後の浮心 B の後方 bb′ のところに浮面心があると考えて l を決めればよい。

これに対して毎センチトリムモーメント MTC は，水線 $W_1 L_1$ に対する値を使えばよい。平行沈下を終えた後にトリム変化を考えるからである。

重量物を陸揚げする場合にも，これと同じ考え方で処理できる。

11-3　特別の場合のトリムの変化

（1）船内の一区画に浸水した場合のトリムの変化

(a) 区画に満水したとき

たとえば二重底内のような水面下の区画に浸水したときは，一度浸水した後はトリムが変化しても侵入した水の量は変わらないので，付加重量法により計算することができる。

侵入した水の重量を w (t), 区画の中心から浮面心までの水平距離を l (m) とすれば、トリムの変化 τ (cm) は

$$\tau = \frac{w \cdot l}{\text{MTC}}$$

(b) **区画の一部に浸水したとき**

浸水区画が水面より上まで達していて、トリムが変化するたびに水が出たりはいったりするような場合は、減少浮力法を使うのが適当である。これは、浸水区画全体が浮力を生じなくなったと考えるもので、船の重量は残された部分の浮力だけで支えることになる。

その結果、船は喫水を増すとともに、浮心の位置も前後に移動するので、重力と浮力とがくい違って船にトリミングモーメントを加え、トリムを変える。

例 図 11-5 のように、船首より 2 m のところに水密隔壁を有する長さ 20 m、幅 8 m、深さ 2 m の箱形船が 0.6 m の等喫水で比重 1.025 の海水中に浮かんでいるとき、船首と隔壁との間の水面下に破孔を生じて浸水した。浸水の後の船首尾喫水を計算せよ。

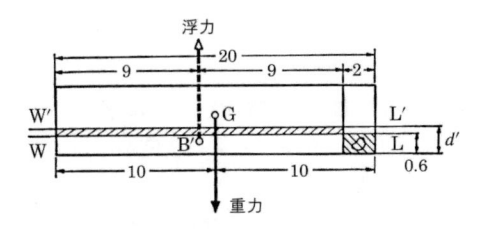

図 11-5 区画の一部の浸水によるトリムの変化

まず、浸水区画が浮力を失って、水線 W′L′ まで平行沈下したと考えて新しい喫水 d' を求め、次にトリムの変化を計算する。

浸水区画を除外して、浸水していない区画の部分だけが喫水の増加によって浮力を補うものとすれば、次の式が成立する。

$$20 \times 8 \times 0.6 = (20-2) \times 8 \times d'$$

$$\therefore d' = \frac{20 \times 8 \times 0.6}{(20-2) \times 8} = 0.667 \text{ m}$$

また，この船の排水量は
$$W = 20 \times 8 \times 0.6 \times 1.025 = 98.4 \text{ t}$$
浸水後の浮心 B′ は船尾から 9 m のところにあるから，重力と浮力とのくい違いは 1 m である．したがって
$$\text{トリミングモーメント} = W \times 1 = 98.4 \text{ t-m}$$
次に MTC を求める．式 9.19 および式 11.4 により
$$B'M_l = b \cdot \frac{L^2}{d'} = \frac{1}{12} \times \frac{18^2}{0.667} = 40.5 \text{ m}$$
$$\text{MTC} = \frac{40.5 \times 98.4}{100 \times 20} = 1.99 \text{ t-m}$$
トリムの変化は式 11.5 により
$$\tau = \frac{98.4}{1.99} = 49.4 \text{ cm} = 0.494 \text{ m}$$
したがって新しい喫水は式 11.7 により
$$\text{船首喫水} = 0.667 + 0.494 \times \frac{11}{20} = 0.94 \text{ m}$$
$$\text{船尾喫水} = 0.667 - 0.494 \times \frac{9}{20} = 0.44 \text{ m}$$
トリムの符号は破孔の生じた位置が船首側なら船首トリム，すなわち船首喫水が増加する．

(2) 船が海から河川にはいる場合のトリムの変化

船が海から河川にはいる場合，水の密度が小さくなるから船は喫水を増し，同時にトリムを変えるのが普通である．

図 11-6 において，海に浮かぶときの水線 WL における浮心 B は，船の重心 G の真下にあってつり合っているが，河川にはいると浮力が不足するので，不足分は喫水増加による排水容積部分が新しい浮力を作り出して補っている．

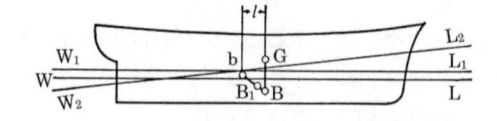

図 11-6 海から河川にはいる場合のトリムの変化

ところが，増加排水容積部分の浮心 b は一般に重心 G を通る横断面内にないため，増加浮力はトリミングモーメントを形作って船をトリムさせる。

平行沈下量 s (cm) は，式 8.41 により

$$s = \frac{W}{\text{TPC}}\left(\frac{\gamma}{\gamma_0}-1\right)$$

増加浮力によるトリミングモーメント m (t-m) は

$$m = w \cdot l = sT \cdot l = W\left(\frac{\gamma}{\gamma_0}-1\right)\cdot l$$

トリムの変化 τ (cm) は

$$\tau = \frac{W\left(\dfrac{\gamma}{\gamma_0}-1\right)\cdot l}{W_1 L_1 \text{で河水に浮かぶときの MTC}}$$

$$\fallingdotseq \frac{W\left(\dfrac{\gamma}{\gamma_0}-1\right)\cdot l}{\text{WL で海水に浮かぶときの MTC}}$$

ただし，W ＝船の排水量（t），T ＝水線 WL における毎センチ排水トン数（t/cm），γ ＝海水の密度（t/m³），γ_0 ＝河水の密度（t/m³），b ＝水線 WL と水線 $W_1 L_1$ との間の排水容積部分の浮心（近似的には水線 WL の浮面心），l ＝ b と G との水平距離（m）である。トリムの方向は b が G の後方にあれば船首トリムとなる。

箱形船あるいは特別の場合で，喫水が増しても浮心の前後移動がないときはトリムは変化しない。

（3）乗揚げ時または入渠時のトリムの変化

船底の一部が乗揚げたまま潮が引いたとき，あるいは入渠して船尾がキールブロックに接触したのちも引きつづき水を引いたとき，船底には上向きの力が働いて船はトリムを変える。

この上向きの力を求めるには，その作用点からこの力に相当する重量物 w を取り去ったと考えて，式 11.7 において w の代りに $-w$ を代入すればよい。また，w が求まれば式 11.7 により，船首尾喫水の変化も求められる。

例 長さ 100 m，船首喫水 4.80 m，船尾喫水 5.20 m の船が船尾端を座礁して引き潮のために海面が 50 cm 減少したとき，船尾端の受ける力お

よび船首喫水を求めよ。ただし，平均喫水に対して毎センチトリムモーメント100 t-m，毎センチ排水トン数10トン，浮面心は ⊗ の後方2 m にあるものとする。

船尾端における上向きの力を $-w$ として，式11.7より

$$-50 = -\frac{w}{10} - \frac{w \times 48}{100} \times \frac{48}{100}$$

$$w ≒ 151 \text{ t}$$

これを式11.7に代入して

$$\text{船首喫水} = 480 - \frac{151}{10} + \frac{151 \times 48}{100} \times \frac{52}{100} = 503 \text{ cm} = 5.03 \text{ m}$$

このような上向きの力が働くと，復原力は減少して転覆しやすい状態となる（203頁「10-4　復原力の減少」参照）。

第12章　船　体　動　揺

12-1　動揺の種類

　空間を運動する物体は6自由度の運動方向をもつ。すなわち，3つの直交した軸方向への移行運動と3つの軸周りの回転運動である。3つの直交する軸としては物体の慣性主軸が取られ，座標原点としては重心がとられる。

　しかし実際には船体運動で慣性主軸が計算や実験で求められた例は少なく，便宜上，船の対称面内にあって重心を通り水平な線を x 軸，垂直な線を z 軸，対称面に直角で重心を通る水平な線を y 軸にとっている。

表 12-1　運動の名称

運動の分類	移行運動		回転運動	
	一方向運動	往復運動	一方向運動	往復運動
x 軸	前進（go ahead）後進（go astern）	前後揺れ（surging）	横傾斜（heel）	横揺れ（rolling）
y 軸	横漂流（drifting）	左右揺れ（swaying）	縦傾斜（trim）	縦揺れ（pitching）
z 軸	浮上（floating）沈下（sinking）	上下揺れ（heaving）	旋回（turning）	船首揺れ（yawing）

　6自由度の運動にはそれぞれ表12-1に示すように，一方向への運動と，往復運動について名称がつけられているが，その中の往復運動を動揺 oscillation と呼んでいる。

　この6自由度の運動に関しては次のような性質がある。
1)　自由度の大きさには差がある。
　　①　x, y 軸方向の運動はその大きさに制限がない。
　　②　z 軸方向の運動は，乾舷以上に下方へ動くことができない。また船底が水面上になる以上に上方へ動くことができない。
　　③　z 軸まわりの回転は制限がない。
　　④　x, y 軸周りの運動は制限がある。

2) ある基準の位置に対する復帰力(船ではこれを復原力という)をもつ運動ともたない運動がある。

復原力をもつ運動は x 軸まわりの回転, y 軸まわりの回転, z 軸方向の移行である。復原力をもつ運動は一つの振動系を形成し, 固有周期をもつが, 復原力をもたないものは一方的な運動だけで波や舵などによる周期的な外力が働かない限りその運動は動揺とはならない。

3) これらの動揺は単独に発生することはまれで, 一つの動揺が発生すると他の動揺を誘発する。

たとえば, 横揺れが起こると船内重量が $y-z$ 面に対して対称でないために船首揺れを生じ, また上下動が起こると重心と浮面心とが同一横断面内にないときは縦揺れを生じる。また, 船が前進しつつ横揺れすれば, 船体表面に加わる水圧が $x-z$ 面に対して非対称となるため船首揺れを生じる。

このような違いは船体中心面に対し, 運動が対称的か反対称的かによって特徴付けられる。縦揺れ, 上下揺れ, 前後揺れは動揺しても船体中心面に対する対称性が保たれるので対称運動と呼び, 横揺れ, 左右揺れ, 船首揺れは船体中心面に対して船体の左半分と右半分が増減するような動揺となるので反対称運動と呼ぶ。動揺の連成は各運動の中で発生するので, 縦揺れ, 上下揺れ, 前後揺れは連成し, 横揺れ, 左右揺れ, 船首揺れは連成するが, 対称運動の各動揺と反対称運動の各動揺とは連成しない。

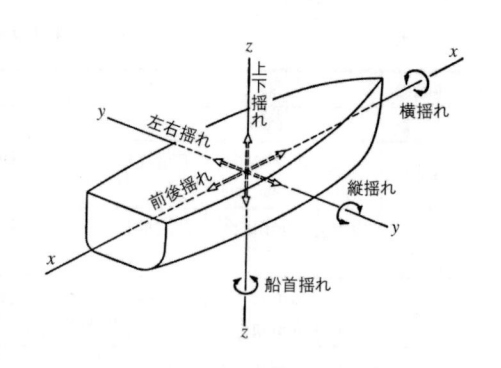

図 12-1 船体動揺の種類

12-2 見掛質量効果　virtual mass effect

見掛質量効果とは, 水面または水中で物体が運動するときに, あたかも物体の質量が増加したような効果を生ずることで, 加速や減速が空気中で行なうよりも困難に感じられるなどの影響を与える。

第12章 船体動揺

いま質量 m の物体をある力 F で加速する場合に空気中ならば，加速度 a は

$$a = \frac{F}{m} \quad \cdots\cdots\cdots (12.1)$$

で与えられる．しかし水中では同じ力でも得られる加速度が小さくなる．その原因として質量が見掛上増加したためと考えて，水中の物体に対しては加速度 a' は

$$a' = \frac{F}{m + m_a} = \frac{F}{m'} \quad \cdots\cdots\cdots (12.2)$$

となる．ここで，$m + m_a = m'$ を見掛質量 virtual mass，m_a を付加質量 added mass と呼んでいる．

偶力（回転モーメント）についても同様の現象が生じる．いま慣性モーメント I の物体を回転モーメント Q で回転させようとすると，そのモーメントによって空気中の物体に生じる回転角速度 ω は

$$\omega = \frac{Q}{I} \quad \cdots\cdots\cdots (12.3)$$

で与えられる．しかし水中では同じ力でも得られる角加速度が小さくなり，回転角速度 ω' は

$$\omega' = \frac{Q}{I + I_a} = \frac{Q}{I'} \quad \cdots\cdots\cdots (12.4)$$

となる．ここで，$I + I_a = I'$ を見掛慣性モーメント virtual moment of inertia，I_a を付加慣性モーメント added moment of inertia と呼んでいる．慣性モーメントとは質量と（回転軸から重心までの距離）^{2} の積で求められる二次モーメントである．

付加質量や付加慣性モーメントの大きさは物体の水面下の形状によって異なる．代表的なものを示すと次のようになる．

1) 球　　　$m_a = \dfrac{1}{2}\rho V$　　（$V =$ 球の体積，$\rho =$ 液体の密度）
2) 円柱　半径方向の運動　$m_a = \rho AL$
　　　　　　　　　　（$A =$ 円柱断面積，$L =$ 円柱の長さ，$\rho =$ 液体の密度）
3) 船　　前後揺れ方向　$m_{xa} = 0.05 \sim 0.15 m$　（$m =$ 船の質量）
　　　　左右揺れ方向　$m_{ya} = 0.9 \sim 1.2 m$　（$m =$ 船の質量）
　　　　上下揺れ方向　$m_{za} = 0.9 \sim 2.0 m$　（$m =$ 船の質量）
　　　　横揺れ方向　　$I_{xa} = 0.05 \sim 0.15 I_x$

(ビルジキールなし，$I_x = x$ 軸まわりの慣性モーメント)

$I_{xa} = 0.1 \sim 0.35 I_x$

(ビルジキールあり，$I_x = x$ 軸まわりの慣性モーメント)

縦揺れ方向　　$I_{ya} = 1.0 \sim 2.0 I_y$

($I_y = y$ 軸まわりの慣性モーメント)

船首揺れ方向　$I_{za} = 1.0 \sim 2.0 I_z$

($I_z = z$ 軸まわりの慣性モーメント)

　見掛質量が運動の方向によって異なるため，その影響として力の方向と加速度の方向が一致しない。つまり x 軸に対して θ の角度に力 F を作用させれば加速度の方向 ϕ は

$$\tan \phi = \frac{m + m_{xa}}{m + m_{ya}} \cdot \tan \theta \quad \cdots\cdots\cdots\cdots (12.5)$$

で求められる。

　球の場合はどの運動方向でも付加質量が等しく $m_{xa} = m_{ya}$ なので，$\phi = \theta$ となるが，船では $m_{ya} > m_{xa}$ なので，$\phi < \theta$ となる。すなわち図 12-2 において，加えられた力 F の方向に対し，その方向より船首尾線に近い a の方向へ動き出す。

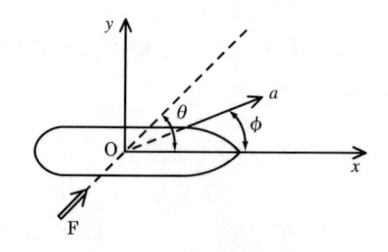

図 12-2　見掛質量効果

12-3　静水中の自由横揺れ

（1）運動方程式

　実際の船の横揺れは，非常に複雑で数学的に解くことはむずかしいので，まず次のような仮定を設けて得られる簡単な運動方程式について解析を行なうこととする。

 1) 水および空気の抵抗を無視する。
 2) 水の粘性はないものとする。
 3) 横揺れの中心は重心と一致すると仮定する。
 4) 横揺れ角は小さく，復原梃 $GZ = GM \cdot \theta$ と表わしうるものとする。

第12章 船体動揺

このような仮定を設けると，慣性力と復原力の釣り合いから横揺れの運動方程式は次のようになる．

$$I'\frac{d^2\theta}{dt^2} + W \cdot g \cdot \mathrm{GM} \cdot \theta = 0 \quad \cdots\cdots\cdots\cdots (12.6)$$

ただし，I'＝見掛慣性モーメント＝$W \cdot k^2$ (t-m^2)，W＝船の排水量 (t)，k＝見掛慣動半径 radius of gyration (m)，θ＝横揺れ角 (radian)，t＝時間 (s)，GM＝メタセンタ高さ (m)，g＝重力の加速度 (m/s^2) である．

式12.6を変形すると

$$\frac{d^2\theta}{dt^2} + \frac{g \cdot \mathrm{GM}}{k^2} \cdot \theta = 0 \quad \cdots\cdots\cdots\cdots\cdots (12.7)$$

この式は，単振子の振動と同じ単弦振動 simple harmonic motion の方程式である．

したがって，この方程式の解は

$$\frac{g \cdot \mathrm{GM}}{k^2} = \omega_R{}^2 \quad \cdots\cdots\cdots\cdots\cdots\cdots\cdots\cdots (12.8)$$

とおいて

$$\theta = \Theta \sin(\omega_R t + \varepsilon) \quad \cdots\cdots\cdots\cdots\cdots (12.9)$$

ただし，Θ＝横揺れ振幅 (radian)，ω_R＝角周波数 (rad/s)，ε＝初期位相角である．

（2） 横揺れ固有周期

式12.8より，横揺れ固有周期 T_R (s) は

$$T_R = \frac{2\pi}{\omega_R} = 2\pi\sqrt{\frac{k^2}{g \cdot \mathrm{GM}}} \quad \cdots\cdots\cdots\cdots (12.10)$$

いま，π＝3.14，g＝9.80 m/sec^2 とすると式12.10は

$$T_R = \frac{2.01k}{\sqrt{\mathrm{GM}}} \quad \cdots\cdots\cdots\cdots\cdots\cdots\cdots\cdots (12.11)$$

一般に，見掛慣動半径 k は船の幅 B に比例すると考えられるから，$k = c \cdot B$ と置き，実船の動揺試験によって c を求めてみると，船の種類によってある範囲にあることが過去のデータから求められている．たとえば，客船では c＝0.38～0.43，貨物船（満載状態）では c＝0.32～0.35，貨物船（軽貨状態）では c＝0.37～0.40，タンカー（満載状態）では c＝0.35～0.39，タンカー（軽貨状態）では c＝0.37～0.47，漁船では c＝0.38～0.44，戦艦では c＝0.34～0.38，巡洋艦では c＝0.39～0.42，などである．これらの平均値を c

$= 0.40$ とすれば，式 12.11 より横揺れ固有周期 T_R (s) は

$$T_R = \frac{2.01 c \cdot B}{\sqrt{GM}} \fallingdotseq \frac{0.8 B}{\sqrt{GM}} \quad \cdots\cdots\cdots\cdots (12.12)$$

ここに，$B=$ 船幅（m），$GM=$ メタセンタ高さ（m）とする。

これらの式より，次のことがわかる。

1) T_R は，横揺れ角 θ に無関係である。これを単弦振動の等時性といい，時計の振り子に応用されている。

2) T_R は，$\sqrt{GM}$ に反比例する。

 GM が過大になると，横揺れ固有周期が短くなり，乗心地が悪く，また積荷に荷ずれなどの損害を与えたりする。このような船を軽頭船 stiff ship といい，復原性は充分にあっても好ましい状態とはいえない。

 これに反して，GM が小さいと横揺れ固有周期が長くなり，ゆったりとした揺れ方をするので乗心地はよいが，復原性は弱く荒天の際などは危険である。このような船を重頭船 tender ship という。

3) T_R は，k に比例する。

 船の重さ（排水量）が同じでも，重い貨物を横揺れの中心から遠い所に，軽い貨物を中心付近に積めば k の値は大きくなるから，GM を小さくしないで T_R を大きくすることができる。この考え方は，快適な航海をするためには最もよい方法であるが，現実には貨物の取り扱い上の制約があるから必ずしも理想どおりには行なわれていない。

（3） 動揺試験

横揺れ固有周期は，船の完成時に動揺試験を行なって確認する（船舶復原性規則）。

動揺試験は，甲板上で横方向に大ぜいの人を走らせて，少なくとも 10° 以上に船を横揺れさせたのち，一揺れごとの傾斜角と横揺れ周期とを測定する。

ここで周期とは，傾斜が一方の舷から他方の舷に移ったのち，再びもとの点に戻るまでの時間であって，これを全周期という。

動揺試験の実施に際しては，傾斜試験と全く同じように搭載物の現状調査と注意事項が要求されるから，同じ日に行なうのがよい（179頁参照）。

周期を計測したら式 12.12 により GM を推定でき，傾斜試験による GM と比較することができる。

12-4　静水中の抵抗横揺れ

前項においては，水および空気の抵抗を無視したが，実際にはこれらの抵抗のために船体の横揺れは一揺れごとに減衰して，ついには静止するに至る。

(1) 減衰係数　damping coefficient

動揺試験の結果に基づいて，縦軸に横揺れ角 θ を，横軸に時間 t を取り，曲線に表わすと図 12-3(a)のような横揺れ曲線が得られる。

次に図 12-3(b)のように，試験の開始時より一方の舷から他方の舷への横揺れ回数 n を横軸に取り，それぞれの n に対する最大横揺れ角 θ_n を縦軸に取れば，横揺れの減衰角曲線 curve of declining angles が得られる。

さらに図 12-3(c)のように，縦軸に角減少量 $\Delta\theta$ を，横軸に平均横揺れ角 θ_m を取れば，減滅曲線 curve of extinction が得られる。

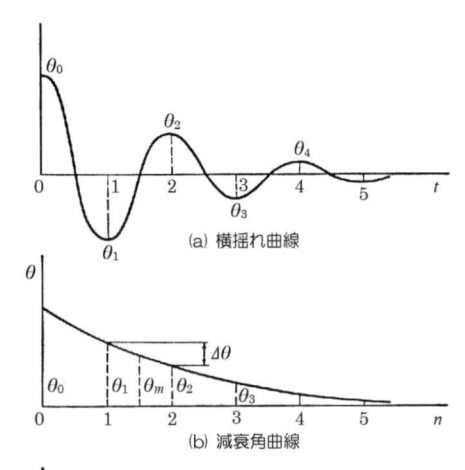

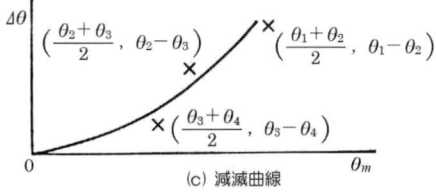

図 12-3　自由横揺れ試験の解析

ただし，$\Delta\theta = \theta_{n-1} - \theta_n$，$\theta_m = \dfrac{\theta_{n-1} + \theta_n}{2}$ である。

減滅曲線は，近似的に次のような式で表わすことができる。

$$\Delta\theta = a\theta_m + b\theta_m^2 \quad \cdots\cdots\cdots\cdots\cdots (12.13)$$

あるいは

$$\Delta\theta = N\theta_m^2 \quad \cdots\cdots\cdots\cdots\cdots (12.14)$$

ここで，a, b, N は減衰係数と呼ばれ，船体横断面形状，特に船底ビルジ

部の丸みの大小，ビルジキールの長さおよび幅などによってその値は変わるが，およそ表 12-2 に示すとおりである。減衰係数の値が大きい船ほど，抵抗が大きく横揺れの減衰が早い。

式 12.14 はベルタン (Bertin) の式と呼ばれ，簡単なのでよく用いられる。普通船型でビルジキールを持つ場合は $N \fallingdotseq 0.02$ としている。

表 12-2 減衰係数の値

	N_{10}	N_{15}		N_{20}	a	b
大 型 客 船	0.020	—	小 型 客 船	0.015	0.050	0.0125
大 型 貨 物 船	—	0.019	小 型 貨 物 船	0.017	0.030	0.0155
大型タンカー	—	0.017	漁 船	0.019	0.100	0.0140
N_{10}, N_{15}, N_{20} はそれぞれ初期傾斜角 $\theta_0=10°, 15°, 20°$ として求めた N の値			捕 鯨 船	0.010	0.060	0.0070
			小 型 艦 艇	0.018	0.065	0.0150

$\Delta\theta$ と θ_m の関係は横揺れに対する減衰力と横揺れ角速度 $d\theta/dt$ の関係に一致することがわかっているので，a, b, N などの減衰係数が求められるとこの値を用いて減衰力を求めることができる。

いま，

$$\Delta\theta = a\theta_m \quad \cdots\cdots\cdots\cdots\cdots\cdots\cdots\cdots (12.15)$$

とすると，横揺れ減衰力は $A \cdot d\theta/dt$ の形で表わされ，係数 A は

$$A = \frac{4I_x'}{T_R} \cdot a \quad \cdots\cdots\cdots\cdots\cdots\cdots\cdots\cdots (12.16)$$

となる。慣性力と復原力に減衰力も加えた力の釣り合いによる運動方程式は

$$I_x'\frac{d^2\theta}{dt^2} + A\frac{d\theta}{dt} + W \cdot g \cdot GM \cdot \theta = 0 \quad \cdots (12.17)$$

ここで，$2\alpha = \dfrac{A}{I_x'}$, $\omega_R^2 = \dfrac{W \cdot GM \cdot g}{I_x'}$ とおけば

$$\frac{d^2\theta}{dt^2} + 2\alpha\frac{d\theta}{dt} + \omega_R^2\theta = 0 \quad \cdots\cdots\cdots\cdots\cdots (12.18)$$

と表わせる。

（2） 抵抗が横揺れ周期に及ぼす影響

抵抗がある場合の横揺れ固有周期 T_R' は，抵抗がない場合の横揺れ固有周期 T_R に対して，次式で求められる。

$$T_R' = \frac{T_R}{\sqrt{1-\left(\dfrac{T_R \alpha}{2\pi}\right)^2}} \quad \cdots\cdots\cdots\cdots\cdots (12.19)$$

ここで，α＝抵抗の大きさを示す係数（$=A/(2I')$）だが，$(T_R\alpha/(2\pi))^2$＝0.0001～0.008なので，理論的にはわずかに長くなるが，実用上は抵抗がない場合の T_R をもって代用する。

(3) 船の速度が横揺れ抵抗に及ぼす影響

船が前進速度をもつ場合の横揺れに対する抵抗は，速度を増すにつれて著しく増加する。表12-3はその一例である。

表 12-3 前進速度による減衰係数の増加の一例

前進速度 V kt	0	10	12
減衰係数 N	0.022	0.032	0.043

（戦艦，排水量 $W=14,620$ トン）

12-5 波浪中の横揺れ

(1) 見掛けの重力

トロコイド波理論によれば，深海波の水の粒子は円運動をするものと考えられる。したがって，各粒子は重力 G とともに遠心力 C を受けるから，この二つの力の合力 R が波の表面に垂直に働くことになる。これを見掛けの重力 virtual force of gravity という。

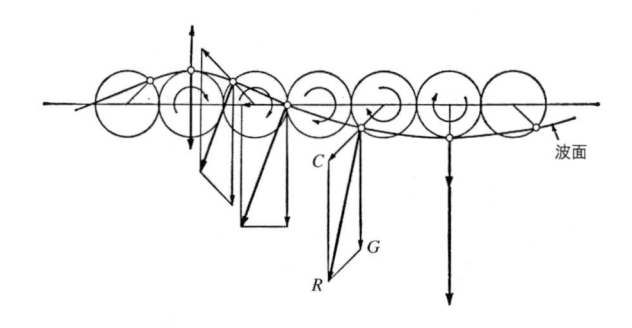

図 12-4 見掛けの重力および見掛けの直立

したがって，見掛けの重力は波頂では静水のときよりも小さく波底では大きいので，静水中で十分な復原力を持っている船でも，波頂で転覆する危険がありうる。また波の斜面では見掛けの重力の方向が静止水面に直角な方向ではなく，波面に直角な方向となる。

(2) **有効波傾斜** effective wave slope

波浪中の横揺れ運動に対して影響を与える要素としては，波の振幅だけでなく波面の傾斜角も問題になる。もし波が規則波 regular wave で x 軸方向に波が連なっているとき，波形 η は

$$\eta = \frac{H}{2} \cdot \sin 2\pi kx \quad \cdots\cdots\cdots\cdots (12.20)$$

で表わせる。そのとき波傾斜 θ_w は

$$\theta_w = \frac{H}{2} 2\pi k \cdot \cos 2\pi kx \quad \cdots\cdots\cdots (12.21)$$

となる。ここに H ＝規則波の波高，k ＝波数（＝$1/\lambda$），λ ＝波長である。

この波の波傾斜の振幅 Θ_w は

$$\Theta_w = \frac{H}{2} \cdot 2\pi k = \frac{H\pi}{\lambda} \quad \cdots\cdots\cdots\cdots (12.22)$$

となり，波面の最大傾斜角を示している。もし船が波の表面上の１点で浮いていると考えればこの値が船に作用する波傾斜となるが，船は有限な大きさを持っているため，船に作用する波は実際の波面より船の浮心を通る水面下の波（副波 sub-surface）が作用すると考えたほうが現実的である。そこで実際の波面の波傾斜に係数 γ をかけたものを有効波傾斜と呼んでいる。

波傾斜係数としては次の値が用いられる。

$$\gamma = e^{(-2\pi \cdot \mathrm{OB}/\lambda)} \quad \cdots\cdots\cdots\cdots\cdots (12.23)$$

$$\gamma = 0.73 + 0.60 \times \frac{\mathrm{KG} - d}{d} \quad \cdots\cdots\cdots (12.24)$$

ここに，OB ＝喫水線から浮心までの垂直距離，OG ＝喫水線から重心までの垂直距離，d ＝喫水，である。

この影響を考慮すると，船体に作用する正弦波の波傾斜は

$$\theta_{we} = \gamma \Theta_w \cos 2\pi kx \quad \cdots\cdots\cdots\cdots (12.25)$$

のように表わせる。

(3) 運動方程式

波浪中の自由横揺れ運動を理論的に取り扱うために，次の仮定を設ける。
1) 船は波の進行方向に直角に浮かんでいる。
2) 波は船の大きさに比べて長いものとする。
3) 波は規則的で，その大きさも速度も一定である。
4) 波形は正弦波 sine wave である。
5) 復原モーメントは，有効波傾斜に垂直な見掛けの直立からの船の傾斜角（$\theta - \theta_1$）に比例するものとする。

このとき船が受ける規則的な波は，空間的には式 12.20 で表されるが時間的には，$\eta = (H/2)\sin\omega t$ のように表される。ここに $\omega = 2\pi/T$，T は波周期，ω は角周波数である。

このような仮定を設けると，波浪中の船の運動方程式は慣性力，減衰力，復原力の釣合いによりもとめられるが，復原力は静止水面からの横傾斜角に対する復原力ではなく，波面に垂直な方向からの横傾斜角に対する復原力とし，次のようになる。

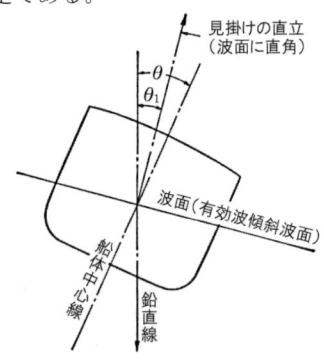

図 12-5 波浪中の横揺れ

$$I_x' \frac{d^2\theta}{dt^2} + A\frac{d\theta}{dt} + W \cdot g \cdot \mathrm{GM} \cdot (\theta - \theta_1) = 0 \quad \cdots (12.26)$$

ところが，$2\alpha = \dfrac{A}{I_x'}$，$\omega_R^2 = \dfrac{W \cdot \mathrm{GM} \cdot g}{I_x'}$，$I_x' = Wk^2$，$T_R = 2\pi\sqrt{\dfrac{k^2}{g \cdot \mathrm{GM}}}$，

ある地点での波面の傾斜角は式 12.25 に対応して $\theta_1 = \gamma\Theta_w\sin\omega t$ であるから，式 12.26 の形を変えて

$$\frac{d^2\theta}{dt^2} + 2\alpha\frac{d\theta}{dt} + \omega_R^2 \cdot \theta = \omega_R^2 \cdot \gamma\Theta_w\sin\omega t \quad \cdots\cdots (12.27)$$

これが波浪中の横揺れの式で，T_R は船の静水中における減衰力を無視した場合の横揺れ固有周期である。

式 12.27 の解は，自由横揺れの項と波による強制横揺れの項から構成されるが，自由横揺れの項は時間の経過とともに減衰するので，次に示す強制横揺れの項だけが残る。

$$\theta = \frac{\omega_R^2 \gamma \Theta_w}{\sqrt{(\omega_R^2 - \omega^2)^2 + 4\alpha^2 \omega^2}} \cdot \sin(\omega t + \varepsilon) \quad \cdots\cdots\cdots (12.28)$$

ただし，$\tan \varepsilon = \dfrac{2\alpha\omega}{\omega_R^2 - \omega^2}$ である。

　波浪中の横揺れをしらべるには波傾斜に対して横揺れがどの程度の大きさになるか（振幅比），また船体の動揺が波の動揺とどの程度遅れて発生するか（位相差）について注目する必要がある。この振幅比のことを倍率 magnification factor と呼んでいる。倍率と位相差を波の周波数毎に求め，波の角周波数 ω と横揺れ固有角周波数 ω_R の比 tuning factor に対して示すと，次式のような波に対する横揺れの周波数応答関数（倍率）が得られる。

$$\text{倍率}\ \mu = \frac{|\theta|}{|\theta_w|} = \frac{1}{\sqrt{\left(\dfrac{\omega_R^2 - \omega^2}{\omega_R^2}\right)^2 + \dfrac{4\alpha^2\omega^2}{\omega_R^4}}} \quad \cdots (12.29)$$

$$\text{位相差}\ \varepsilon = \tan^{-1}\frac{2\alpha\omega}{\omega_R^2 - \omega^2} \quad \cdots\cdots\cdots\cdots\cdots\cdots\cdots\cdots (12.30)$$

　この周波数応答関数の倍率 μ と位相差 ε を $\dfrac{\omega}{\omega_R}$ に対し示すと図 12-6 のような応答曲線が求められる。

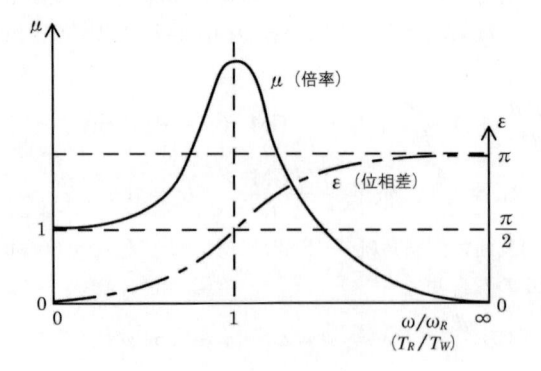

図 12-6　横揺れ応答曲線

　もし，波高 H，波周期 T_w と，横揺れ角 θ が計測されていた場合，波を規則波と考えて，波の傾斜角と横揺れ角の振幅比である倍率を求めて，図 12-6 の結果と比較することができる。
　波長 λ は，波面の移動速度である位相波速 $V_w = \sqrt{g \cdot \lambda / 2\pi} = \lambda / T_w$ なので，

$\lambda = g \cdot T_w^2 / 2\pi$ となり,波の傾斜角振幅は $|\theta_w| = 2\pi^2 \cdot H / (g \cdot T_w^2)$ のように波高 H と波周期 T_w から求められる。

(4) 波の周期が船の横揺れに及ぼす影響

(a) $T_R = T_w$ のとき

すなわち,波の周期と船の横揺れ固有周期が一致する場合で,これを同調 resonance という。このとき $\omega = \omega_R$ となり,式12.29において倍率 $\mu = \dfrac{\omega_R^2}{4\alpha^2}$,位相差 $\varepsilon = \dfrac{\pi}{2}$ となる。もし減衰力による係数 α がなければ倍率 μ の分母は0になり,船の横揺れ角は一揺れごとに増大して危険状態に至る。

この危険を避けるためには,船の針路あるいは速度を変えればよい。図12-7において,

$$T_{wa} = \frac{L_w}{V_w \pm V \sin \alpha} \quad \cdots\cdots (12.31)$$

ただし,L_w =波長 (m),V =船の速度 (m/sec),V_w =波の進行速度 (m/sec),α =船の針路と波頂線のなす角,T_{wa} =波の見掛けの周期 (sec) で,±の符号は向い波のとき正,追い波のとき負とする。

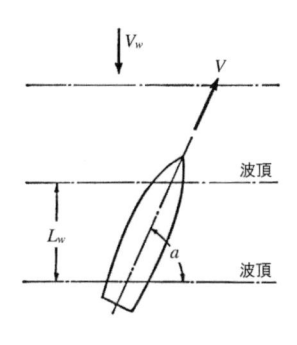

図 12-7 波の出会周期

(b) $T_R \ll T_w$ のとき

すなわち,船の周期が波の周期に比べて非常に短い場合で,式12.28において $\omega_R \gg \omega$ となるので,ω を無視すれば,

$$\theta = \gamma \Theta_w \sin \omega t \quad \cdots\cdots\cdots\cdots\cdots\cdots\cdots (12.32)$$

となり,船の横揺れは,水面に浮かぶ筏(いかだ)のように,波の傾斜角と等しく動揺する。すなわち,倍率 $\mu = 1$,位相差 $\varepsilon = 0$ となる。

(c) $T_R \gg T_w$ のとき

すなわち,船の周期が波の周期に比べて非常に長い場合で,式12.28において $\omega_R \ll \omega$ となるので,ω_R を無視すれば,

$$\theta = 0 \quad \cdots\cdots\cdots\cdots\cdots\cdots\cdots\cdots\cdots\cdots (12.33)$$

となり,波により船は横揺れしないで静止水面に垂直に浮いている。これは船幅に対し非常に波長の小さい波の中で動揺する場合,細長い棒の下に

錘を取り付けた物体が波の中で動揺する場合などに対応している。T_w/T_R が小さいので船の横揺れ角はつねに小さく，船は波の運動に関係なく自己の固有周期で横揺れする。このとき倍率 $\mu=0$，位相差 $\varepsilon=\pi$ となる。

（5）波浪中の横揺れによる大傾斜

異常に大きな横傾斜をラーチ lurch と呼ぶ。例えば横揺れ運動をしながら，荒天中を航行しているときに，大波浪により船体横傾斜を増大させる場合に相当する。一般には GM が過小のときに発生しやすい。この状態がさらに厳しくなると，復原力がほとんどなくなり，甲板ビームが垂直に近くなった状態をビームエンド beam ends という。

このようになると，
1) 舷側が海水中に没するので復原力が急減する。
2) 甲板上に入り込んだ海水の自由水影響により復原力が減少する。
3) 大角度傾斜により荷崩れを発生する危険がある。

さらに航行船に対する波浪の影響として，船速が波速に比べ小さいときに発生する現象としてプープダウン pooping down がある。このとき青波や崩れ波が船尾にかぶさり，針路不安定，舵効き低下，復原力減少などを生じる。特に航行中斜め後方より波を受け，船体が波の下り斜面に乗ったときにはブローチング broaching 状態となり転覆に至る危険がある。

12-6 縦揺れ

（1）縦揺れ運動

縦揺れ pitcing は横揺れと同様の運動方程式によって表わされる。

$$I_y' \frac{d^2\theta_P}{dt^2} + A_P \frac{d\theta_P}{dt} + W \cdot g \cdot \mathrm{GM}_l \cdot \theta_P = M_P$$

ここに I_y' は図 12-1 の y 軸まわりの見掛慣性モーメント，A_P は縦揺れ減衰係数，W は排水量，g は重力加速度，GM_l は縦メタセンタ高さ，M_P は縦揺れ外力モーメント，θ_P は縦揺れ角である。

（2）縦揺れ固有周期

縦揺れ固有周期は，理論上横揺れ固有周期と同じ形で表わすことができる。ただ，式 12.10，12.11 において，k の代りに船の重心を通る y 軸のまわりの回転半径（縦慣動半径）k_l を，GM の代りに GM_l を置けばよい。

すなわち，縦揺れ固有周期 T_P は $I_y' = Wk_l^2$ として，

$$T_P = 2\pi\sqrt{\frac{k_l^2}{g \cdot \mathrm{GM}_l}} = \frac{2.01 k_l}{\sqrt{\mathrm{GM}_l}} \quad \cdots\cdots\cdots\cdots (12.32)$$

縦揺れ固有周期は貨物船で6～8秒，タンカーでは10～12秒程度で，横揺れ周期の約半分くらいのものが多い。また縦慣動半径は船の長さ（L：単位 m）に比例すると考えて，$k_l/L = 0.3$ として

$$T_P = \frac{0.6L}{\sqrt{\mathrm{GM}_l}}$$

から，求める式も提案されている。さらに $\sqrt{L}$ と関連付けて，連絡船 $T_P = 0.45\sqrt{L}$，純客船 $T_P = 0.45～0.55\sqrt{L}$，貨客船 $T_P = 0.54～0.65\sqrt{L}$，貨物船 $T_P = 0.54～0.72\sqrt{L}$，タンカー $T_P = 0.80～0.91\sqrt{L}$，という結果もある。

12-7　上下揺れ

上下揺れ heaving の運動方程式は次のように表わされる。

$$M_z'\frac{d^2z}{dt^2} + A_z\frac{dz}{dt} + R_z \cdot z = F_z$$

ここに M_z' は上下揺れに対する見掛質量，A_z は上下揺れに対する減衰係数，R_z は上下揺れに対する復原力，F_z は上下揺れ外力，z は上下揺れ変位である。

R_z は上下揺れにともなう浮力の増減が復原力となるので，微小変位に対しては次のように表わされる。

$$R_z = \rho \cdot g \cdot A_w$$

ここに A_w は水線面積，ρ は水の密度，g は重力加速度である。

上下揺れの固有周期 T_H は $\omega_H^2 = \dfrac{\rho \cdot g \cdot A_w}{M_z'}$，$2\alpha_H = \dfrac{A_z}{M_z'}$ とすると

$$T_H = \frac{2\pi}{\sqrt{\omega_H^2 - \alpha_H^2}}$$

また近似値として，次式も提案されている。

$$T_H = 2.7\sqrt{d}$$
$$T_H = \sqrt{(\nabla + 0.24B^2L)/A_w}$$

ここに d = 喫水 (m)，∇ = 排水容積 (m³)，B = 幅 (m)，L = 長さ (m)，A_w = 水線面積 (m²) である。

12-8　減揺装置

（1）ビルジキール　bilge keel

ビルジキールの作用は，単に板に働く水の抵抗ばかりでなく，船体の角張ったビルジ部にさらに板が突き出しているため，その部分の相対速度が大となり，そのため圧力を増大して横揺れを止めるモーメントを生じるものと考えられる（116頁参照）。

構造が簡単で，減揺効果は航行中ばかりでなく停止時にも有効であるので，今日ではほとんど全ての船舶に取り付けられている。また船外に突き出しているので航行中は船体抵抗を若干増し，損傷の危険がある。

図 12-8 は，静水中の横揺れ試験結果の一例で，ビルジキールのある場合の減揺効果が著しいことを示している。また，船が前進速度を有する場合は，水流の相対速度が増すので，さらに減揺効果は増大する。

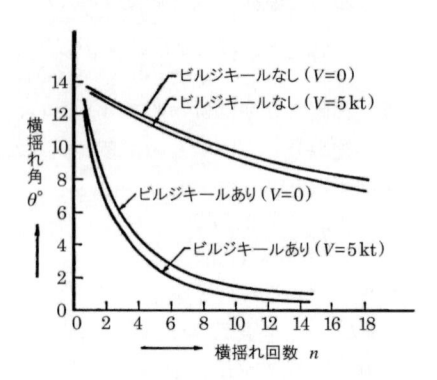

図 12-8　ビルジキールの減揺効果

（2）安定びれ　fin-stabilizer

横揺れしつつ前進する船の中央付近の両舷に，ビルジキールの代りに長さ 3 m，幅 1.5 m くらいの長方形のひれを船内より突出して，横揺れ周期と同調させて水流に対する迎角を交互に変えると，ひれに生じる揚力が横揺れに抵抗するモーメントとなって横揺れを軽減する。

排水量の約1％の重量を必要とするが容積は小さくてよい。減揺効果はきわめて顕著であるが停止時には無効となる。船内に引込めるので船体抵抗の増加や損傷の危険

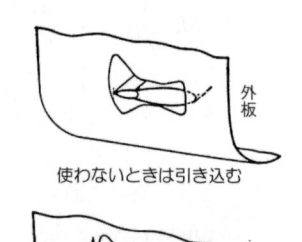

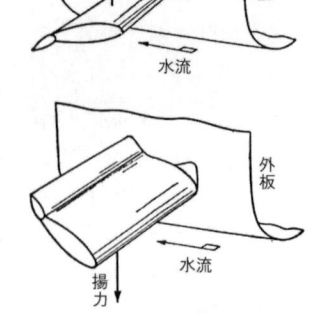

図 12-9　安定びれ

は少ない。高価で補助動力を必要とする。

　元良式安定びれは，この機構をジャイロスコープを使って自動的に作動させるもので，わが国で大正年間に数隻の船に装備して良好な成績を挙げたことが報告されている。

　その後，英国のデニー・ブラウン社が自動制御方式ならびにひれの形状に改良を加えて性能の向上をはかったため，再び注目されて大型客船などに採用されている。

（3）　減揺タンク　anti-rolling tank

　船内に設けた横向きU字形タンクに水を入れ，船の動揺と水の移動との位相差を利用して横揺れを軽減する装置である。フラームによって実用化され，その後種々の改良型が発表されて，今日でも小型客船などに採用されている。

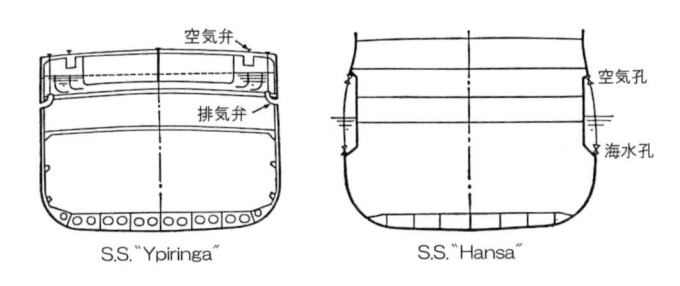

図 12-10　フラーム式減揺タンク

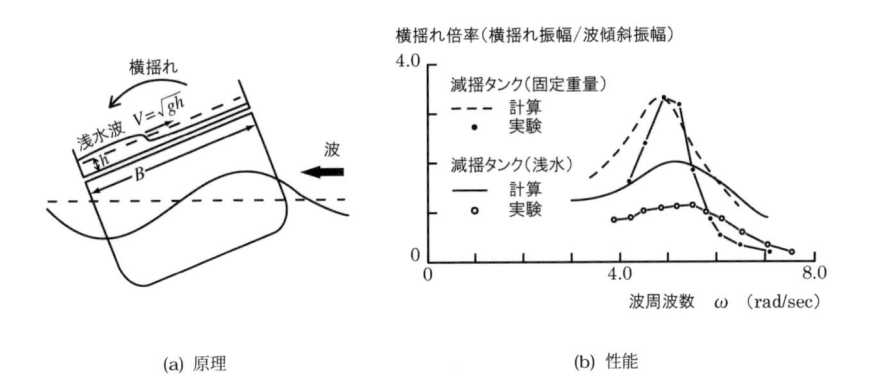

(a) 原理　　　　　　　　　　　(b) 性能

図 12-11　吉岡式減揺タンク

構造は簡単で，水を含めて排水量の1～4％の重量を必要とし，自由水影響と設備位置の関係で復原力を減少させる。減揺効果はすぐれ，停止時でも有効に作用する。補助動力を必要としないから運転費はかからないが，船内に横向きの連続したかなりの容積を占める。

横浜国立大学の吉岡勲名誉教授によって開発された吉岡式減揺タンクもこの一種で，船の幅方向に設けた水槽内に浅水を入れ，この浅水に発生する段波を利用して，動揺を減らすことができる。

すなわち，水深を h とすれば，浅水波の速度 v は

$$v = \sqrt{gh} \quad \cdots\cdots\cdots\cdots\cdots\cdots\cdots\cdots\cdots (12.33)$$

水槽の幅（船幅）を B とすると，浅水波が水槽を移動するときの周期 T は

$$T = \frac{2B}{\sqrt{gh}} \quad \cdots\cdots\cdots\cdots\cdots\cdots\cdots\cdots\cdots (12.34)$$

となり，水深を変えることにより浅水波による周期 T を変え，水塊がちょうど斜面を登るように移動させれば，動揺を減らすことができる。実験により排水量の1％の水量で効果のあることが示された。

(4) **ジャイロスタビライザ** gyro-stabilizer

ジャイロスコープの歳差運動 precession を応用して，船の横揺れと反対の方向に偶力を生じさせて横揺れを軽減させる装置で，シュリックが考案しスペリーが改良に成功した。

減揺効果は航行中も停止時も有効であり，減揺装置としては非常にすぐれている。装置が複雑で高価，大きく重くて容積をとり，運転費・維持費はかかるが，大型客船や航空母艦のように動揺を極度にきらう船舶に用いられることがある。

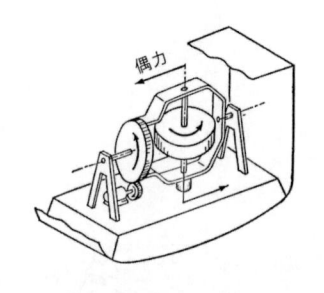

図 12-12　ジャイロスタビライザ要領図

12-9　不規則波中の動揺

海洋波は波高と周期が一定の規則波ではなく，様々な周波数をもつ成分波が集合した不規則波 irregular wave である。したがって，動揺も様々な周波数成

分の動揺が合成されたものになる。入力としての波と出力としての動揺のスペクトルを用いれば図12-6と同様の周波数応答関数（倍率）が求められる。

　また実用的には不規則波に統計的処理を行ない，単一の波高と周期で表現した波により動揺を評価することもある。たとえば約20分程度の観測時間中に遭遇する全ての波のうち，最大の波から順に全体の個数の $\frac{1}{3}$ の波の波高を算術平均した $\frac{1}{3}$ 最大波高もその一つであり，有義波高 significant wave height ($H_{1/3}$) と呼ばれる。また有義波高を読み取った波に対する周期の算術平均は周期に対する有義値($\frac{1}{3}$ 最大周期)ではないが，有義波周期 significant wave period ($T_{1/3}$) と呼ばれ，この $H_{1/3}$ と $T_{1/3}$ が不規則波の代表的な波高と周期とされる。

第3編　船体の抵抗と推進

第13章　船体の抵抗

13-1　船体抵抗の種類

　航行中の船は，水面から下の部分に水抵抗を，水面から上の部分に空気抵抗を受ける。水抵抗は，その性質により摩擦抵抗・渦抵抗・造波抵抗に分類される。

$$
\text{全抵抗}\begin{cases} \text{水抵抗}\begin{cases} \text{摩擦抵抗} \\ \text{渦　抵　抗} \\ \text{造波抵抗} \end{cases}\begin{matrix}\text{粘性抵抗} \\ \\ \text{剰余抵抗}\end{matrix} \\ \text{空気抵抗} \end{cases}
$$

　このうち，摩擦抵抗 frictional resistance は船の周囲の流体が船体表面から遠ざかるにつれて減少するような速度勾配をもつことにより，流体中に内部摩擦を生じ，それが抵抗となったものである。水抵抗のなかでは主要なものであり，普通の商船では全抵抗の50〜70％を占め，巨大タンカーのような低速船では80％以上にも及ぶ。

　渦抵抗は船が前進するときに後方にできる渦に起因する。この渦をつくるために費やされる力の損失分が渦抵抗である。

　造波抵抗は船が前進するときに水面に波が発生するが，この波を発生するための力は船から与えられる。この波を発生させる力の損失分が造波抵抗である。

　このような分類から船体に働く抵抗は個々の抵抗の和として求められる。すなわち

　　　　全抵抗＝水抵抗＋空気抵抗＝摩擦抵抗＋渦抵抗＋造波抵抗＋空気抵抗

　また，このうちの水抵抗については，次のように表わすことができる。

　　　　水抵抗＝摩擦抵抗＋渦抵抗＋造波抵抗
　　　　　　　＝摩擦抵抗＋剰余抵抗
　　　　　　　＝粘性抵抗＋造波抵抗

(1) 次元解析と相似則

　船の抵抗の性質を調べるにあたり，次元解析とよばれる方法が役に立つ。我々が実際に問題を処理するにあたって，当面する様々な物理現象は複雑で厳密な数学的解析を行なえない場合が多い。このようなときに単に各物理量の次元を考えるだけで現象を表わす関数に対して影響をあたえる変数を見出すことができ，また実験結果から一般的な結論を導くときの関係式についても見出すことができる。

　次元解析の基礎となる理論は物理関係を表わす等式が同一種類の間にのみ成立するということである。すなわち，物理方程式の各項はいかなる場合でも同一の次元を有していなければならない。

　ここで，船の水抵抗に対して次元解析を適用してみる。まず船の抵抗 R は，流体の密度 ρ，船の寸法（長さ L で代表する），船の速度 V，流体の粘性係数 μ，重力加速度 g に関係していると考える。その他に関係している要素としては船型があるが，これはいろいろな次元を持たない係数として表わすことにする。それらは例えば長さ幅比，長さ喫水比，方形係数，柱形係数などで，それらを $r_1=L/B$, $r_2=L/d$, $r_3=C_b$, $r_4=C_p$, $r_5=\cdots\cdots$, のように表わす。

　水抵抗はこれらの要素を変数と考えたときの関数と考えることができるので

$$R = f_1(\rho,\ L,\ V,\ \mu,\ g,\ r_1,\ r_2,\ r_3,\ \cdots) \quad \cdots\cdots (13.1)$$

のようにかける。これを多項式で表わすと

$$R = \Sigma K\, \rho^a L^b V^c \mu^d g^e \quad \cdots\cdots\cdots\cdots\cdots\cdots (13.2)$$

となる。ここで船型に関する要素はすべて K としてまとめられている。

　式 13.2 の指数を求めるために各変数を力学問題に共通な基本単位である，質量 [M]，長さ [L]，時間 [T] の項で書き，式の両辺に現れる各単位の指数を等しいとおく。ここで各変数の次元を調べると，$R=[\mathrm{MLT^{-2}}]$, $\rho=[\mathrm{ML^{-3}}]$, $L=[\mathrm{L}]$, $V=[\mathrm{LT^{-1}}]$, $\mu=[\mathrm{ML^{-1}T^{-1}}]$, $g=[\mathrm{LT^{-2}}]$ であるから，式 13.2 を基本単位の式で書き直せば

$$\mathrm{MLT^{-2}} = \Sigma K (\mathrm{ML^{-3}})^a (\mathrm{L})^b (\mathrm{LT^{-1}})^c (\mathrm{ML^{-1}T^{-1}})^d (\mathrm{LT^{-2}})^e \quad \cdots\cdots (13.3)$$

となる。この式から基本単位について左辺と右辺で指数が等しくなるためには

　　　M について　　　$1 = a + d$
　　　L について　　　$1 = -3a + b + c - d + e$
　　　T について　　　$-2 = -c - d - 2e$

という関係が得られる。これらから a, b, c, d, e を決定するのに，未知数は5つで方程式は3つなので，2つは未知のままである。この2つを d, e とすれば，他の3つは次のようになる。

   a = 1 − d
   b = 2 − d + e
   c = 2 − d − 2e

この値を式 13.2 に代入すれば，

$$R = \Sigma K \, \rho^{1-d} L^{2-d+e} V^{2-d-2e} \mu^d g^e$$

$$= (\rho L^2 V^2) \Sigma K \left(\frac{\rho VL}{\mu} \right)^{-d} \left(\frac{V^2}{gL} \right)^{-e} \quad \cdots\cdots\cdots (13.4)$$

が得られ，式 13.4 の多項式を再びもとの変数と関数との式に戻せば，

$$R = \rho L^2 V^2 \cdot f_2 \left(\frac{\rho VL}{\mu}, \ \frac{V^2}{gL}, \ r_1, \ r_2, \ r_3, \ \cdots \right)$$

すなわち

$$\frac{R}{\rho L^2 V^2} = f_2 \left(\frac{\rho VL}{\mu}, \ \frac{V}{\sqrt{gL}}, \ r_1, \ r_2, \ r_3, \ \cdots \right) \quad \cdots (13.5)$$

となる。

式 13.5 に出てくる量はいずれも次元のない単なる数であり，次のように呼ばれている。

$\dfrac{R}{\rho L^2 V^2}$　　　抵抗係数 (resistance coefficient)

$\dfrac{\rho VL}{\mu} = R_n$　　レイノルズ数 (Reynolds number)

$\dfrac{V}{\sqrt{gL}} = F_n$　　フルード数 (Froude number)

次元解析によって，船の水抵抗に影響を与える主要な要素がレイノルズ数とフルード数であることが示された。幾何学的相似模型を使って実験を行なうと，式 13.5 において形状を示す要素が r_1, r_2, r_3, ……, は等しいので，もし残りの変数であるレイノルズ数 R_n とフルード数 F_n を等しくすることができれば実船と模型船の抵抗係数が等しくなることがわかる。このように，次元解析により模型実験をした場合に実物の値に換算するための相似則を見出すこともできる。

(2) 摩擦抵抗　frictional resistance
(a) 平板の摩擦抵抗

　航行する船の水面から下の部分の船体の表面と水との摩擦に基づく抵抗である。ウイリアムフルード (William Froude) は，模型船の実験の結果から実船の抵抗を換算する方法を考える際に，船体表面に働く摩擦抵抗は，その船と長さおよび浸水面積が等しくかつ表面の性質が同等な平板の摩擦抵抗に等しい，という仮定を設けて，イギリス南西部の町トーキイ (Torquay) の自邸内に試験水槽を建設し，初めて平板の摩擦抵抗に関する実験を行なった。水槽は1871年に完成し，摩擦抵抗に関する論文は1872年，1874年に発表された。

　その後，ウイリアムフルードの子息の R.E.フルードは父の行なった平板の摩擦抵抗に関する実験を再解析し，次のような実験式を発表した。

$$R_F = \sigma\{1+0.0043(15-\theta)\}\cdot f \cdot S \cdot V^{1.825} \quad \cdots\cdots (13.6)$$

ここで，R_F は摩擦抵抗(kg)，σ は水の比重，θ は水温 (℃)，S は浸水表面積(m^2)，V は速度 (m/s)，f は摩擦係数である。摩擦係数は表になっているが，後に滑らかな船体表面に対し，ルバーマレイ (le Bemerais) は次のような近似式を求めた。

$$f = 0.1392 + \frac{0.258}{2.68+L}$$

ここに L は船の水線長さ (m) である。

　一方，オズボーンレイノルズ (Osbone Reynolds) は1883年に管内の流れに関する実験を行ない，物体のまわりの流体の流れ方には規則正しい定常的な層流 laminar flow，と不規則な変動を伴う乱流 turbulent flow があり，この流れる様子はレイノルズ数に支配されることが示された。この実験が明らかになってからは船体に働く摩擦抵抗についてもレイノルズ数の関数として示されるようになった。

　層流域の摩擦抵抗についてはブラジウス (Blasius) により，平板の層流摩擦抵抗の計算式が次のように求められた。

　　　　ブラジウスの式
$$C_F = 1.327 R_n^{-(1/2)} \quad \cdots\cdots\cdots\cdots\cdots (13.7)$$

ここに，C_F は摩擦抵抗係数（無次元）で，$C_F = R_F/\{(1/2)\rho SV^2\}$，$R_F$ は摩擦抵抗 (N)，ρ は水の密度 (kg/m^3)，S は浸水表面積(m^2)，V は速

度(m/s), R_n はレイノルズ数で, $R_n = \rho VL/\mu = VL/\nu$ で表わされ, L は船の長さ(m), μ は粘性係数 (kg·s/m²), $\nu = \mu/\rho$ で動粘性係数 (m²/s) である。

水の密度 ρ は15℃のとき工学単位で, 清水では $\rho = 101.87$ kg·sec²/m⁴, 海水では $\rho = 104.61$ kg·sec²/m⁴ である。水の動粘性係数 ν は絶対単位でも工学単位でも15℃のとき, 清水では $\nu = 1.139 \times 10^{-6}$ m²/sec, 海水では $\nu = 1.188 \times 10^{-6}$ m²/sec である。

レイノルズ数 R_n が約 4.5×10^5 から層流は不安定になり摩擦抵抗係数 C_F は大きくなる。これは平板の後方に乱流が現れるためで, この層流から乱流へ移り変わる状態を遷移 transition という。遷移域における摩擦抵抗係数はプラントル (Prandtl) により次のように与えられた。

　　プラントルの式
$$C_F = 0.074 R_n^{-(1/5)} - \frac{1700}{R_n} \quad \cdots\cdots (13.8)$$

さらにレイノルズ数が増加すると平板全面が乱流状態のなる。このときの摩擦抵抗係数については1921年にカルマン (Kármán) とプラントルが別々に次の式を発表した。

　　カルマン・プラントルの式
$$C_F = 0.072 R_n^{-(1/5)} \quad \cdots\cdots (13.9)$$

1932年にシェーンヘル (Schoenherr) は当時までに行なわれた平板に関する実験結果をレイノルズ数に対して集計し, その平均線を次のように求めた (シェーンヘルの平均線)。

$$\frac{0.242}{\sqrt{C_F}} = \log_{10}(R_n \cdot C_F) \quad \cdots\cdots (13.10)$$

この値はすぐに計算することはできないが, 数値計算された値は表13-1に示すような表により示されている。

その他, 船体の摩擦抵抗係数については乱流域での値が重要で, 1952年に平板の縦横比の影響を修正して求めたヒューズの式, 建造時の滑らかな船体に対する修正式としてのITTC (国際試験水槽委員会) 1957年式などもよく使われる。

　　ヒューズの式
$$C_F = \frac{0.066}{(\log_{10} R_n - 2.03)^2} \quad \cdots\cdots (13.11)$$

ITTC1957年式

$$C_F = \frac{0.075}{(\log_{10} R_n - 2)^2} \quad \cdots\cdots\cdots\cdots (13.12)$$

表 13-1 シェーンヘルの摩擦抵抗係数

$R_n = \dfrac{vL}{\nu}$	$n=5$	$n=6$	$n=7$	$n=8$	$n=9$
1.0×10^n	0.007179	0.004409	0.002934	0.002072	0.001531
1.5	6543	4083	2742	1959	1457
2.0	6137	3872	2628	1884	1408
2.5	5847	3719	2539	1828	1371
3.0	5623	3600	2470	1784	1342
3.5	5444	3503	2413	1749	1319
4.0	5294	3423	2365	1719	1299
4.5	5167	3354	2324	1693	1281
5.0	5057	3294	2289	1670	1266
6.0	4875	3193	2229	1632	1240
7.0	4727	3112	2180	1600	1219
8.0	4605	3044	2138	1574	1201
9.0	4500	2985	2103	1551	1186

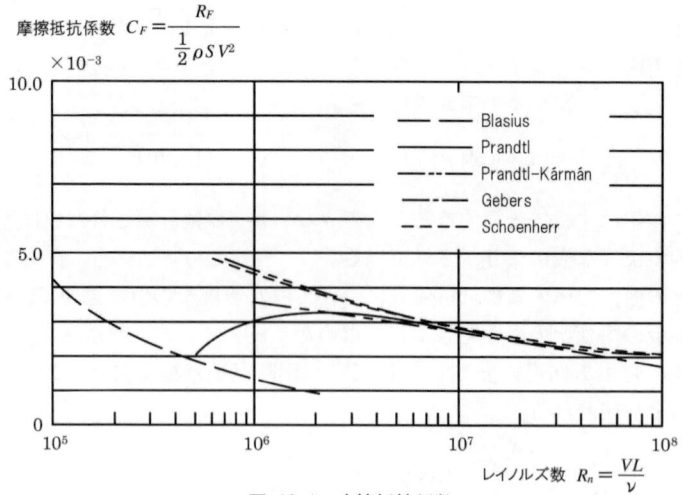

図 13-1 摩擦抵抗係数

(b) 浸水表面積　wetted surface area

船体の浸水表面積は，船体正面線図（body plan）から各スクエアステーションにおけるガース長さを求め，船の前後方向に積分して求めることができる（151頁 8-3(3)参照）。またその船の排水量等曲線図にも表わされているが，近似的には次のような主要寸法から推定する式がある。

テーラー水槽の式
$$S = 0.169 \times C \times \sqrt{\nabla \cdot L} \quad \cdots\cdots (13.13)$$

デニーの式
$$S = 1.7 \times L \times d + \frac{\nabla}{d} \quad \cdots\cdots (13.14)$$

フルードの式
$$S = \nabla^{2/3}\left(3.4 + \frac{L}{2 \cdot \nabla^{1/3}}\right) \quad \cdots\cdots (13.15)$$

オルゼンの式
$$S = LB\left(\frac{1.22d}{B} + 0.46\right)(C_b + 0.765) \quad \cdots\cdots (13.16)$$

ただし，$S=$船体の浸水表面積（m²），$\nabla=$型排水容積（m³），$L=$船の垂線間長さ（m），$B=$型幅（m），$d=$平均型喫水（m），$C_b=$方形係数である。テーラー水槽の式において C は B/d と C_m によって決まる常数で，図 13-2 により求められる。

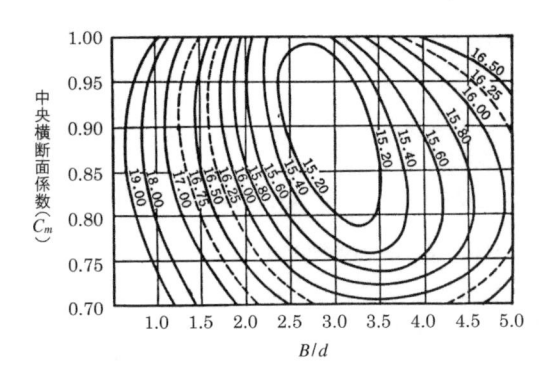

図 13-2　C の等値曲線

この近似式で求めた浸水面積 S はビルジキール・舵などの表面積を含まない船体の浸水表面積で，摩擦抵抗係数から摩擦抵抗を求める計算をするときには，浸水表面積 S はビルジキールや舵の表面積を加えたものを用いる。

(3) 渦抵抗

実際の船体表面まわりの流れは平板まわりの流れとは異なり，流速も流線に沿って変化している。この影響は模型船の抵抗試験をすると，造波現象がほとんどない低速において，模型船の水抵抗が平板の摩擦抵抗と一致せず，一定の割合で大きくなる。ヒューズ（Hughes）は平板の摩擦抵抗に $(1+k)$ 倍したものが船体の粘性抵抗であると考えた。

すなわち，低速においては造波抵抗を無視して

　　船体の粘性抵抗＝平板の
　　摩擦抵抗 (R_F) ＋船体の渦
　　抵抗 $(kR_F)=(1+k) \times R_F$

ここで，k のことを形状影響係数（form factor）とよび，渦抵抗のことを形状抵抗ともいう。

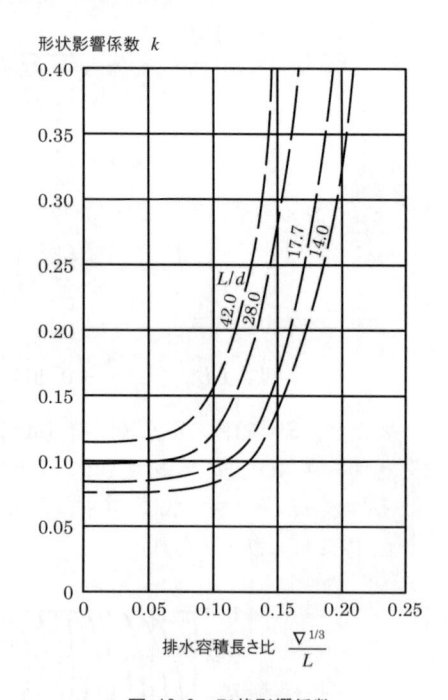

図 13-3 形状影響係数

図 13-3 はヒューズが実験により求めた形状影響係数 k の値である。

(4) 造波抵抗　wave-making resistance

船が水面上を航行すると波を生じる。この波を起こすために船が水に与える力は推進力にとって損失となり，この損失分を造波抵抗という。

船の周りにできる波については，ケルビン（Lord Kelvin）が水面上の一点に集中的に圧力が作用し，これが一様な速度 V で前進する際にできる波と考えて初めて求めた。そこでは一点のまわりの各方向にできる波の方向成

分を考えると，前進方向に対し後方に向う x 軸から θ 方向にできる波は作用点とともに移動するためには速度が $V\cos\theta$ でなければならない。速度が決まると波長は $\lambda = 2\pi V^2/g$ で求まるので，この式の速度 V として θ 方向の波速を代入すると，θ 方向の波の波長 $\lambda = 2\pi V^2\cos^2\theta/g = \lambda_0 \cos^2\theta$ となる。ここに，λ_0 は x 軸方向にできる波の波長である。この結果からもし作用点から θ 方向の成分波の第一番目の波の山までの距離を $\varepsilon\lambda$ とすれば，その先には λ 毎に波の山が連なっていることになる。作用点の前進方向と反対向きに x 軸，進行方向に対し直角な方向に y 軸をとれば，第 $n+1$ 番目の波の山の座標 (x, y) は次式により求められる。

$$x\cos\theta + y\sin\theta = (n+\varepsilon)\lambda_0\cos^2\theta \quad \cdots\cdots (13.17)$$

この波の山が各 θ 方向の波に対し存在するので，全体が合成されてできた水面の高いところは，これらの値の包絡線になる。この包絡線は θ をパラメータにすると次式のように求められる。

$$\left.\begin{array}{l} x = (n+\varepsilon)\lambda_0\cos\theta(2-\cos^2\theta) \\ y = -(n+\varepsilon)\lambda_0\sin\theta\cos^2\theta \end{array}\right\} \quad \cdots\cdots (13.18)$$

式 13.18 から (x, y) を求めると図 13-4 のような，星芒形の連なりが得られる。船が進む場合にはこのような波が船の表面の各点から発生して全体として合成されたものが目に見える訳だが，波の発生の最も顕著な点は断面積の変化が大きい，船首，船尾，それに中央平行部の前後の肩である。この図から船体の周囲にできる波が，船体側方19°28′の方向にできる発散波（八の字波）diverging wave と前進方向に対し直角方向に波峰をもつ横波 transverse wave から構成されることがわかる。

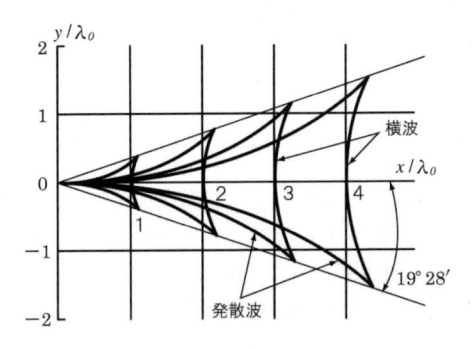

図 13-4 航 走 波

造波抵抗は，低速では小さいが，高速になるにつれて大きくなり，全抵抗の50%以上を占めるに至る。しかも，速度とともに一様に増加するのではなく，山 hump や谷 hollow の起伏を伴いながら増加する。

これは船首波 bow wave と船尾波 stern wave の干渉が船速に対して変化するためである。造波抵抗の山となるのは船首波の山と船尾波の山が重なるときで，造波抵抗の谷となるのは船首波の山と船尾波の谷が重なるときで，それらは次式で示される。

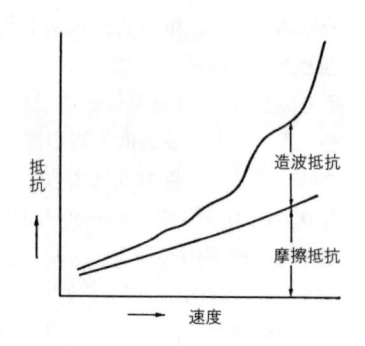

図 13-5 船の速度と造波抵抗

$$造波抵抗の山 \quad \frac{L}{\lambda_0} = N + \frac{1}{2}$$

$$造波抵抗の谷 \quad \frac{L}{\lambda_0} = N$$

ここに，L は船の長さ（水線長さ），λ_0 は x 軸方向の波の波長，N は整数である。船速が増加すると λ_0 も増加するので造波抵抗の山と谷は交互にくり返される。

（5） 空気抵抗 air resistance

航行中の船の水面から上の部分は空気の抵抗を受ける。空気の密度は，水の密度の 1/800 程度であるから，空気抵抗は水抵抗に比べてきわめて小さく，無風状態では水抵抗の 1～3％程度に過ぎない。

空気抵抗の大きさは，船に対する相対風速と相対風向により大きく変化する。

$$R_a = k \cdot C_{ao} \cdot \frac{1}{2} \rho_a A V_a^2 \quad \cdots\cdots\cdots\cdots (13.19)$$

ただし，R_a ＝空気抵抗（kg），ρ_a ＝空気の密度＝0.125 kg-sec^2/m^4（15℃, 760 mmHg），A ＝船の水面上正面投影面積（m^2），V_a ＝船に対する相対風速（m/sec），C_{ao} ＝正面空気抵抗係数（表 13-2，図 13-6），k ＝風向影響係数（図 13-7）である。図中の θ は相対風向である。

第13章 船体の抵抗

表 13-2 正面空気抵抗係数の実例

船の種類	L_{oa}/B	C_{ao}
客船，連絡船 カーフェリー	7.45～8.26	0.26～0.60
貨物船	7.65～8.03	0.52～0.84
タンカー	6.45～7.66	0.80～1.10

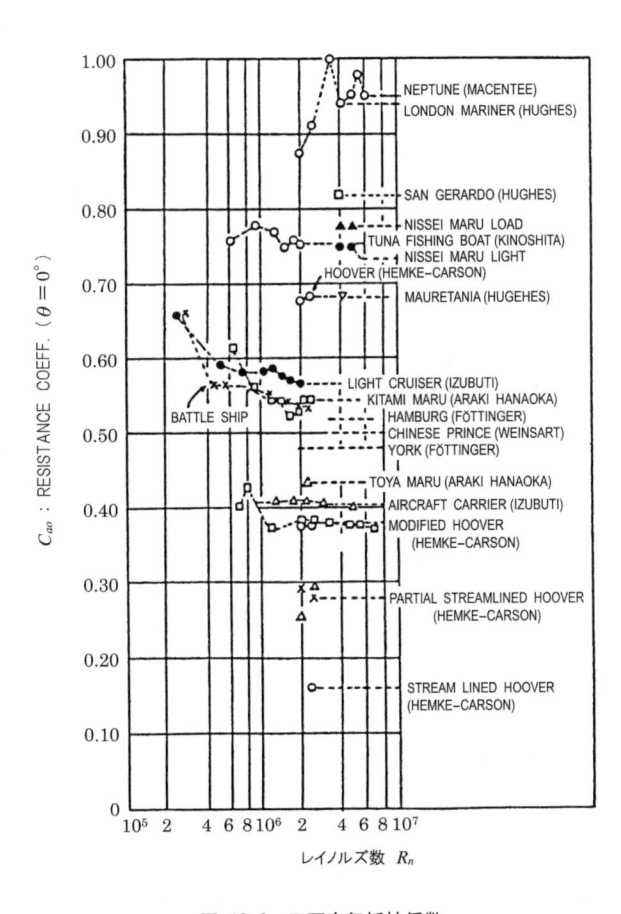

図 13-6 正面空気抵抗係数

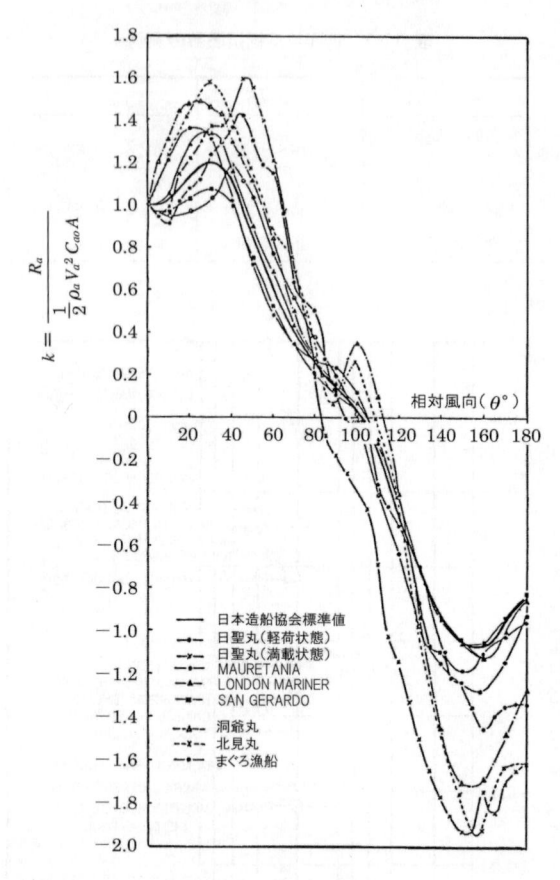

$$k = \frac{R_a}{\frac{1}{2}\rho_a V_a^2 C_{a\omega} A}$$

図 13-7 風向影響係数

13-2 実船抵抗の算定

(1) 水槽試験 tank experiment

　造波抵抗や摩擦抵抗，渦抵抗は，船の形や速度の影響を受ける。今日でも船体の複雑な形状に対する船体の抵抗を理論的な計算のみによって求めることは困難であるから，試験水槽 towing tank において，模型船の抵抗試験を行なって実験的に求めている。抵抗を求めようとする船の相似模型を作り，次に述べる対応速度で走らせたときの引張力を測定すれば，模型船の抵抗が得られる。

第13章 船体の抵抗

水に浮かべた模型船はその船首尾垂線における喫水が実船に対応する値となるようにバラスト ballast として鉛のウエイトなどを積んで調整する。模型船の前後には走行中に一定の方向に保つためにガイドを取り付け，船の横方向の動きを制限するが，それ以外の運動は全く自由にする。模型船は

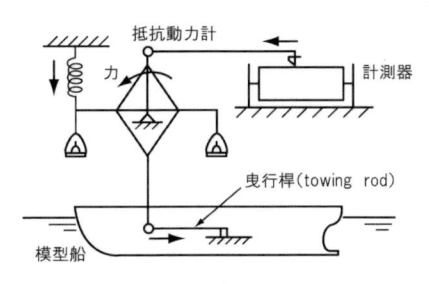

図 13-8 抵抗試験

その中央部において曳引力を測定する抵抗動力計 resistance dynamometer に直結した曳行桿 towing rod によって曳行される。

抵抗動力計は分銅を用いた天秤を使って計測する。模型船に働く抵抗のうちの大部分を分銅によって釣り合わせ，微小な差は天秤につけられたバネの伸びによって読み取る。最近は電気的に計測する抵抗動力計が用いられる。

模型船の速度としては曳引台車の走行速度を計測する。場合によっては対水速度を流速計によって測り，船速とすることもある。

水槽試験によって求められる抵抗は全抵抗から空気抵抗を除いた水抵抗である。

（2） フルードの方法

ウィリアムフルード（William Froude）は次のような考えのもとに模型船の抵抗から実船抵抗を求める方法を導いた。

　仮定(1)　船の抵抗は摩擦抵抗と剰余抵抗に分けることができる。

　仮定(2)　船体の表面に働く摩擦抵抗は船の長さ及び浸水表面積が等しくかつ表面の性質が同等な平板の摩擦抵抗に等しい。

　仮定(3)　速度が船の長さの平方根に比例するときには剰余抵抗は船の長さの3乗に比例する。（フルードの比較則　law of comparison）

この仮定に基づいて，次のような方法で模型船の抵抗試験から実船抵抗を求める。

　①　模型船の抵抗試験により，速度 V_m に対する水抵抗 R_m を計測する。

　②　模型船の抵抗試験に対応するレイノルズ数 R_{nm} における摩擦抵抗 R_{Fm} を求める。（平板の摩擦抵抗の式）

③ 模型船の剰余抵抗 R_{Rm} を水抵抗 R_m と摩擦抵抗 R_{Fm} の差から求める。$(R_{Rm} = R_m - R_{Fm})$

④ 模型船（長さ L_m）の剰余抵抗 R_{Rm} から実船（長さ L_s）の剰余抵抗 R_{Rs} を求める。（フルードの比較則 $R_{Rs} = R_{Rm} \times (L_s/L_m)^3$）

⑤ 実船の状態に対応するレイノルズ数 R_{ns} における摩擦抵抗 R_{Fs} を求める。（平板の摩擦抵抗の式）

⑥ 実船の対応速度 $V_s = V_m \times (L_s/L_m)^{1/2}$ における水抵抗 R_s を摩擦抵抗 R_{Fs} と剰余抵抗 R_{Rs} の和として求める。$(R_s = R_{Fs} + R_{Rs})$

ここで，実船の値には s，模型船の値には m の添字を付けている。

実船の剰余抵抗と模型船の剰余抵抗との間には，両者のフルード数（F_{ns}，F_{nm}）が等しいときには両者の剰余抵抗係数が等しいという関係がある。これによれば $F_{ns} = F_{nm}$ より，重力加速度が等しければ

$$V_m/\sqrt{L_m} = V_s/\sqrt{L_s}$$

が求められる。このとき剰余抵抗係数が等しいので $C_{Rs} = C_{Rm}$ から水の密度を等しいとして次のフルードの比較則を得る。

$$R_{Rm}/R_{Rs} = L_m^3/L_s^3 = \nabla_m/\nabla_s \quad \cdots\cdots\cdots\cdots (13.20)$$

ただし，V＝船の速度，L＝船の長さ，R_R＝剰余抵抗，∇＝排水容積である。すなわち，模型船と実船の剰余抵抗について重力加速度と水の密度が等しいときにフルードの比較則が成り立つことがわかる。

ここに $V/\sqrt{L}$ を速長比 speed-length ratio といい，速度 V は knot で，長さ L は m または ft で表わす。速長比が模型船と実船で等しいということは，模型船のフルード数 F_{nm} と実船のフルード数 F_{ns} が等しいことを意味する。

模型船と実船のフルード数（速長比）が等しいとき，お互いの速度を対応速度 corresponding speed と呼ぶ。模型船の抵抗試験から実船の抵抗を求めるときには対応速度における抵抗を求めることになる。

（3） 実船試験

フルードはフルードの方法の妥当性を検証するために実船の水抵抗を計測した。実船の水抵抗はグレイハウンド Greyhound を曳航して行なわれ，アクティブ Active の曳航索には曳索張力計 tension dynamometer が取り付けられた。グレイハウンドは木製の軍艦で排水量1157トン，垂線間長52.5m，幅10.07m，喫水4.2m，浸水面積700.5m^{2}である。船底には銅板が張ってありその表面

第13章 船体の抵抗

は滑らかではない。この実船の抵抗試験結果に対し $1/16$ の模型船の抵抗を実験で求めフルードの方法により推定した。実船の摩擦抵抗として平板の $1/3$ に布を張った場合の摩擦抵抗値を用いて換算した結果は満足すべき一致を得たので，フルードはこの方法が実用上充分に役立つとの確信を得た。

　これ以来，現在に至るまでフルードの方法は模型試験結果を実船の抵抗に換算する方法として採用されてきた。この方法の当否を検討するための実船の抵抗測定は経済上また技術上の困難さのためにあまり多くはなされていない。平賀譲が1934年に行なった駆逐艦「夕立」（長さ70.7m）の計測，英国造船研究協会が1951年に行なった「ルシーアシュトン Lucy Ashton」（長さ58.1m，排水量390トン）の計測などがあるが，これらの結果もフルードの方法が信頼できるという結論であった。今日においても多少の修正はあるものの基本的にはフルードの方法を基礎にして実船の抵抗を推定している。

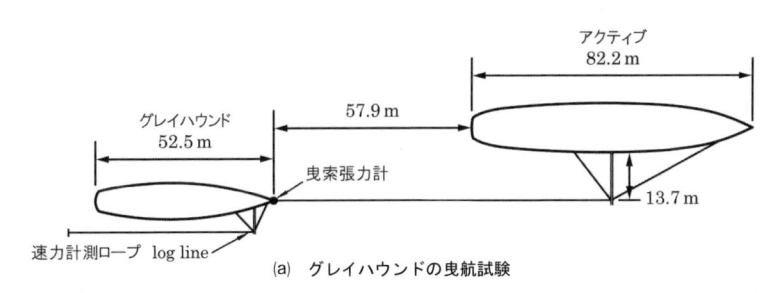

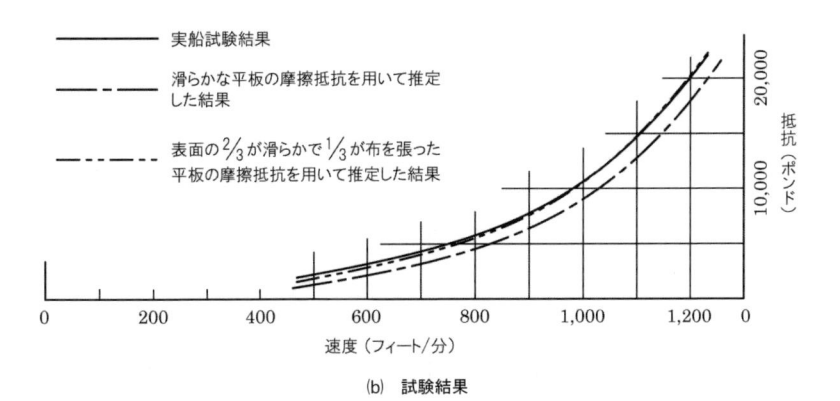

(a) グレイハウンドの曳航試験

(b) 試験結果

図 13-9　フルードの方法による実船抵抗の推定

(4) 系統模型試験結果の応用

　船の設計が進み，既に線図が決定されていると，相似模型船が作成でき，水槽試験によって実船の抵抗を求めることができる。ところが設計の初期に抵抗の概略値を知りたい場合などには，水槽試験において抵抗に関係をもつと考えられる船型の諸要素を系統的に変化させた模型に関する多くの水槽試験結果を図表にしておくのが便利である。

　このような系統模型試験結果による図表は今日までにいくつかのものが発表されている。しかし，図表の表わし方はそれぞれ異なっているので，図表から実船の抵抗を求める際にはいくつかの注意が必要である。まずはじめに，求められた図表は模型船の抵抗試験によって求められた水抵抗から摩擦抵抗成分を差し引いた剰余抵抗の値について示されている。従って剰余抵抗にする際に，どの摩擦抵抗式の値を用いたのかに注意する必要がある。実船の水抵抗を算定する際には同じ摩擦抵抗式の値を用いなければならない。次に，図表に示された剰余抵抗は抵抗係数として示されていることである。従って

表 13-3　系統模型試験図表

図表名	対象船種	剰余抵抗係数	摩擦抵抗式
山県の図表	貨物船	$\dfrac{R_R}{\frac{1}{2}\rho\nabla^{2/3}V^2}$	R.E.フルード式
テーラーの図表①	軍艦	$\dfrac{R_R}{D}$ （ポンド/トン）	R.E.フルード式
テーラーの図表②	〃	$\dfrac{R_R}{\frac{1}{2}\rho sV^2}$	シェーンヘル式
トッド60シリーズ図表	商船	$\dfrac{R_R}{D}$ （ポンド/トン）	シェーンヘル式
SR45高速船シリーズ図表	高速貨物船 (C_B：0.625)	$\dfrac{R_R}{\frac{1}{2}\rho\nabla^{2/3}V^2}$	ITTC1957年式
漁船用図表	漁船	$\dfrac{R_R}{\frac{1}{2}\rho\nabla^{2/3}V^2}$	R.E.フルード式

第13章 船体の抵抗

どのように係数化されているかがわからないと実際の抵抗の値にすることができない。第三に試験を行なった模型船の母型 parent form がどのような船型かという点である。抵抗係数は無次元値として表されたものが多いが，そうでないものもある。抵抗の算定にはできるだけ船型の似た図表から推定するほうがよい。次にいくつかの図表を示す。

(a) **山県の図表**

わが国で建造された商船の試験結果を取りまとめたもので，普通型商船の場合に適当である。標準船型としては

$$\frac{\text{幅}}{\text{長さ}} = \frac{B}{L} = 0.135$$

$$\frac{\text{幅}}{\text{喫水}} = \frac{B}{d} = 2.25$$

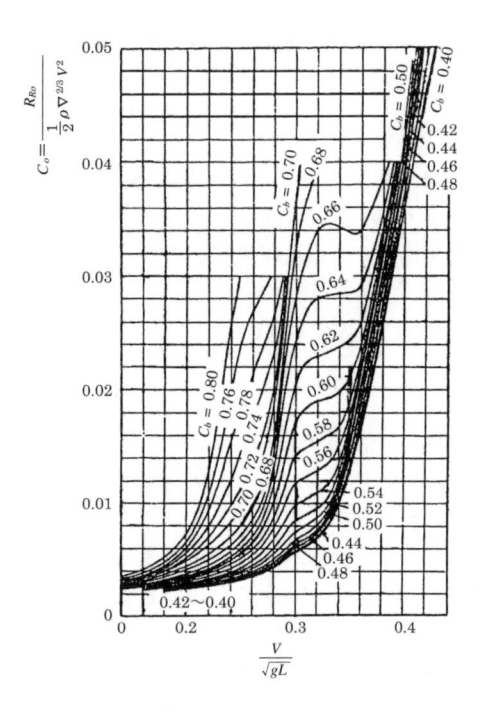

図 13-10 山県の図表（標準船型の剰余抵抗）

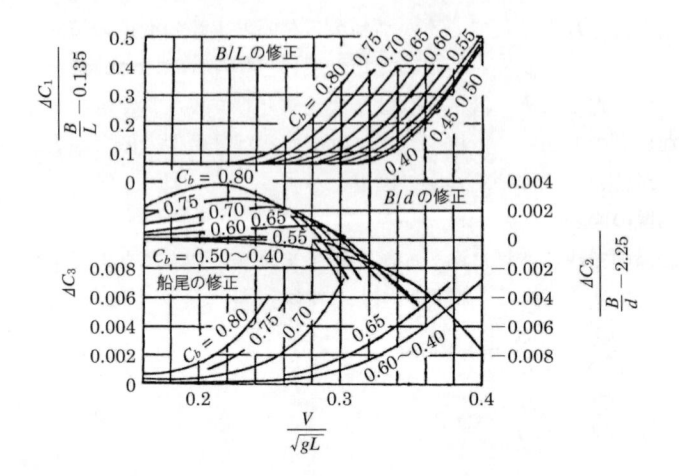

図 13-11 山県の図表（標準船型に対する修正）

巡洋艦型船尾のもので，このときの剰余抵抗係数 C_o をフルード数 F_n を横軸にして，方形係数 C_b をパラメータとして示した曲線と，標準船型とは異なる場合の修正曲線図からなる。山県の図表では摩擦抵抗として R.E. フルードの式が用いられている。

これらの図を用いて剰余抵抗係数 C_R と剰余抵抗 R_R は次のように求められる。

$$C_R = C_o + \Delta C_1 + \Delta C_2 + \Delta C_3$$

$$R_R = C_R \times \frac{1}{2}(\rho \nabla^{2/3} V^2)$$

(b) テーラーの図表

1907年から1914年において，アメリカのワシントン水槽（テーラー水槽）において行なわれた系統模型試験結果を図表にしたものである。母型は軍艦で，幅/喫水＝ B/T ＝2.25と3.75の2種について，柱形肥瘠係数 ϕ を横軸，排水量長さ比 $\Delta/(L/100)^3$ を縦軸にして等高線として剰余抵抗 R／排水量 D の値を示している。このような結果を速長比 $V/\sqrt{L}$ 毎に42枚の図表に示してある。ここに R は剰余抵抗（ポンド lbs），D は排水量（トン），Δ は排水量（ポンド lbs），L は船の長さ（フィート feet），V は速度（ノット knot）である。

第13章 船体の抵抗

表 13-4 剰余抵抗 (R_R/W) $B/d = 2.25$ の場合

$V/\sqrt{L}$ (kt,m)		1.09	1.18	1.27	1.36	1.45	1.54	1.63	1.72	1.81	1.90	1.99
($V/\sqrt{L'}$)(kt,ft)		(0.60)	(0.65)	(0.70)	(0.75)	(0.80)	(0.85)	(0.90)	(0.95)	(1.00)	(1.05)	(1.10)
C_p	$W/(L/10)^3$											
0.50	1.00	.15	.17	.26	.31	—	—	—	.63	—	—	1.79
	3.00	.22	.28	.38	.46	.54	.63	.74	.83	1.09	1.67	2.90
	5.00	.27	.34	.44	.53	.62	.83	.92	1.07	1.41	2.17	3.62
	7.00	.30	.37	.46	.57	.71	.94	1.09	1.34	1.54	2.59	4.33
	9.00	.32	.39	.48	.58	.89	1.03	1.29	1.61	2.19	3.35	5.80
0.55	1.00	.14	.17	.26	.37	.58	.63	.83	1.01	1.30	1.56	1.83
	3.00	.21	.27	.37	.47	.61	.71	.87	1.12	1.54	1.96	2.57
	5.00	.27	.33	.43	.52	.62	.76	.94	1.25	1.74	2.19	2.97
	7.00	.30	.37	.46	.55	.65	.83	1.09	1.36	1.83	2.32	3.22
	9.00	.32	.40	.48	.57	.69	.96	1.23	1.54	2.05	2.55	3.57
0.60	1.00	.19	.24	.32	.51	.68	.85	1.16	1.52	2.01	2.41	2.64
	3.00	.26	.32	.42	.57	.75	.96	1.32	1.92	2.81	3.39	3.84
	5.00	.30	.37	.46	.59	.76	.98	1.41	2.12	3.30	3.97	4.60
	7.00	.32	.39	.49	.60	.77	1.02	1.52	2.32	3.62	4.91	4.91
	9.00	.34	.41	.51	.61	.80	1.12	1.61	2.50	3.84	5.27	5.13
0.65	1.00	.27	.36	.44	.69	.78	1.07	1.45	2.12	2.75	3.22	3.46
	3.00	.31	.39	.50	.69	.88	1.23	1.76	2.88	4.58	5.58	6.03
	5.00	.33	.41	.52	.69	.90	1.25	1.90	3.24	5.54	7.05	7.86
	7.00	.34	.43	.53	.69	.91	1.27	1.96	3.44	6.21	8.17	9.38
	9.00	.35	.44	.54	.69	.94	1.32	2.03	3.57	6.70	9.15	10.09
0.70	1.00	.36	.45	.59	.82	.91	1.38	1.81	2.72	3.57	4.47	4.47
	3.00	.36	.46	.59	.82	1.10	1.56	2.30	3.84	6.47	8.26	8.97
	5.00	.36	.46	.59	.82	1.10	1.56	2.43	4.29	7.77	10.45	12.10
	7.00	.37	.46	.59	.82	1.11	1.56	2.46	4.58	8.44	11.83	14.60
	9.00	.37	.47	.60	.82	1.12	1.61	2.46	4.73	8.93	12.95	15.98
0.75	1.00	.39	.50	.71	1.02	1.61	1.72	2.55	3.46	—	5.80	6.25
	3.00	.39	.50	.71	1.02	1.73	2.50	3.30	4.84	8.44	11.61	12.86
	5.00	.39	.50	.71	1.02	1.74	2.52	3.39	5.47	9.82	14.11	17.01
	7.00	.40	.50	.71	1.02	1.75	2.52	3.42	5.72	10.45	15.27	19.29
	9.00	.40	.50	.71	1.02	1.75	2.52	3.42	5.89	10.85	15.72	19.88
0.80	1.00	.45	.56	.89	1.61	2.29	3.75	3.97	4.82	—	7.72	8.66
	3.00	.45	.56	.89	1.61	2.29	4.55	5.18	6.70	10.49	14.73	17.41
	5.00	.45	.56	.89	1.61	2.29	4.87	5.54	7.41	11.74	17.64	22.81
	7.00	.45	.56	.89	1.61	3.01	4.91	5.71	7.72	12.32	18.75	25.53
	9.00	.45	.56	.89	1.61	3.01	5.05	5.89	7.90	12.64	18.48	26.34
0.85	1.00	.85	1.16	2.01	3.08	4.73	7.14	7.77	8.84	—	—	—
	3.00	.71	1.03	1.83	2.72	4.51	7.59	8.93	10.27	13.17	17.81	—
	5.00	.64	.98	1.70	2.57	4.42	7.77	9.51	11.03	13.89	21.25	—
	7.00	.69	1.03	1.74	2.57	4.51	7.90	9.91	11.79	16.07	24.11	—
	9.00	—	1.21	2.32	2.86	4.91	8.04	11.03	12.99	17.99	—	—

表 13-5 剰余抵抗 (R_R/W) $B/d=3.75$の場合

$V/\sqrt{L}$ (kt,m) $(V/\sqrt{L'})$(kt,ft)		1.09 (0.60)	1.18 (0.65)	1.27 (0.70)	1.36 (0.75)	1.45 (0.80)	1.54 (0.85)	1.63 (0.90)	1.72 (0.95)	1.81 (1.00)	1.90 (1.05)	1.99 (1.10)
C_p	$W/(L/10)^3$											
0.50	1.00 3.00 5.00 7.00 9.00	.13 .30 .35 .37 .40	— .39 .45 .47 .48	— .48 .58 .59 .61	— .60 .72 .75 .78	.40 .76 .94 .98 1.03	.54 .94 1.30 1.43 1.56	.76 1.18 1.54 1.74 1.79	.89 1.43 1.79 1.99 2.05	— 1.76 2.26 2.57 2.90	— 2.32 3.08 3.62 3.88	— 3.39 4.80 5.80 6.43
0.55	1.00 3.00 5.00 7.00 9.00	.15 .28 .34 .38 .40	— .36 .44 .37 .50	— .47 .56 .60 .62	— .59 .69 .76 .79	.49 .71 .85 .94 1.00	.63 .94 1.03 1.07 1.09	.80 1.16 1.36 1.43 1.47	1.01 1.52 1.70 1.74 1.76	1.32 1.96 2.19 2.26 2.41	1.74 2.50 2.95 3.26 3.53	2.28 3.30 4.15 4.76 5.34
0.60	1.00 3.00 5.00 7.00 9.00	.21 .30 .36 .39 .42	.29 .38 .46 .51 .54	— .51 .60 .66 .68	.51 .65 .74 .83 .87	.71 .80 .92 1.03 1.07	.87 1.07 1.21 1.27 1.34	1.07 1.47 1.61 1.70 1.79	1.43 2.10 2.34 2.46 2.50	1.83 3.01 3.44 3.57 3.75	2.26 3.80 4.51 4.82 5.05	2.90 4.64 5.54 6.07 6.38
0.65	1.00 3.00 5.00 7.00 9.00	.27 .35 .40 .42 .45	.36 .46 .52 .56 .58	.47 .61 .69 .74 .75	.68 .79 .90 .96 .99	.89 1.03 1.12 1.21 1.07	1.21 1.43 1.51 1.63 1.72	1.74 2.01 2.19 2.32 2.41	2.12 3.01 3.39 3.62 3.66	2.72 4.64 5.36 5.80 5.80	3.35 5.98 7.14 7.59 —	4.02 7.05 8.71 — —
0.70	1.00 3.00 5.00 7.00 9.00	.34 .43 .46 .46 .48	— .58 .62 .63 .63	— .79 .83 .83 .82	1.01 1.10 1.14 1.12 1.11	1.43 1.45 1.47 1.47 1.47	1.92 2.05 2.10 2.05 2.05	2.46 2.90 3.04 3.04 2.90	— 4.24 4.64 4.78 4.64	— 6.65 3.68 7.86 7.41	— 8.80 10.60 — —	— 10.45 12.72 — —
0.75	1.00 3.00 5.00 7.00 9.00	— .57 .52 .51 .52	— .83 .74 .68 .69	— 1.14 1.03 .94 .90	— 1.64 1.51 1.31 1.24	— 2.23 2.10 1.83 1.74	— 3.13 3.08 2.68 2.41	— 4.35 4.24 3.84 3.35	— 6.12 6.16 5.89 5.45	— 9.15 9.82 9.33 8.48	— 12.28 13.62 — —	— 14.47 17.19 — —
0.80	1.00 3.00 5.00 7.00 9.00	— .72 .60 .56 .60	— 1.10 .88 .79 .87	— 1.65 1.29 1.13 1.12	— 2.43 1.96 1.61 1.62	— 3.57 2.99 2.50 2.77	— 5.09 4.55 3.80 3.66	— 6.92 6.03 4.91 4.87	— 8.89 3.93 6.65 6.65	— 12.23 11.97 10.63 10.54	— 16.34 16.52 — —	— 18.93 — — —
0.85	1.00 3.00 5.00 7.00 9.00	— .92 .82 .85 —	— 1.38 1.16 1.36 —	— 2.28 1.82 1.91 2.34	— 3.33 2.63 2.78 3.62	— 5.00 4.15 4.29 —	— 7.48 6.47 7.01 8.39	— 10.85 8.71 8.75 10.72	— 12.28 11.43 10.09 —	— 16.07 16.30 13.97 15.63	— 20.36 22.10 — —	— — — — —

表13-4および表13-5は，テーラーの図表から数値を読み取って数表にしたものである。この表では，R_R＝剰余抵抗（t），W＝排水量（トン），L＝船の長さ，B＝幅（m），d＝喫水（m），V＝速度（ノット knot），C_p＝柱形肥瘠係数である。この表にない中間値は内挿法または外挿法により求める。摩擦抵抗としてはR.E.フルードの式を用いている。

13-3　船型の抵抗に及ぼす影響

　どのような船型にしたら，与えられた速度において最も小さい抵抗で走ることができるか。どの船型要素が抵抗にどのような影響を与えるかを調べてみよう。

(1)　主要寸法

(a)　**船の長さ L**　船の長さの影響は船の大小の優劣と関係する。比較的低速において造波抵抗係数はフルード数の4乗に比例する。

$$C_w = \frac{R_w}{\rho\, L^2 V^2/2} \propto \left(\frac{V}{\sqrt{gL}}\right)^4$$

よって $R_w \propto \rho V^6 g^{-2}/2$ となり，長さが増加し排水量が増えても造波抵抗 R_w は増加しない。一方，摩擦抵抗 R_F は浸水面積 S に比例する。すなわち $R_F \propto S \propto \nabla^{2/3}$ となる。従って船を大型化してもこれによる抵抗増加は排水量の増加ほどには大きくならず大型船の有利さを示す結果となっている。

　排水量一定のもとで長さ L を変化させたときの抵抗に及ぼす影響は摩擦抵抗と剰余抵抗（造波抵抗）に分けて考える必要がある。長さを長くとることによってフルード数の減少や幅喫水比の減少によって造波抵抗を減少させる。しかし浸水面積の増加により摩擦抵抗は増加する。従ってそれらの和である全抵抗は長さの変化に対して極小値が存在する。テーラーの系統模型試験結果から排水量30000トンの船の29ノットにおける計算例では幅喫水比3.75において最適長さが950フィートとなる。このように求めた結果は長すぎるので実際には構造強度など他の性能も考慮してこの値よりも小さくしている。

(b)　**船の幅 B および喫水 d**　L および d を一定にして，排水量を B に比例して増減させた数種類の模型船について実験してみると，B が広いほど排水量1tあたりの剰余抵抗がふえる。

L および B を一定にして，排水量を d に比例して増減させて実験した結果は，d が深いほど排水量1tあたりの剰余抵抗は減る。

(2) 柱形係数 C_p

普通の商船の速長比（1.70以下）では C_p が小さいほど排水量1tあたりの剰余抵抗が小さくなる。したがって，剰余抵抗の占める割合の大きい高速商船では C_p が小さい細長い船型がよいが，低速商船では大部分が摩擦抵抗であるから，C_p の大きな太短い船型がよい。

(3) 中央平行部の長さ

与えられた速長比に対して，剰余抵抗を最小にする中央平行部の長さがある。

その長さは速長比の大きいほど短く，非常に速い船では0となる。図13-12は，最適の中央平行部の長さの L に対する割合を決める図表である。

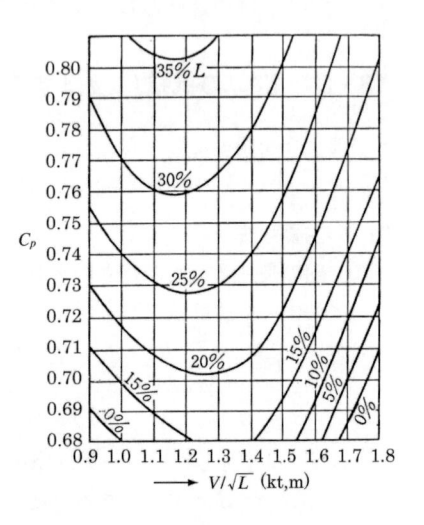

図 13-12 最適中央平行部の長さの割合（%）

(4) 船首尾の形状

(a) 横断面の形状 ある横断面 section において喫水線の幅を広くとるとその位置での肋骨線は下から上に広がったV字形になる。逆に喫水線の幅を狭くとるときには肋骨線の下方が広がったU字形になる。ミドシップ（⊠）の形状を一定にしてU字形肋骨を採用すると喫水線は端部で幅が狭くなり水平面が凹型 hollow shape となる。逆にV字形では端部付近で幅が広くなり水平面は直線形になる。比較的低速では船体の造波作用は主として水面付近の効果が大きいので造波抵抗にとっては水線の幅が狭いU字形を採用するほうが有利である。フルード数が0.35以上の高速になると水線面の凹型は不利になり水線面が直線となるV字形が有利になる。U字形の肋骨線では側面断面を示すバトックライン buttock line に大きな湾曲ができ，船体表面上の流線に沿って大きな圧力変化が生じ，境界層の剝離を引き起こすので船尾部では

不利である。このような観点から船首部はU字形，船尾部はV字形というのが従来から採用されてきた。（6頁 図1-7参照）

　最近の研究では肋骨線形状と流線の形状との関係を理論的に求め，流線に無理のない肋骨線の形状を理論的に求める試みも行われている。ポッド推進器と組み合わせたバトックフロー船尾 buttock flow stern などはその一例である。

(b) **船尾部の長さ**　中央平行部の後端から船尾までの長さ L_r が短いと渦抵抗を増すので，少なくとも次式で示す値以上とすべきである。

$$L_r \geqq 4.08\sqrt{A_m} \quad \cdots\cdots\cdots\cdots\cdots\cdots\cdots\cdots \quad (13.21)$$

ただし，A_m ＝中央横断面積である。これをベーカー（G.S.Baker）の標準という。

（5）　**浮心の前後位置**

　低速船では中央よりやや前方に置くほうがよいが，その影響はわずかである。これに反して，高速船では中央よりやや後方に置くほうが有利で，その影響は大きい。

（6）　**球状船首**

　1960年（昭和35年）頃から船首部水面下に徳利形の形状をした貨物船が現れた。この船首を球状船首 bulbous bow という。理論的には船体のつくる波とちょうど逆位相で等振幅の波をつくるようにすれば船全体の波は消える訳だが，実際には球状船首と船体との干渉や船尾波の影響などにより理論どおりには効かないが，かなりの効果があり実績も多い。実験結果などでは剰余抵抗で10〜15%，全抵抗では3〜8％の抵抗減少が期待できる。

　それ以前の考えは球状船首により船首波の第1波頂を前方に移動させて見掛上，船の長さを増すことによって船首波と船尾波の干渉を造波抵抗が小さくなるように設計するというものであった。第2次世界大戦で使用された戦艦の大和，武蔵はこのような考えによって，船首垂線における横断面積を中央横断面積の6％としてつくられている。

13-4　特別の場合の抵抗増加

　これまでの船体抵抗は，船底が清浄で海上は静穏であるとして考えてきたが，実際の航海状態においては，抵抗を増加させる種々の要因がある。

(1) 船底の汚れ　bottom fouling

船底にカキ・フジツボ・海藻などの生物が付着すると摩擦抵抗が増加する。船底が汚れたときの摩擦抵抗は次式で与えられる。

$$R_F' = f' \cdot S \cdot V^{2.1} \quad \cdots\cdots\cdots\cdots\cdots\cdots\cdots\cdots (13.22)$$

ただし，R_F'＝船底が汚れたときの摩擦抵抗（kg），S＝浸水表面積（m²），V＝速力（knot），f'＝船底が汚れたときの摩擦抵抗係数で，実験的に求めた値を図 13-13 に示す。生物付着量は，付着した生物の乾燥時の重量である。

生物付着量は夏期に急激に増加するから，その直前にドックで船底を塗りかえれば，防汚塗料が有効に働くから最も有利である。

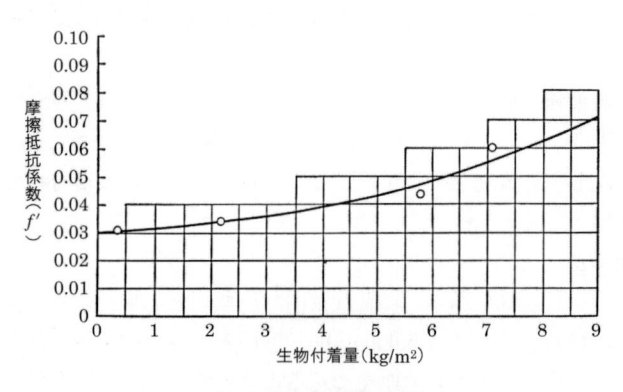

図 13-13　摩擦抵抗係数

(2) 浅水影響　shallow water effect

船が浅いところを航行するときは，抵抗が増大して速力が落ちることがある。これを浅水影響といって，特に速力試運転の際は注意が必要である。

このような現象は，船首でおしのけられた水が深水ならば船底を通過するのに，浅水では船底とのクリアランスが小さいために船側に押し出されて，速度の大きい波高の高い波となるために造波抵抗が著しく増大することによるものと考えられている。

また浅水影響を生じると，船は著しく船尾にトリムするから，特に巨大船の操船には水深に対する余裕が必要である。

浅水影響を生じない最小水深 h は次式で推定することができる。

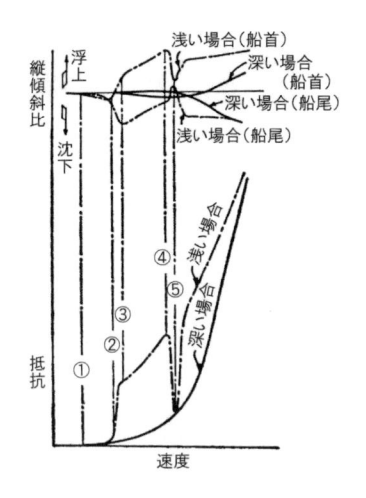

図 13-14 浅水影響

貨物船　　　　$h > 7d$
高速定期船　　$h > 10d$
巨大船*　　　 $h > 3\sqrt{Bd}$

ただし，$d =$ 喫水，$B =$ 船の幅である。

(3) **制限水路影響**　restrict water effect

　船が運河など幅の狭い制限水路を航行するきは，浅水影響のほかに側壁からの反射波の影響を受ける。

　また，このような場合は浅水影響と同様に，船の前進に伴って船側に沿って後方に通過すべき水量が制限されるため，抵抗は著しく増大し，大きな船尾トリムを生じる。

＊　超大型船速力試運転施行方案による。

第14章　船体の推進

14-1　抵抗と馬力

(1)　有効馬力

　船が抵抗 R（kg）を受けつつ一定速度 v（m/sec）あるいは V（knot）で航走するために必要な正味の馬力を有効馬力 EHP（effective horse power）といい，次式で与えられる。

$$\text{EHP} = \frac{Rv}{75} = \frac{RV}{145.7} \quad \cdots\cdots\cdots\cdots\cdots\cdots\cdots (14.1)$$

　実際の船で有効馬力を求めたいときは，その船を他船で曳航し，速度 V（knot）のときの曳索にかかる張力 T（kg）を測定すれば，その水平分力は抵抗 R（kg）に等しい。有効馬力は曳索を通じて伝わる馬力に等しいので，これを曳航馬力ともいう。

　このように船の動力 power は馬力 horse power で表わす。すなわち，馬力は単位時間あたりの仕事に等しい。英国単位とメートル単位がありそれぞれ表記，大きさが異なる。

　　英国単位の1馬力　　　　1（HP）＝550 lbs・ft/s
　　メートル単位の1馬力　　1（PS）＝75 kg・m/s
　　1 HP＝1.0144 PS，また1 PS＝0.735 kN・m/s＝0.735 kW

　メートル単位の馬力はドイツ語の馬力（die Pferdestärke）からその合成語のもととなる馬（das Pferde）と力（die Stärke）の頭文字である P と S をとっている。最近は馬力を kW で示すことも多い。

(2)　馬力の伝達

　船の機関は，有効馬力をまかなうばかりでなく，機関から中間軸を経てプロペラに至る間に消費される摩擦などによる損失馬力をも含む充分な馬力を発生しなければならない。

　次に機関内部に発生した馬力が，どのようにしてプロペラに伝達され，船を推進する有効馬力となるかを調べてみることとする。

第14章 船体の推進

指示馬力（IHP）indicated horse power　機関のシリンダの中で発生した馬力で，インジケータを用いてシリンダ内の圧力を計測して求める．主として蒸気往復動機関 steam reciprocating engine の出力を表わすのに用いられる．

制動馬力（BHP）brake horse power　機関の軸後端で計った馬力で，内燃機関 internal convastion engine の陸上運転の際，ブレーキ動力計を用いて計測する．IHP から機関内部の摩擦その他の損失馬力を差し引いたもので，機関が実際に外部に出す馬力である．主として内燃機関の出力を表わすのに用いられる．

軸馬力（SHP）shaft horse power　実際に走っている船の中間軸に伝わる馬力で，軸に加わるトルクをねじり計を用いて計測して求める．主として蒸気タービン steam turbine および内燃機関の出力を表わすのに用いられる．

SHP は，IHP から機関内部や推力軸受，中間軸受などの摩擦その他の損失馬力を差し引いたもので，ねじり計を取り付けた位置によって多少異なるが，蒸気往復動機関では IHP の85～90％，内燃機関では70～80％ぐらいである．

伝達馬力（DHP）delivered horse power　プロペラに実際に供給される馬力で，BHP あるいは SHP から軸受や船尾管などの摩擦による損失馬力を差し引いたものである．直接この馬力を計測することはできないが，次式のように示すことができる．

$$\text{DHP} = \frac{2\pi n Q}{75} \quad \cdots\cdots\cdots\cdots\cdots\cdots\cdots (14.2)$$

ただし，$n=$毎秒回転数（rev/s），$Q=$プロペラに伝達されたトルク（kg·m，工学単位）である．

船体中央内燃機関では BHP の95％，船尾内燃機関では97％，蒸気タービンでは SHP の98％くらいである．

推力馬力（THP）thrust horse power　プロペラが DHP の供給を受けて作動した結果生じた，船を推進させる馬力で，プロペラが船後において発生した推力（スラスト）と，プロペラの前進速度（285頁参照）から次式によって求められる．

$$\text{THP} = \frac{T \cdot V_a}{75} \quad \cdots\cdots\cdots\cdots\cdots\cdots\cdots (14.3)$$

ただし，$T=$推力（kg，工学単位），$V_a=$プロペラの前進速度（m/sec）である．

(3) 推進器の効率

機関内部に発生した馬力は，次のような過程を経て，船を推進させる正味の馬力，すなわち有効馬力となる。

IHP → BHP → SHP → DHP → THP → EHP

左から右に，馬力が伝わるにつれて少しずつ小さくなっていくが，1軸船では最後の EHP だけは THP より大きくなることもある。この馬力の伝わる割合を効率という。

機関効率 engine efficiency

$$\eta_e = \frac{\text{BHP}}{\text{IHP}} \quad \cdots\cdots\cdots\cdots\cdots\cdots (14.4)$$

実例について定格全力負荷の場合の平均値を調べてみると，大体次の範囲にある。

　　蒸気往復動機関　　0.82〜0.95
　　内燃機関　　　　　0.74〜0.90
　　焼玉機関　　　　　0.70〜0.82

伝達効率 transmission efficiency

$$\eta_t = \frac{\text{DHP}}{\text{BHP}} \quad \cdots\cdots\cdots\cdots\cdots\cdots (14.5)$$

船尾機関の船で0.97，中央機関の船で0.95くらいにとるのが普通である。

機械効率 mechanical efficiency

$$\eta_m = \frac{\text{DHP}}{\text{IHP}} = \eta_e \times \eta_t \quad \cdots\cdots\cdots\cdots (14.6)$$

主機が発生した馬力と推進器へ伝達される馬力の比で，軸受の摩擦など船体内部における機械的損失を表わす。

推進効率 propulsive efficiency

$$\eta' = \frac{\text{EHP}}{\text{DHP}} = \frac{RV}{2\pi nQ} \quad \cdots\cdots\cdots\cdots (14.7)$$

ここに R =船体抵抗（N，工学単位 kg），V =船速（m/s），n =毎秒回転数（rev/s），Q =トルク（N·m，工学単位 kg·m）である。

プロペラに伝達された馬力と船体抵抗に打ち勝って船を実際に進めるために使われる馬力の比で，この減少分はまわりの水との流体力学的損失を表わす。

推進係数　propulsive coefficient

式 14.4, 14.5, 14.6, 14.7 より

$$\eta = \frac{\text{EHP}}{\text{IHP}} = \frac{\text{DHP}}{\text{IHP}} \cdot \frac{\text{EHP}}{\text{DHP}} = \frac{\text{BHP}}{\text{IHP}} \cdot \frac{\text{DHP}}{\text{BHP}} \cdot \frac{\text{EHP}}{\text{DHP}}$$
$$= \eta_m \times \eta' = \eta_e \times \eta_t \times \eta' \quad \cdots\cdots\cdots (14.8)$$

推進係数は，機関が供給した馬力のうち，どれだけが実際に船を走らせるために有効に使われたかを示す効率であって，この値が高いほど推進性能が良い船であるといえる。

式 14.8 で明らかなように，η を構成する一つ一つの効率の値を大きくすることが全体の推進性能を高めることになる。

（4）馬力の見積り

船の推進に必要な機関の馬力を算定するには，次のような方法が用いられる。

(a) 推進係数を利用する方法

有効馬力 EHP と機関の発生する実馬力 IHP との比，推進係数 propulsive coefficient は，機関の種類によっては，IHP の代りに BHP または SHP を使うこともある。これは IHP が計測できないときに一番主機関に近く計測される馬力を使うからで，その場合いずれも推進係数と呼ばれる。η の値はおよそ次に示す範囲にある。

$$\eta = \frac{\text{EHP}}{\text{IHP}} = 0.40 \sim 0.70$$

$$\eta = \frac{\text{EHP}}{\text{SHP}} = 0.50 \sim 0.80$$

η を推定すれば，EHP は式 14.8 によるか，あるいは他船で曳航して求め，式 14.1 により算定できる。

(b) アドミラルティ係数を利用する方法

アドミラルティ係数を K とすると，機関の馬力は次式で与えられる。

$$\text{IHP} = \frac{W^{2/3} \cdot V^3}{K} \quad \cdots\cdots\cdots\cdots\cdots\cdots (14.9)$$

ただし，W = 排水量（t），V = 船の速度（knot）である。

アドミラルティ係数 K は，船型が類似し，速長比が等しい 2 船間では，近似的に同じ値をとるから，あらかじめ船種，船型，載貨状態および速度について資料を整理しておけば，機関の馬力を推定することができる。式

14.9 の IHP の代りに，BHP，SHP，DHP を置きかえることもできる。

K の値は，類似船の実績から求めるのがよいが，参考のため表 14-1 に概略値を示しておく。

表 14-1 K の概略値（満載航海状態）

船　　種	K の値
小型貨物船	210～320
中型貨物船	320～420
大型貨物船	420～580
大型高速客船	320～420
漁　　船	260～370
高　速　艇	50～160

(c) シーマージン　sea margin

これまでに述べた有効馬力や機関の馬力は，船底やプロペラが汚れていない船が，水深および水幅の影響のない広い水面を，風浪の影響を受けることなく直進する場合のものである。

実際に就航している船に対しては，このような理想的な状況における馬力に，実際の航海状態に対応する馬力を加算する必要がある。この加算すべき馬力の量をシーマージンと呼んでいる。

シーマージンは航路，季節，船型，機関の種類，速度，出渠後の日数などによって異なるから，簡単に決めることはできないが，一般に機関の出力の15～30%を見込むのが普通である。

14-2　推進器の種類

船の推進用動力として機械力が用いられてから，推進機関によって用いられた推進器には，噴射推進器（ジェットプロペラ），外車推進器，螺旋推進器（スクリュープロペラ），および鉛直軸推進器の4種類がある。現在最も広く用いられているものはスクリュープロペラであって単にプロペラといえばスクリュープロペラのことを意味している。

(1) 噴射推進器　jet propeller

エンジンの力により動かされる推進器としてはじめて1782年に，ジャミス ラムジー（James Ramsey）はフランクリン（Benjamin Franklin）により提案

された装置を80 feet（24.4 m）の長さの旅客船に実用化し，アメリカのワシントン（Washington D.C.）とアレキサンドリア（Alexandria）の間を就航させた。その機構は船内に大型大馬力の渦巻ポンプを備えて海水を吸い込み，それを噴射口から海中に噴射するので，船はその反動で推進する。噴射口の向きを変えることができるようにしておけば，前進・後進・旋回が容易にできる。

効率が悪いため一般には用いられないが，次のような特長があるから，海難救助艇・上陸用舟艇・消防艇などに用いられる。

1) 船外に突出する部分が少なく，損傷のおそれが少ない。
2) 噴射口を船の中央付近に置けば，船が激しく動揺しても，プロペラが水面上に出る心配が少ない。
3) 渦巻ポンプは船を推進するばかりでなく，必要に応じて船内の排水や消防用にも利用できる。

（2）**外車推進器** paddle wheel

船の中央部の両舷，または船尾に，水平軸を水面より上に置いた水車のような形をした外車を備え，これを回転して周縁に取り付けた羽根 paddle で水を掻いて船を推進する。

はじめて外車推進器が用いられたのは，1783年7月15日にフランスのジュフロアダバン（Jouffroy d'Abbans）が長さ45m の蒸気船「ピロスカーフ（Pyroscaphe）」をリヨン付近のソーヌ川で15分間走らせたときである。1788年にパトリックミラー（Patrick Miller）とウイリアムサイミントン（William Symington）が外車推進器をもつ船をダルスウィント湖で走らせた。1802年にはサイミントンにより「シャロットダンダス」が建造され実用上この推進器が優れていることが証明された。アメリカではロバートフルトン（Robert Fulton）が1807年にハドソン川に沿ってニューヨーク（New York）とオーバニー（Olbany）を結ぶ旅客船「クラーモント（Clermont）」に使用され商業的に成功を収めた。イギリスで最初の商業的な航行をした外車船は1812年のヘンリーベル（Henry Bell）によるクライド川での「コメット（Comet）」であった。

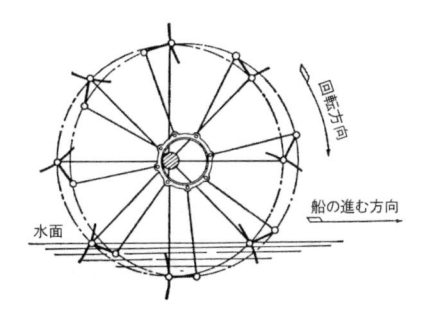

図 14-1 羽打外車

1819年にエンジン付きの船としてはじめて大西洋を横断した「サバンナ（Savannah）」，1838年4月23日10時に機械力のみによりはじめて大西洋を横断した「シリウス（Sirius）」，4時間遅れで到着した「グレートウエスタン（Great Western）」も外車船である。「グレートウエスタン」の成功によりエンジンを使った大西洋定期旅客船の時代が始まった。

外車推進器は効率が良く，ある時代にはほとんどすべての船に採用されたこともあったが，次のような欠点があるため，しだいにスクリュープロペラが採用されるようになった。
1) 回転がおそくなければならないため，機関が，同じ馬力のスクリュープロペラの機関に比べて，大きく，重く，高価になる。
2) 喫水が変わると，推進効率が変わるから遠洋を航海する船には不利である。
3) 船が横揺れすると，推進効率が著しく低下するばかりでなく，損傷を起こしやすい。

しかし，外国では河川・湖沼・港湾内などの平水区域で今もなお使われている。

羽根の取り付け方により，固定羽根外車（固定翼外車）と羽打外車（可動翼外車）の2種類がある。

(3) **螺旋推進器** screw propeller

螺旋面（ねじ面）をもつ数枚の翼と，それらの翼を保持してプロペラ軸に固定するためのボスとから成る。螺旋面とは1本の直線がその一端を通る軸のまわりを一定の角速度で回転しながらその軸に沿って一定の速度で前進するときに得られる面である。

翼の輪郭には楕円型，末広型，烏帽子型などがあり，ボスと翼とを一体でつくる一体型 solid type と，翼をボスにボルトで取り付ける組立型 built up type がある。

螺旋推進器（スクリュープロペラ）はこのような翼が水中でねじを切るように進むことにより推力を発生する推進器である。構造が簡単で，効率も良く，故障を起こしにくく，しかも安価であるため，現在では最も広く用いられている。

1804年にジョンスティーブンス（John Stevens）により最初にニューヨー

クの汽船に用いられたが，スミス（Francis Petit Smith）やエリクソン（John Ericsson）がそれぞれ独自の形式の螺旋推進器に対し特許を取るなどその優秀性がしだいに示されてきた。1838年には237GTの「アルキメデス（Archimedes）」が進水し成功を収めたり，1845年にはブルネルのつくった「グレートブリテン（Great Britain）」がスクリュープロペラの船として初めて大西洋を横断した。また同年にテムズ河口で螺旋推進器を備えた「ラットラー（Rattler）」が綱引きの結果，外車船の「アレクト（Alecto）」を引っ張るなどして，しだいに外車推進器から螺旋推進器に移っていった。その利点としては，
1) 比較的小型で軽い。
2) 船体の喫水が変化して，推進器の水中に没する深さが変化しても，推進性能に対し影響を受けにくい。
3) 外車に比べ波など水面の影響を受けにくい。
4) 外車に比べ高速度で回転するので，推進機関にとっても都合がよい。

（4） **鉛直軸推進器** vertical axis propeller

推進器に船の操縦を兼用させようという考えのもとにつくられた推進器で，推進器を駆動する軸は船の鉛直方向に配置されている。

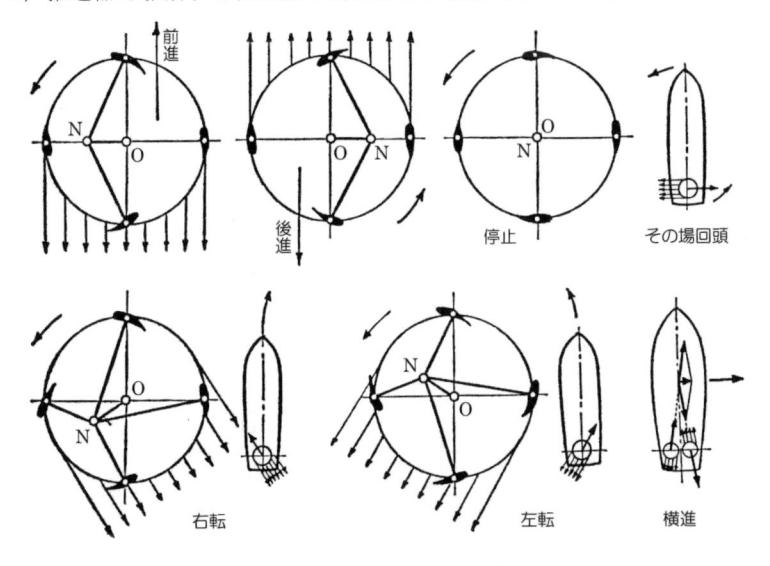

図 14-2 フォイトシュナイダプロペラ

この形式でもっとも成功を収めたものの一つがフォイトシュナイダプロペラ Voith Schneider propeller である。

この推進器は船底部に垂直軸のまわりに回転する円盤をはめこみ，この円盤の周縁に櫓の先端のような形をした翼を4〜6枚垂直に取り付けたもので，この円盤を回転させることによって船を任意の方向に推進することができる。

この操作はブリッジから簡単に行なうことができて，図 14-2 のように前進・後進・旋回はもちろん，その場回頭，機関を回転したままでの船の停止，横移動さえも可能である。

また，このような優れた操縦性をもつばかりでなく，舵や軸ブラケットが不要になるなどの利点もある。しかし構造が複雑で大きな出力のものにはあまり適さない。

14-3　螺旋推進器の構造

(1)　プロペラ各部の名称

圧力面と背面　プロペラにぶつかる水流を直接に受ける面を圧力面 driving face，または face といい，船体に対し外側に見えている翼面である。背面 back はその反対の翼面で船体に面した内側の翼面である。

前縁と後縁　翼が前進方向に回転するときに水を切って進む縁を前縁 leading edge という。その反対の縁を後縁 trailing edge という。

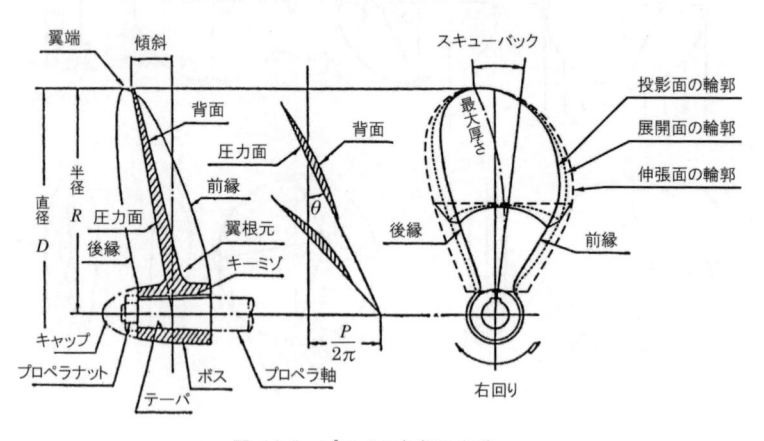

図 14-3　プロペラ各部の名称

翼端と翼根　翼の先端部分を翼端 blade tip といい，ボスに取り付けられる付近の翼の根元を翼根または翼根元 blade root という。

推進器円盤　翼端の描く円を推進器円盤 disc circle または翼端円 tip circle という。

ピッチ　プロペラが1回転したとき，翼のねじ面が前進する距離をピッチ pitch という。プロペラには，翼の動かない固定ピッチプロペラと，使用中に自由に角度を変えられる可変ピッチプロペラとがある。固定ピッチには，一定ピッチと変動ピッチとがある。一定ピッチは翼面が根元から先端まで同一ピッチで，変動ピッチは，位置によって異なるピッチでできている。変動ピッチには，漸増ピッチと漸減ピッチとがある。翼の根元から先端にいくにつれてピッチが少しずつ大きくなるものが漸増ピッチ，小さくなるものが漸減ピッチである。

（用　途）
- 固定ピッチ
  - 一定ピッチ ……………… 小型船および2軸船
  - 変動ピッチ ……………… 大型1軸船
    - 漸増ピッチ ……… 流線形舵に適する
    - 漸減ピッチ ……… 反動形舵，コントラ舵に適する
- 可変ピッチ ………………………… 曳船，トロール船，ガスタービン船

（2）　プロペラの寸法

推進器の寸法の基準になる量は推進器直径と円盤面積である。推進器直径 propeller diameter は推進器円盤の直径で，円盤面積 disc area は推進器円盤の面積である。従って

$$円盤面積 = \pi \times \frac{推進器直径^2}{4}$$

投影面積　翼を軸に直角な平面に投影したときの面積を投影面積 projected area という。

展開面積　各半径における翼素について，軸に対する傾きを直角に，すなわちピッチ0°になるように修正して得られた図形の面積を展開面積 developed area という。

伸張面積　各半径における翼素について，軸方向の傾きだけでなく円弧状の曲がりを直線に伸ばして得られた図形の面積を伸張面積 expanded area という。

ここで重要なことは，それぞれの翼に対する面積に翼の枚数を掛けたものがプロペラのそれに対応する面積になる，ということである．すなわち

    プロペラの伸張面積＝翼の伸張面積×翼の枚数

という意味で，プロペラの投影面積，展開面積，伸張面積にはボスの部分の面積は含まれない．

翼の長さ　翼の長さは次のように求められる．

$$翼の長さ = \frac{推進器直径 - ボス直径}{2}$$

平均翼幅　翼の幅は翼端になるに従って狭くなるので次のような平均翼幅 mean developed width of blade が平均値として用いられる．

$$平均翼幅 = \frac{翼の展開面積}{翼の長さ}$$

翼厚　翼の厚さは長さ方向に異なり，翼根になるに従い厚くなっている．そこで翼厚 blade thickness は翼の厚さを示す線をプロペラの中心線まで伸ばして，中心線のところで想定される厚さ，すなわち中心翼厚を翼の厚さとする．

傾斜　翼の圧力面の半径方向の基準線は圧力面が真の螺旋面であれば軸に直角になっているが，多くの場合には軸に対し傾斜 rake している．これは船体と翼端の間に充分な隙間 tip clearance をもたせるためである．傾斜は普通10°～15°程度である．傾斜の大きさはこのように角度で示す場合と，翼端の変位量 r で表す場合がある．

側反　翼の各半径における最大厚さの線が後縁方向に彎曲していることを側反 skew という．プロペラに流入する流れの不均一性の影響をできるだけ少なくするためにつけられている．

またこれらの諸寸法は代表的な寸法である推進器直径または円盤面積で割って比の値として求めておくことが多い．

　　　　ボス比 boss ratio ＝ボス直径/推進器直径
　　　　ピッチ比 pitch ratio ＝ピッチ/推進器直径
　　　　平均翼幅比 mean width ratio ＝平均翼幅/推進器直径
　　　　傾斜比 rake ratio ＝翼端の変位量/推進器直径
　　　　翼厚比 blade thickness ratio または blade thickness fraction B.T.F.
　　　　　　　　　　＝中心翼厚/推進器直径

投影面積比 projected area ratio ＝投影面積／円盤面積
展開面積比 developed area ratio ＝展開面積／円盤面積
伸張面積比 expanded area ratio ＝伸張面積／円盤面積

(3) **スリップ** slip

ピッチ P (m) のプロペラが毎分 N 回転するとき，プロペラの進む速度は PN (m/min) である。これをプロペラスピードという。

ところが，実際には相手が水であるために PN (m/min) だけ進むことができず，いくらかおくれるのである。この差をスリップという。

(a) **真のスリップ** real slip

プロペラスピードとプロペラの前進速度 V_a (knot) との差を真のスリップといい，真のスリップとプロペラスピードとの比を真のスリップ比という。

$$\text{真のスリップ } S_r \text{ (knot)} = \frac{PN}{30.87} - V_a \quad \cdots\cdots\cdots\cdots (14.10)$$

$$\text{真のスリップ比 } s_r = \frac{\dfrac{PN}{30.87} - V_a}{\dfrac{PN}{30.87}} = 1 - \frac{30.87 V_a}{PN} \quad \cdots\cdots (14.11)$$

(b) **見掛けのスリップ** apparent slip

航海中の船では，プロペラの前進速度 V_a を測定できないため，船の速度 V を使った見掛けのスリップを用いる。

$$\text{見掛けのスリップ } S_a \text{ (knot)} = \frac{PN}{30.87} - V \quad \cdots\cdots\cdots\cdots (14.12)$$

$$\text{見掛けのスリップ比 } s_a = \frac{\dfrac{PN}{30.87} - V}{\dfrac{PN}{30.87}} = 1 - \frac{30.87 V}{PN} \quad \cdots (14.13)$$

見掛けのスリップは，伴流（284頁参照）の速度を無視したもので，図 14-4 は，これらの関係を図に表わしたものである。

この図で明らかなように，真のスリップはつねに見掛けのスリップよりも値が大きく，いつもプラスであるが，見掛けのスリップは伴流が大きい場合には時にはマイナスになることがあることを示している。

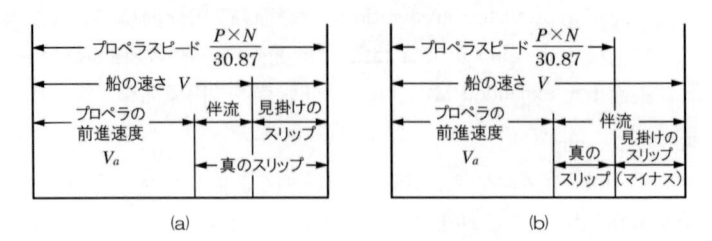

図 14-4 伴流とスリップ

(4) 回転方向

プロペラには，右回りと左回りとがある。船が前進しているとき，船のうしろから見て，プロペラが時計の針と同じ方向に回っているものを右回りプロペラ right-handed turning，その反対のものを左回りプロペラ left-handed turning という。1軸船では，右回りのものが多いが，まれには左回りのものもある。右回りプロペラは船の前進時に，船尾を右舷に船首を左舷にふる性質があるが，左回りプロペラでは反対になるから操船には注意が必要である。

2軸船では，右舷に右回りを，左舷に左回りを使うのが普通で，これを外回り outward turning という。しかし，まれには反対の配置のものもあり，これを内回り inward turning という。

(5) 翼　数

翼数は，船の種類によって決まっているわけではないが，就航中の船を調べてみると，貨物船など一般商船では4枚翼が多く，漁船・機帆船などの小型船では3枚翼，さらに小型のモータボートなどでは2枚翼が使われている。また，軍艦では3枚翼が多く，大型タンカー・大型専用船では5枚翼が主として使われている。

翼数を選定する際に問題となるのは，プロペラの効率と船体の振動である。プロペラの効率は，翼数が増加するにつれて少しずつ低下するが，その差は僅かであるから，むしろ振動に対する対策の点から翼数を選ぶことが多い。

〔プロペラ回転数〕×〔翼数〕の値が，船体の固有振動数に近いため共振によって振動が大きくなる場合は，翼数を変えることによって共振を避けることができる。

第14章 船体の推進

　また，最近の巨大タンカーのように，船尾が肥えていて伴流の変動が大きく，推力の強さがあまり大きくない場合には，5枚翼プロペラを使うと回転が円滑となり，プロペラ軸を通じて船体に伝えられる振動も，外板を通じて水圧の変動として伝えられる振動もともに小さくなる。

(6) 材　　料

　プロペラの材料としては，充分に強力でショックに強く，海水に対する耐食性の優れたものが望ましい。現在，空洞現象による腐食に強いアルミニウム青銅 aluminum bronze がよく用いられている。そのほか高力黄銅なども用いられる。以前よく用いられたマンガン青銅 manganese bronze は曲がりなどの補修が容易なことから，現在も小型漁船に採用されている。予備推進器として備えてあるものには鋳鉄製がある。

14－4　改良型螺旋推進器

(1)　可変ピッチプロペラ　controllable pitch propeller

　翼のピッチを自由に変えて，希望する位置に機械的に固定できる構造としたプロペラである。

　主機関の回転を一定方向かつ一定速度にしたまま，ブリッジから前進・停止・後進を自由に操作できる。

　可変ピッチプロペラは，引船やトロール船のように，プロペラの荷重の変化の大きな船や，ガスタービンのように逆回転のできない機関の船に適している。

　図 14-5 はその一例で，ブリッジの操縦ハンドルを操作すれば，油圧により中空プロペラ軸の中にあるピッチ変更軸が動かされ，クランクレバーがクランクピンを動かして翼の角度を変える。

(2)　コルトノズルプロペラ　Kort nozzle propeller

　固定ピッチプロペラあるいは可変ピッチプロペラを円筒状のコルトノズルの内部において作動させ，プロペラの効率を高めるとともに，ノズル自体にも推力を発生させるスクリュープロペラの改良型である。コルトノズルを船体に固定せず，プロペラ面内の垂直軸のまわりに回転させ，吊り舵としても作動させるようにしたものをコルトノズル舵という。

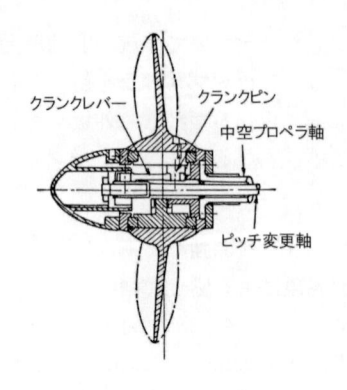

図 14-5　可変ピッチプロペラ 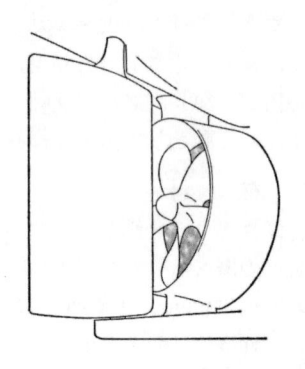　　　　　図 14-6　コルトノズルプロペラ

（3）　二重反転プロペラ　contra-rotating propeller

　プロペラ軸を同軸上で内軸と外軸とに分けて互いに逆回転させ，それぞれの軸端に前後に並列に配置した2個一組のプロペラである。

　直進性に優れるため，これまで魚雷用プロペラとして採用されてきたが，船舶の大型化・高速化に伴い，大出力に対応できる新しいプロペラとして注目を集めている。

（4）　ポッド推進器

　電動機（モータ）と推進器（スクリュープロペラ）を装備したポッド（AZIPOD, Azimuthing Electric Propulsion Drive）による推進器で，はじめは砕氷船に開発され，その後，大型客船にも使用されている。2003年3月21日に進水したクイーンメリーⅡ Queen Merry Ⅱ（QMⅡ）148,528GTには21.5MWのポッド推進器が4基装備され，一つの船で搭載されたポッドの総出力としては世界最大である。

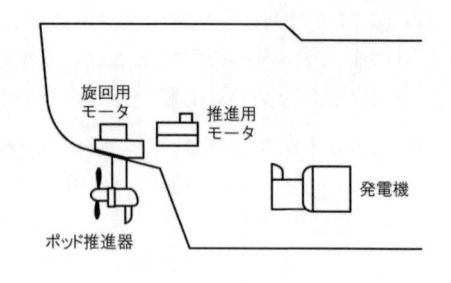

図 14-7　ポッド推進器

14-5 螺旋推進器の性能

スクリュープロペラの性能については計算による場合もあるが，模型実験による場合も多い．模型実験において重要なことは抵抗試験と同様にその相似則である．プロペラの性能としては与えられた回転モーメント（トルク）に対してどのくらい推力を発生できるかということである．幾何学的に相似な模型推進器を使って実験するプロペラ単独試験では，抵抗試験の場合と同様に，フルード数やレイノルズ数に対する要素の影響を考慮する必要がある．フルード数に相当する要素の影響に対しては，推進器の軸の没水深度を最低でも推進器直径の0.625～0.75以上，通常は没水深度をプロペラの直径程度にすることで避けることができる．もしプロペラが水面近くにあるとプロペラレーシング propeller racing と呼ばれる空気を吸い込む現象が発生し，これによって性能が低下する．またレイノルズ数に対する要素の影響についてはプロペラの縮尺影響 scale effect と呼んでいるが，縮尺影響を避けるためには最低で直径が30 cm 以上，通常は40～50cm の模型推進器を用いることで避けられると考えている．

このように，フルード数とレイノルズ数の影響を無視できるとすると，推進器の性能に影響を与える要素は前進率 advance coefficient と呼ばれる係数である．前進率 J は

$$J = \frac{V_a}{nD} \qquad (14.14)$$

で表わされる．これは実物と模型でプロペラに流入する流体の翼に対する角度が等しくなるように設定することを意味している．

相似推進器ではピッチ比が等しいので，前進率 J が一定であることは同じ失脚率（スリップ比）s_r で作動していることを意味する．すなわち

$$s_r = 1 - \frac{J}{a} \qquad (14.15)$$

ここに $a = P/D$　ピッチ比である．

レイノルズ数やフルード数の影響，すなわち粘性や重力の影響を無視することができ，後に述べる空洞現象をおこすおそれのない場合には前進率 J が等しければ相似の状態になるので，プロペラの各性能を示す次の各係数は前進率の関数として表わすことができる．

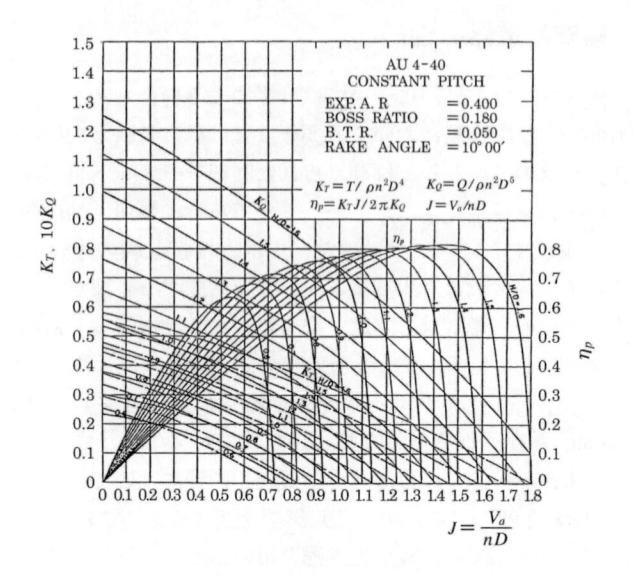

図 14-8　プロペラの単独性能

推力係数 $K_T = \dfrac{T}{\rho\, n^2 D^4}$ ･････････････････ (14, 16)

トルク係数 $K_Q = \dfrac{Q}{\rho\, n^2 D^5}$ ･････････････ (14, 17)

推進器効率 $\eta_p = \dfrac{T V_a}{2\pi\, n Q} = \dfrac{K_T J}{2\pi\, K_Q}$ ･･･ (14.18)

ここに，前進率 $J = V_a/nD$, D ＝推進器直径, n ＝毎秒回転数, ρ ＝水の密度, T ＝推力, Q ＝トルク, V_a ＝プロペラの前進速度である。

これらの係数は広く用いられ，プロペラの性能を示す標準の表示方法になっている。

14-6　螺旋推進器と船体との相互作用

(1) 伴流係数　wake fraction

前進する船の周囲のごく近いところの水は，粘性のため船に引っぱられて，船を追いかけて進む伴流 wake となる。

第14章 船体の推進

プロペラは船といっしょに走りながら，伴流の最も大きな船尾で回るから，プロペラの対水速度すなわち前進速度は，船の速度より小さくなる。この関係を式で表わすと

$$V_w = V - V_a \qquad (14.19)$$

ただし，V_w＝伴流の速度，V＝船の速度，V_a＝プロペラの前進速度である。また

$$w = \frac{V_w}{V} = \frac{V - V_a}{V} \qquad (14.20)$$

wを伴流係数といい，これよりプロペラの前進速度は

$$V_a = (1-w)V \qquad (14.21)$$

良いプロペラを設計するには，wの値を正確に知る必要がある。wの値は，船体の大きさ，船尾付近の形，船尾付近の付加物の形や位置などによって変化する。正確な値は模型船の水槽試験による伴流計測から図14-9のようなプロペラ作動面で伴流分布を求め，その平均値を伴流係数としている。

図14-10は，伴流係数の概略値を示す曲線の一例である。伴流係数が大きいほど，プロペラ付近の水が船と一緒に動いていることを意味し，$w=1$になればこの部分の水は船と同一速度で動いていることを表わしている。

伴流係数については次のような略算式も示されている。

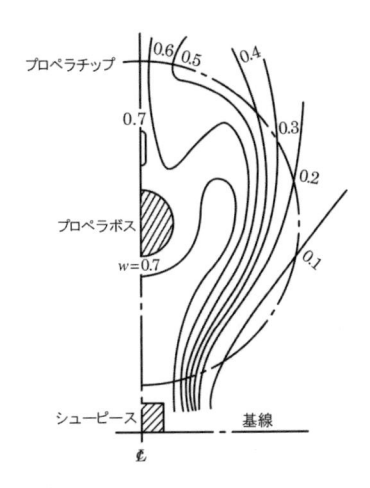

図 14-9 伴流分布

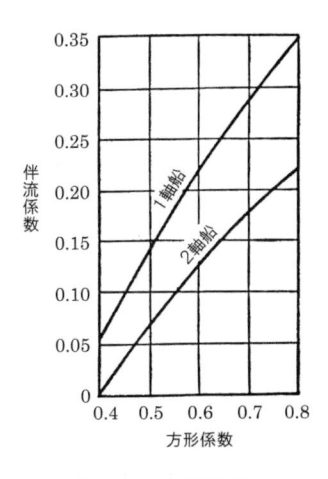

図 14-10 伴流係数

テーラー（Taylor）の式
$$w = 0.50 C_b - 0.05 \quad （1軸船）$$
$$w = 0.55 C_b - 0.20 \quad （2軸船）$$
ファンラメレン（Van Lammeren）の式
$$w = 3 C_b / 4 - 0.240 \quad （1軸船）$$
$$w = 5 C_b / 6 - 0.353 \quad （2軸船）$$

（2）推力減少係数　thrust deduction coefficient

ある速度で前進中の船の抵抗を R（kg, 工学単位）とすれば，プロペラの出す推力 T（kg, 工学単位）との間に次の関係が成立する。

$$T = \frac{R}{1-t} \quad \cdots\cdots\cdots\cdots\cdots\cdots\cdots\cdots\cdots (14.22)$$

t を推力減少係数といい，プロペラが船後にあって回転するために生じる抵抗の増加の割合を示している。

t の値は，プロペラの取付け位置・船体とのすきま・プロペラの直径・前進速度・船尾管ボシングの角度などの影響を受けるので，正確な値を示すことは困難であるが，表14-2にその概略値を示す。

また次のような略算式も示されている。

ファンラメレンの式
$$t = C_b / 2 - 0.150 \quad （1軸船）$$
$$t = 5 C_b / 9 - 0.205 \quad （2軸船）$$

山県の式
$$t = w(1.63 + 1.50 C_b - 2.36 C_{vp}) \quad （1軸船）$$
$$t = w(1.73 + 1.50 C_b - 2.36 C_{vp}) \quad （2軸船）$$
$$t = w \quad （やせ型高速2軸船）$$

表 14-2　t の概略値

方形係数 C_b	t の値	
	1軸船	2軸船
0.50	0.20	0.13
0.55	0.20	0.14
0.60	0.21	0.16
0.65	0.22	0.18
0.70	0.23	0.20
0.75	0.26	0.23
0.80	0.31	0.27

（3）推進効率

推進器が船体に装備されて推進するときには船体と推進器との相互作用が生じる。それは伴流と推力減少という形で現われ，推進効率に影響を与える。

船体に装備された状態における推進効率は次のようになる。

$$\text{推進効率}\ \eta' = \frac{\text{EHP}}{\text{DHP}} = \frac{RV/75}{2\pi n Q/75} = \frac{T_o V_a}{2\pi n Q_o} \times \frac{1-t}{1-w} \times \frac{TQ_o}{T_o Q}$$
$$\cdots\cdots\cdots\cdots (14.23)$$

ここに T_o, Q_o は推進器単独状態でのスラスト, トルクである。
この式から次のような効率が示される。

推進器効率 propeller efficiency

$$\eta_p = \frac{T_o V_a}{2\pi n Q_o} \quad\cdots\cdots\cdots\cdots (14.24)$$

前進速度 V_a, 回転率 n の推進器単独の効率を表わす。

船体効率 hull efficiency

$$\eta_h = \frac{1-t}{1-w} \quad\cdots\cdots\cdots\cdots (14.25)$$

船体とプロペラとの相互作用を表わす。

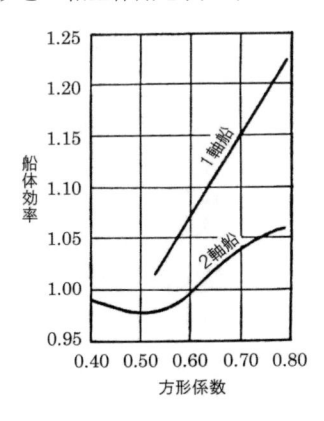

図 14-11 船体効率

推進器効率比 relative rotative efficiency

$$\eta_r = \frac{TQ_o}{T_o Q} \quad\cdots\cdots\cdots\cdots (14.26)$$

推進器が単独で一様な流れの中で作動する場合と伴流中で作動する場合との違いを表わす。

η_h の値は，船体とプロペラとの相互作用のなかの伴流と推力減少による影響を表わすものであり，船体の形やプロペラの位置などで大きく変わるが，図14-11は多くの船の平均値であって，2軸船では大体1と考えてよいが，1軸船では1.05から1.20くらいの範囲で変化している。

(4) **自航試験** self propulsion test

推進器と船体及び付加物との間には複雑な相互作用があるため，実船に装備されたプロペラの性能を求めるためには船体だけの抵抗試験およびプロペラの単独試験だけでは不充分で，模型船に模型プロペラを装備した自航試験を行う必要がある。自航試験は模型プロペラのみの推力で推進するわけではなく，摩擦修正 skin friction correction と呼ばれる摩擦抵抗における実船と模型船との相似則の修正値に相当する力を加えて試験をする必要がある。

14-7　空洞現象　cavitation

プロペラの回転が速くなるにつれて翼の背面に低圧部を生じ，真空に近づくとついにその部分の水が蒸発して水蒸気となり，水中に溶けていた空気も加わって翼面の一部に水を寄せつけない空洞を形成する。この現象を空洞現象（キャビテーション）という。

ベルヌーイの定理によれば圧力最低の点は流速が最大の点で，そこにおいて空洞現象が起これば物体周辺の流れが乱される。また空洞がさらに発達すると翼の性能が低下し，推力が急に激減するばかりでなく，激しい振動と音響を伴って船の速度も低下する。また，翼面は短時間のうちに腐蝕 erosion（エロージョン）を起こして使用に耐えなくなる。

この現象が初めて技術者の注目を引いたのは1894年に造られたイギリスの水雷艇「ダーリング Daring」の試運転においてであった。排水量240トンで当初，29ノットの速力に対してプロペラが設計され，展開面積比が0.298であったが，このプロペラでは3700馬力，毎分384回転で，24ノットの速力しか得られなかった。そこで翼面積を45％増したプロペラに取り替えたところ計画どおりの速力が得られ，24ノットの速力に対しては3050馬力，毎分317回転であった。

当時の技師長だったバーナビー（S.W. Barnaby）はこの現象は翼の背面 back における圧力が翼の回転により低下し，この部分が水の蒸気圧になって空洞が発生したためであると説明した。バーナビーはこの状態を示す判定基準として，

第14章 船体の推進

投影面積あたりの推力に対して次のような場合に空洞現象が発生すると考えた。

$$\frac{推力}{プロペラの投影面積} > 13 \text{ lbs/inch}^2 = 9100 \text{ kg/m}^2$$

この値はパーソンズ Parsons がタービニア Turbinia によって得た結果と同じであった。

　正確には，翼の周囲の圧力分布を測定し，これによって空洞現象を判定しなければならない。翼のはるか前方において速度 V，圧力 P とし，翼の背面において速度 V_c，圧力 P_c とすると，ベルヌーイの定理から

$$P_c + \frac{1}{2} \rho V_c^2 = P + \frac{1}{2} \rho V^2 \quad \cdots\cdots\cdots\cdots (14.27)$$

$$P_c = P - \frac{1}{2} \rho (V_c^2 - V^2) \quad \cdots\cdots\cdots\cdots (14.28)$$

　もし V_c が増加して P_c が0になれば，水は負の圧力を支えることができずに翼の表面を離れそこに真空の空洞ができるが，実際の液体では圧力が0になるまで下がるまえに，その液体の飽和蒸気圧 P_e に達し，そこで気化がおこり空洞が発生する。すなわち次式の条件で空洞現象がおこる。

$$P_c \leqq P_e \quad \cdots\cdots\cdots\cdots\cdots\cdots\cdots\cdots (14.29)$$

そこで，$q = (1/2) \rho V^2$，$\Delta P = (1/2) \rho (V_c^2 - V^2)$ とおいて，式 14.28, 14.29 を変形すると空洞現象を発生する条件式が得られる。

$$\frac{P - P_e}{q} \leqq \frac{\Delta P}{q} \quad \cdots\cdots\cdots\cdots\cdots\cdots (14.30)$$

ここで，$(P - P_e)/q = \sigma$ を空洞数 cavitation number（キャビテーション数）と呼ぶことにすると，$\Delta P/q$ が空洞数 σ に等しいかそれよりも大きくなると空洞現象が発生することになる。

　キャビテーションの発生を防止するには，模型プロペラを使って減圧された水槽であるキャビテーション水槽 cavitation tunnel で実験するなどして，翼型・翼面積・回転数などの設計を適切にするほか，後部船体の形状やプロペラの位置，プロペラ翼面の仕上げなどにも留意する。

　またいくつかの空洞現象の判定図表も発表されている。その一例がバリルの図表である。バリル（Burrill）の方法では空洞数 σ と推力荷重係数 J_c との関係を図 14-12 のように示し，設計プロペラの J_c が実線以下であれば空洞現象に対して安全であると判定する。ここで，推力荷重係数 J_c は，

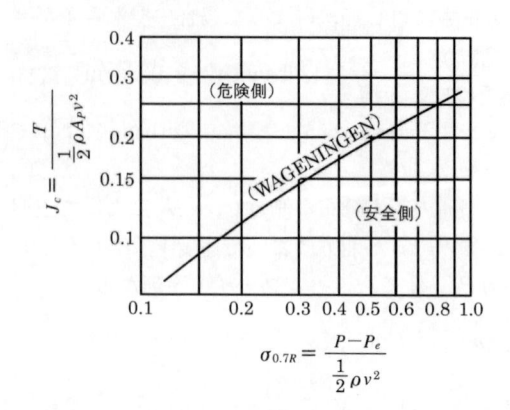

図 14-12 バリルの図表

$$J_c = \frac{T}{\frac{1}{2}\rho A_p v^2} \quad \cdots\cdots\cdots\cdots\cdots\cdots (14.31)$$

で定義される数値で，T はプロペラの推力で次のように求められる．

$$T = \frac{\mathrm{DHP} \times 75 \times \eta_p \times \eta_r}{v_a} \quad \cdots\cdots\cdots (14.32)$$

DHP =伝達馬力，η_p =プロペラ効率，η_r =推進器効率比，v_a =プロペラ前進速度，また A_p はプロペラの投影面積である．プロペラの投影面積 A_P はプロペラの伸張面積 A_E に対し近似的に

$$A_P = A_E \times \left(1.067 - 0.229 \frac{H}{D}\right) \quad \cdots\cdots\cdots (14.33)$$

という関係にあるので，この式を使って A_E から求めることもできる．ここで H はピッチ，D は推進器直径である．さらに v はプロペラの前進速度 v_a とプロペラの0.7×半径における周速度を合成した速度で，次のように求められる．

$$v = \left\{v_a^2 + \left(\frac{0.7\pi DN}{60}\right)^2\right\}^{1/2} \quad \cdots\cdots\cdots (14.34)$$

ここで，N =毎分回転数である．一方，空洞数は $\sigma = (P - P_e)/q$ で定義されるが，$P - P_e$ は25℃の海水に対しては，次のようになる．

$$P - P_e = 10000 + 1025 I_0 \quad (\mathrm{kg/m^2}) \quad \cdots\cdots (14.35)$$

ここで，l_0 はプロペラ軸の深度（m）である。また空洞数 σ を求めるときの q における V としては J_c における v と同様にプロペラの前進速度 v_a と0.7×半径における周速度を合成した速度である式 14.34 を用いる。

索　引

═══ア═══

亜鉛メッキ	31
アーク溶接	32
アーチ	87
圧延鋼	23
圧延軟鋼	24
圧力中心（舵の）	92
圧力面	276
アドミラルティ係数	271
アドリアティック	22
油潤滑式船尾管	89
アルキメデス	275
アレクト	275
アーロンマンビー	22
安定びれ	238
IHP	269

═══イ═══

位相差	234
イッシャウド式構造	81
射水丸	82
EHP	268

═══ウ═══

ウエル甲板船	5
ウォッシュプライマ	31
渦抵抗	243
内外張	117
運輸安全委員会	21

═══エ═══

曳行桿	255
曳航馬力	268
エイビー協会	18
エスアール協会	18

エリクソン	275
エロージョン	288
円形船尾	2
縁板	112
鉛直軸推進器	275
A型船舶	199
FRP	23
MTC	215
SHP	269

═══オ═══

横縁	118
横縁避距	119
横置梁	130

═══カ═══

外車推進器	273
外側肘板	113
回転止め（舵の）	97
外板	114
──の厚さ	119
──の変形	53
──の補強	119
外板展開図	152
外方傾斜	205
角形船尾	2
隔壁甲板	124
隔壁スチフナ	140
隔壁板	140
隔壁防撓材	140
重ね継手	39, 45
舵壺碁石	95
舵面積	92
荷重曲線	58

ガス溶接	32
ガセット板	113
型喫水	13
堅材	127
型排水量	163
形鋼	25
形鋼支柱	111
型幅	12
型深さ	12
ガッタ水道	127
ガッタ山形材	127
可変ピッチプロペラ	281
ガーボード	115
カーリング	72
カルマン	247
カルマン・プラントルの式	247
管海官庁	19
乾舷	14
乾舷甲板	124
韓国船級	18
慣性主軸	223
慣性モーメント	225
貫通板	109
慣動半径	227
カントフレーム	123

═══キ═══

機械台	145
機関効率	270
機関室	144
──の補強	144
機関室囲壁	145

索引

機関室隔壁	139	クロスカーブ	190	甲板下ガーダ	133
機関室口	145	══ケ══		甲板下縦桁	133
機関室天窓	145	軽荷重量	9	甲板室	4
基準状態	56	傾斜	278	甲板間フレーム	123
基線	12	傾斜試験	179	甲板間肋骨	123
規則波	232, 240	傾斜船首	1	鋼板船首材	86
喫水標	14	形状抵抗	250	甲板ビーム	130
切欠き靱性	25	形状影響係数	250	コーキン	46
脚（溶接の）	34	軽頭船	228	国際海事機関	20
逆ひずみ法	40	系統模型試験	258	穀類貨物容積	9
キャビテーション	288	舷縁山形材	126	固定羽根外車	274
キャンバ	3	舷弧	2	コファダム	114
球状船首	1	舷墻	128	コーミングステー	136
強力甲板	124	減少浮力法	211	コルトノズル舵	281
局部強度	70	減衰角曲線	229	コルトノズルプロペラ	281
キール	116	減衰係数	229	5-8法則(シンプソンの)	150
キールソン	102	舷側厚板	114	══サ══	
キルド鋼	26	舷側タンク	142	載貨重量トン数	9
金属アーク溶接	32	減滅曲線	229	載貨容積	9
══ク══		減揺タンク	239	載貨容積トン数	9
クイーンメリーⅡ	282	══コ══		歳差運動	240
空気抵抗	252	後縁	276	最大せん断応力	65
空船航海	77	鋼塊	23	――の略算式	65
空洞現象	288	鋼甲板	125	最大舵角	92
空洞数	289	――の張り方	125	最大曲げ応力	63
区画式二重底	106	鋼材	23	サイドガーダ	109
区画式二重底縦式構造	107	――の級別	25	サイドキールソン	102
区画式二重底横式構造	107	――の鋼種	26	サイミントン	273
くの字形軸ブラケット	89	――の種類	24	サギング	51
首太平リベット	43	――の製法	23	サブマージドアーク溶接	33
組立フレーム	122	鋼製倉口蓋	137	左右揺れ	223
組立フロア	111	鋼製ハッチカバー	137	サラ先	43
組立肋板	111	高張力鋼	24	サラリベット	43
クラーモント	273	鋼板	24	酸洗い	31
クリッパ形船首	1	甲板	123	三島船	5
グレートウエスタン	274	甲板口	134	残留応力	39

索　　　引

===シ===

シ　　　ア	2
ジェットプロペラ	272
シェーンヘルの平均線	247
軸　馬　力	269
軸　　　路	145
軸　路　端　室	145
次　元　解　析	244
支　　　材	81
指　示　馬　力	269
実　　　船	254
実　体　フ　ロ　ア	109
——を設ける個所	110
実　体　肋　板	109
シフティングビーム	136
シーマージン	272
シ　ー　ム	116
ジャイロスタビライザ	240
ジャーマニッシャーロイド	
	18
シャロットダンダス	273
ジャンピングロード	76
縦　圧　試　験	44
縦　　　縁	117
縦　横　比	92
柔　　　材	127
収　　　縮	39
重　　　心	171, 176
自　由　水　影　響	200
重　頭　船	228
重　量　曲　線	56
縦通水密仕切壁	143
縦　通　梁	131
シューピース	87
ジュフロアダバン	273
主　要　寸　法	10

純　ト　ン　数	8
巡洋艦形船尾	2
——の補強構造	101
衝　撃　試　験	29
上　下　揺　れ	223, 237
昇　降　口	138
上　甲　板	123
剰　余　抵　抗	243, 255
初　期　復　原　力	185
シ　リ　ウ　ス	274
伸　縮　継　手	74
浸　水　表　面　積	249
深　水　槽	141
伸　張　面　積	277
真のスリップ	279
真のスリップ比	279
シンプソン第1法則	148
GM	179, 184
GZ	185

===ス===

推進器円盤	277
推進器効率比	287
推進器効率	287
推進器直径	277
推　進　係　数	271
推　進　効　率	270
垂線間長さ	10
水　線　長　さ	11
水線面積係数	162
水　槽　試　験	254
垂直継手（舵の）	95
水　平　ガ　ダ	143
水平スチフナ	136
水　平　舵　骨	96
水平継手（舵の）	95
推力減少係数	286

推　力　馬　力	269
スカーフ継手（舵の）	95
スクエアステーション	152
スクリュープロペラ	274
ス　ツ　ー　ル	141
ステディングボックス	95
ストリンガ山形材	126
ス　ニ　ッ　プ	141
すみ肉溶接	34
スラグ巻込み	41
スラ　ミ　ング	54
ス　リ　ー　ブ	88
ス　リ　ッ　プ	279
スロッシング	54
ス　ロ　ッ　ト	66

===セ===

制限水路影響	267
脆　性　破　壊	25
正　フ　レ　ー　ム	111
正　肋　材	111
制　水　板	143
制　動　馬　力	269
静　的　復　原　力	186
静的復原力曲線	187
星　芒　形	251
セミキルド鋼	26
セ　レ　ー　シ　ョ　ン	48
遷　　　移	247
前　　　縁	276
船　級　協　会	17
船　橋　楼	4
船　橋　楼　外　板	116
船　　　型	4
前　後　揺　れ	223
船　　　首	1
船　首　隔　壁	139

295

索　　引

船　首　材	85	全　　　幅	12	台　甲　板	124
船　首　修　正	165	船　　　尾	2	対　称　運　動	224
船 首 船 底 部	113	船　尾　隔　壁	139	対　　称　　法	39
―の補強	113	船　尾　骨　材	86	タ　イ　タ　ニ　ッ　ク	19
船　首　肘　板	98	船　尾　ト　リ　ム	213	タ　イ　ト　ネ　ス	46
船首トリム	213	船尾斜肋骨	123	帯　　　板	127
船首パンチング構造	97	船尾パンチング構造	100	第　二　甲　板	124
船首尾水タンク	142	船　尾　フ　ロ　ア	87	第　三　甲　板	124
船首尾防撓構造	97	船　尾　楼	4	楕　円　船　尾	2
船首尾楼付平甲板船	4	船　尾　楼　外　板	116	舵　　　針	93
船　首　揺　れ	223	船　　　楼	4	舵　心　材	93
船　首　楼	4	船　楼　外　板	116	舵　　　柱	87
船　首　楼　外　板	13	船　楼　甲　板	124	竪　形　鋼	111
船首楼付平甲板船	4	船　楼　端	73, 119	立 て キ ー ル	108
線　状　組　織	41	船楼フレーム	123	縦　強　度	54
前　進　速　度	285	船　楼　肋　骨	123	縦　式　構　造	80
前　進　率	283	══ソ══		立　て　舵　骨	96
線　　　図	6	倉　　　口	134	立て柱形係数	162
浅　水　影　響	264	倉　口　縁　材	135	縦　ビ　ー　ム	131
浅　水　波	240	倉　口　端　梁	131	縦フレーム	111
船　側　外　板	114	倉　口　覆　布	137	縦方向の力	51
船　側　縦　材	100	倉　口　梁	136	縦メタセンタ	183
船　側　縦　通　材	100	相　似　則	244	縦メタセンタ高さ	215
船　体　効　率	287	総　積　量	7	立　て　山　形　鋼	111
船体重量の軽減	48	総　ト　ン　数	7	縦　揺　れ	223, 236
船体正面線図	6	倉　内　隔　壁	139	縦揺れ固有周期	236
船体側面線図	6	倉内ディープタンク	141	縦横混合式構造	82
せ　ん　断　応　力	64	倉内フレーム	122	縦　肋　骨	111
せ　ん　断　力	58	倉　内　肋　骨	122	舵　頭　材	11, 93
せん断力曲線	58	造　波　抵　抗	250	舵　　　板	93
全　　　長	10	層　　　流	246	タ　ー　ビ　ニ　ア	289
全　通　船　楼　船	5	側　桁　板	109	ダ　ー　リ　ン　グ	288
船　底　外　板	115	速　長　比	256	舵　　　腕	93
船　底　勾　配	3	側　　　反	278	単位体積重量（水の）	148
銑　　　鉄	23	══タ══		単　弦　振　動	227
船　舶　安　全　法	19	対　応　速　度	256	鍛　　　鋼	27

索　　引

鍛鋼材	30	══ テ ══		特設梁	131
単材フレーム	122	出会周期	235	特設肋骨	122
断切板	109	低温用鋼	24	溶込み	35
炭素アーク溶接	32	定傾斜角	193	トランソム	87
断続すみ肉溶接	35	抵抗動力計	255	トリミングタンク	142
単底構造	101	低船首楼甲板	124	トリミングハッチ	138
ダンネージ	77	低船首楼船	6	トリミングモーメント	215
単板舵	93	低船尾楼甲板	6	トリム	213
断面係数	62	低船尾楼船	5	トリム修正	166
断面二次モーメント	62	ディープタンク	141	ドレン穴	97
══ チ ══		ディープフロア	101	トンネルリセス	145
中央横断面係数	162	デッキコンポジション	128	══ ナ ══	
中空ピラー	133	デッキストリンガ	126	内底板	112
柱形係数	166	デニーの式	249	内方傾斜	205
鋳鋼	26	テーラー水槽の式	249	長さ	10
鋳鋼材	29	テーラーの式	286	ナックル船尾	2
鋳鋼船首材	85	テーラーの図表	260	波形隔壁	141
中甲板の強度	77	デリックブーム	73	軟鋼	24
中国船級協会	18	テルミット溶接	32	軟材	127
中実ピラー	133	展開面積	277	══ ニ ══	
中心線ガーダ	108	伝達効率	270	逃げ口	145
中心線キールソン	102	伝達馬力	269	二重船殻構造	82
中心線桁板	108	DHP	269	二重底	104
中立軸	62	THP	269	——を設ける範囲	104
長船尾楼	5	══ ト ══		二重底外側ブラケット	113
直圧力（舵の）	92	投影面積	277	二重張板	119
直船首	1	等喫水	213	二重反転プロペラ	282
直立船首	1	同調	235	日本海事協会	17
══ ツ ══		動的復原力	191	══ ネ ══	
通風ケーシング	145	胴周り長さ	152	ネジ込リベット	43
通風筒	138	登録長さ	10	ねじりモーメント	66
突合せ溶接	34	動揺試験	228	ねじれ	52
壺金	87	ドエル	128	粘性係数	244
釣り合い舵	90	特設ビーム	131	粘性抵抗	243
吊り舵	90	特設ピラー	133	══ ノ ══	
		特設フレーム	122	のど厚	35

297

伸　　　　び	28	バーナビー	288	ビ　ー　ム	130
ノルスケベリタス	18	羽打外車	273	ビームエンド	236
══ ハ ══		幅	12	ビームブラケット	131
排水トン数	9	ハーフガーダ	109	ビームランナ	133
排水容積	152	ハーフビーム	131	ビューローベリタス	18
排　水　量	9, 163	パ　ー　ム	89	ヒューズの式	247
排水量曲線	163	バラスト	255	標準スペース	121
排水量等曲線図	163	バラストタンク	142	標　準　波	55
背　　　　面	276	梁	130	表面検査	29
倍　　　　率	234	バ　リ　ル	289	平賀譲	257
バイルスの方法	57	バ　ル　ジ	198	ピ　ラ　ー	132
暴露甲板	124	波浪の高さ	76	──の種類	133
パーソンズ	289	半桁板	109	──の配置	132
裸排水量	163	反対称運動	224	平甲板船	4
八の字波	251	パンチング	54	平　　　　張	118
パッキン箱	88	パンチング構造	97	平リベット	43
発　散　波	251	パンチングストリンガ	97	ビルジウエル	114
ハ　ッ　チ	134	パンチングビーム	98	ビルジ外板	115
ハッチカバー	137	半釣り合い舵	90	ビルジキール	116
ハッチ側コーミング	135	伴　　　流	284	ビルジサークル	4
ハッチくさび	137	伴流係数	284	ビルジ半径	4
ハッチクリート	137	半　　　梁	131	ヒールピース	87
ハッチコーミング	135	══ ヒ ══		ヒールピントル	94
ハッチターポリン	137	ピエールブーゲ	182	ピロスカーフ	273
ハッチバー	137	控　　　板	113	B型船舶	199
ハッチ端コーミング	135	比較則（フルードの）	255	BHP	269
ハッチ端ビーム	131	ピクリング	31	══ フ ══	
ハッチバッテン	137	比　重（水の）	147	ファインネス係数	161
ハッチビーム	136	比重修正（排水量の）	165	ファッションプレート	86
ハッチビーム受	136	肥痩係数	161	ファンラメレンの式	286
ハッチ閉鎖装置	137	ピ　ッ　チ	277	フィッシュアイ	41
ハッチボード	136	引張試験	28	風向影響係数	252
ハッチリング	137	引張強さ	28	フォイトシュナイダプロペラ	
バ　ッ　ト	116	ビ　ー　ド	34		276
バトックライン	6, 264	非破壊試験	29	付加慣性モーメント	225
バトックフロー船尾	265	被覆甲板	127	深　　　　さ	12

索　　引

付 加 質 量	225	フレームスペース	121	ホワイトメタル	89
付 加 重 量 法	210	フレーム番号	122	ボンジャン曲線	168
不 規 則 波	240	フ ロ ア	101	══ マ ══	
復 原 性	172	フ ロ ア 板	101	毎センチトリムモーメント	
復 原 性 範 囲	187	ブローチング	236		215
復 原 梃	185	プロペラ孔	87	毎センチ排水トン数	168
復 原 の 偶 力	185	プロペラ単独試験	283	曲げモーメント	59
復原力減失角	187	プロペラ柱	87	曲 げ 応 力	62
副 波	232	ブローホール	41	曲 げ 試 験	29
複 板 舵	96	浮 面 心	213	摩 擦 抵 抗	246
副フレーム	111	浮 力	147	摩擦抵抗係数	246
副 肋 材	111	浮 力 曲 線	58	マッキンタイヤ式二重底	106
ブ シ ュ	88	噴射推進器	272	丸形ガンネル	126
腐 蝕	288	══ ヘ ══		丸 先	43
腐食に対する予備厚さ	75	平 均 喫 水	164	満 載 喫 水	13
浮 心	172	平 均 翼 幅	278	満載喫水線	13
浮心の位置	173	平行沈下量	217	満載喫水線標識	13
不釣り合い舵	90	平板キール	116	══ ミ ══	
プープダウン	236	ベール貨物容積	9	見掛慣性モーメント	225
ブラジウスの式	246	ベルタン	230	見 掛 質 量	225
ブラスト法	31	変 形	39	見掛けの重力	231
フラックス	33	══ ホ ══		見掛けのスリップ	279
フラーム式減揺タンク	239	方形キール	115	見掛けのスリップ比	279
フランジ	102	方 形 係 数	161	水 抵 抗	243
プラントルの式	247	防 撓 梁	98	水 止 め	47
フ ル ー ド	246	放 水 口	130	密 度（水の）	147
フルード数	245	棒 鋼	24	ミドシップ	155
フルードの式（浸水表面積）		ホ ギ ン グ	51	ミ ラ ー	273
	249	ホグサグ修正（排水量の）		ミルスケール	31
フルードの方法	255		167	══ ム ══	
フ ル ト ン	273	母 型	259	むくピラー	133
ブルワーク	128	保 護 亜 鉛	97	無 次 元 値	259
ブレストフック	98	ホ ー コ ン	128	══ メ ══	
フ レ ー ム	121	ボ シ ン グ	89	明 治 丸	22
――の種類	122	ボ ス	277	目 板 継 手	45
――の構造	122	ポッド推進器	282	めがね形軸ブラケット	89

索　　引

メタセンタ	182	――の強度計算	38	――の強度計算	47
メタセンタ図表	184	――の種類	34	――の構造	45
メタセンタ高さ	179, 184	――に関する用語	34	――の種類	45
メタルタッチ	46	溶　接　棒	33	リベットピッチ	46
面積の重心	154	翼　　　厚	278	リムド鋼	26
面積の二次モーメント	154	翼　　　端	277	隆起甲板	124
面積のモーメント	154	翼　　　根	277	竜骨翼板	115
===モ===		横　　　波	251	梁上側板	97
木　甲　板	126	横　強　度	66	梁下縦材	133
――を張る個所	126	横強度計算	66	梁　　　柱	132
――の張り方	127	横強度略算法	69	梁肘板	131
木甲板縁板	128	横式構造	80	凌　波　性	1
木甲板端受板	127	横方向の力	53	燐酸塩皮膜法	31
木製倉口蓋板	136	横メタセンタ	182	リンバホール	101
模　型　船	254	横メタセンタ高さ	179, 184	===ル===	
元良式安定びれ	239	横揺れ	223, 226	ルバーマレイ	246
モーリッシュの式	176	横揺れ固有周期	227	===レ===	
===ヤ===		吉岡式減揺タンク	239	レイノルズ	246
山形鋼支材	111	よろい張	118	レイノルズ数	245
山県の図表	259	===ラ===		レジストロイタリアーノ	18
山県の式	286	螺旋推進器	274	===ロ===	
===ユ===		ラダーキャリヤ	97	ロイズ協会	18
有義波高	241	ラ　ー　チ	236	ロッキングピントル	95
有義波周期	241	ラッキング	53	肋　　　骨	121
有効甲板	124	ラットラー	275	肋骨心距	121
有　効　幅	67	乱　　　流	246	露天甲板	124
有効波傾斜	232	===リ===		ロ　　　ル	190
有効馬力	268	リグナムバイタ	88	ロングトン	163
夕　　　立	257	リフティングストッパ	97	===ワ===	
遊　動　物	202	リ　ベ　ッ　ト	43	割　　れ	40
ユニオンメルト法	33	――の径	45	割れ止め	41
===ヨ===		――の材質	44	彎曲部外板	115
予備動的復原力	194	――の種類	43	彎曲部竜骨	116
溶接継手	34	――の列	46		
――の記号	35	リベット継手	45		

《著者略歴》

庄司邦昭（しょうじ　くにあき）

1966年　神奈川県立湘南高等学校卒業
1970年　横浜国立大学工学部造船工学科卒業
1975年　東京大学大学院工学系研究科船舶工学
　　　　専門課程（博士課程）修了
同　年　東京商船大学商船学部講師
1992年　東京商船大学商船学部教授
2011年　東京海洋大学名誉教授
　　　　運輸安全委員会委員（2017年まで）

ISBN978-4-303-22409-7

航海造船学【二訂版】

昭和49年6月20日　初　版　発　行　　　　© 2005　NOHARA Takeo,
平成17年4月27日　二訂初版発行　　　　　　　　　　SHOJI Kuniaki
令和5年2月15日　二訂6版発行

原著者　野原威男
著　者　庄司邦昭　　　　　　　　　　　　　検印省略
発行者　岡田雄希
発行所　海文堂出版株式会社
　　　　本　社　東京都文京区水道2-5-4（〒112-0005）
　　　　　　　　電話　03(3815)3291(代)　FAX 03(3815)3953
　　　　　　　　http://www.kaibundo.jp/
　　　　支　社　神戸市中央区元町通3-5-10（〒650-0022）
　　　　日本書籍出版協会会員　工学書協会会員　自然科学書協会会員

PRINTED IN JAPAN　　　　印刷　東光整版印刷／製本　ブロケード

JCOPY ＜出版者著作権管理機構　委託出版物＞
本書の無断複製は著作権法上での例外を除き禁じられています。複製される
場合は，そのつど事前に，出版者著作権管理機構（電話 03-5244-5088, FAX
03-5244-5089, e-mail : info@jcopy.or.jp）の許諾を得てください。